大数据应用与技术丛书

Spark 实战

（第 2 版）

[法] 吉恩·乔治·佩林(Jean-Georges Perrin)　著

林　赐　译

U0397227

清华大学出版社

北　京

北京市版权局著作权合同登记号 图字：01-2020-6237

Jean-Georges Perrin
Spark in Action, Second Edition
EISBN: 978-1-61729-552-2
Original English language edition published by Manning Publications, USA © 2020 by Manning
Publications. Simplified Chinese-language edition copyright © 2021 by Tsinghua University Press
Limited. All rights reserved.

图书在版编目(CIP)数据

Spark实战：第2版 / (法)吉恩·乔治·佩林著；林赐译. —北京：清华大学出版社，2022.1
(大数据应用与技术丛书)
ISBN 978-7-302-59678-3

Ⅰ. ①S… Ⅱ. ①吉… ②林… Ⅲ. ①数据处理软件 Ⅳ. ①TP274

中国版本图书馆 CIP 数据核字(2021)第 263040 号

责任编辑：王　军
装帧设计：孔祥峰
责任校对：成凤进
责任印制：丛怀宇

出版发行：清华大学出版社
　　　　　网　　　址：http://www.tup.com.cn，http://www.wqbook.com
　　　　　地　　　址：北京清华大学学研大厦 A 座　　　邮　　　编：100084
　　　　　社 总 机：010-83470000　　　　　　　　　　邮　　　购：010-62786544
　　　　　投稿与读者服务：010-62776969，c-service@tup.tsinghua.edu.cn
　　　　　质 量 反 馈：010-62772015，zhiliang@tup.tsinghua.edu.cn
印 装 者：涿州市京南印刷厂
经　　销：全国新华书店
开　　本：170mm×240mm　　　印　　张：24.5　　　字　　数：817 千字
版　　次：2022 年 3 月第 1 版　　　印　　次：2022 年 3 月第 1 次印刷
定　　价：99.80 元

产品编号：087712-01

Liz，在此努力的过程中，谢谢你的耐心、支持和爱。

Ruby、Nathaniel、Jack 和 Pierre-Nicolas，我在编写本书时，抽不开身来陪伴你们，谢谢你们对我的理解！

我爱你们！

译者序

本书翻译于新冠疫情在全世界肆虐之时，可谓"生于忧患"。短短一年半的时间，全世界数不胜数的人感染了新冠肺炎，甚至死在病毒的攻击之下。

古语有云："殷忧启圣，多难兴邦。"任何事物的发展都是辩证的。纵观人类与病毒纠葛的历史，每次疫情的暴发，都深刻改变了人类文化、经济和军事的发展进程。例如，14 世纪的黑死病造成了西欧崛起，15 世纪末美洲天花带来了全球降温，18 世纪末黄热病结束了法国在海地的殖民统治，19 世纪非洲牛瘟加速了欧洲殖民扩张，等等。而本次的新冠大流行依然在蔓延之中，疫苗的快速研发似乎让人们看到了隧道尽头的曙光，但是由于变异病毒的出现，人类又陷入了各种不确定之中。

值此鱼游沸鼎之际，身处海外的我，在 YouTube 上观看各路专家、网红对如何防治病毒，以及人类如何与自然共存，议论纷纷，莫衷一是。在各种分析过程中，专家们最常见的做法就是引用各种数据。根据概率论的大数定律，数据量越大，剖分得越细致，所得到的分析结果就越有说服力。

大数据、云计算、人工智能，是当今计算领域发展的三驾马车。云计算为大数据提供了存储和运算之所，人工智能为云计算提供了算法逻辑，而所有这一切都要建立在 Spark 的大数据处理框架的基础之上。在介绍 Spark 之前回顾集群计算的历史，我们不得不谈谈 MapReduce 和 Hadoop，如果没有巨人的肩膀可供站立，Spark 不可能如此成功。

Spark 基于内存计算，整合了内存计算单元，提高了大数据处理的实时性。它兼具高容错性和可伸缩性，因此相对于 Hadoop 的集群处理方法，Spark 在性能方面更具优势。从另一角度看，Spark 可被看作 MapReduce 的一种扩展。在计算的各个阶段，MapReduce 无法进行有效的资源共享，因此不擅长迭代式、交互式和流式的计算工作。针对这一点，Spark 创造性地引入了 RDD(弹性分布式数据集)，实现了计算过程中的资源共享。因为采用了弹性内存分布式数据集，所以 Spark 不仅能提供交互式查询，还可优化迭代工作的负载。

本书循序渐进地向读者介绍 Spark 的历史渊源和运作原理，并利用各种示例生动展示 Spark 的各种应用。本书面向数据工程师和数据分析师。Spark 的技术繁复庞杂，我们很难在一时之间掌握，因此读者要时常温故而知新，在实践中学习，在学习中实践，这样循环反复，才能学有所成。

本书成书于"危难之际"，得到了清华大学出版社的领导和编辑们的信任和鼎力支持。在此，要特别感谢他们的耐心和帮助。在我翻译本书的过程中，就读于西交利物浦大学大数据专业的袁于博同学，也给予了帮助，在此表示感谢。

译者才疏学浅，见闻浅薄，言辞多有不足之处，还望谅解并不吝指正。

林赐

2021 年 10 月 3 日

于加拿大渥太华大学

序　言

分析操作系统

在 20 世纪，商业的规模效应主要由广度和分布所驱动。一家在全球拥有制造业务的公司具有内在的成本和分布优势，因而可生产更具竞争力的产品。一家在全球拥有门店的零售商拥有小公司无法比拟的分布优势。几十年来，这些规模效应推动了竞争优势。

互联网改变了这一切。如今，存在三种主要的规模效应：

- 网络——锁定，由忠诚网络驱动(Facebook、Twitter、Etsy 等)
- 规模经济——降低单位成本，由数量驱动(苹果公司、TSMC 等)
- 数据——卓越的机器学习和洞察力，由动态数据语料库驱动

在 *Big Data Revolution*(Wiley，2015)一书中，我介绍了一些利用数据加强规模效应的公司。但在 2019 年，就全世界范围的机构而言，大数据在很大程度上仍然是未开发的资产。分析操作系统 Spark 是改变这种状况的助推剂。

Spark 一直是 IBM 改革创新、不断发展的催化剂，Spark 分析操作系统统一了数据源和数据访问，其统一的编程模型使其成为开发人员构建数据丰富的分析应用程序的最佳选择。Spark 减少了构建分析工作流的时间并降低了其复杂性，使构建者能专注于机器学习和 Spark 周遭的生态系统。正如我们屡次所见，这个开源项目正以前所未有的速度和规模点燃创新。

本书将带你深入了解 Spark 的世界。它彰显技术的力量，描述 Spark 生态系统的活力，探讨如何将 Spark 投入到当今公司的实际应用程序。无论你是数据工程师、数据科学家、应用程序开发人员，还是 IT 运营者，本书都将为你揭示推动公司或社区创新所需要了解的工具和秘密。

IBM 的战略是以一个成功的开放平台及其周遭环境为基础，添加一些实质性以及差异化的内容。Spark 就是这样一个平台。在 IBM，我们有无数成功的 Spark 示例，当你踏上这段旅程后，你的公司将拥有同样成功的 Spark 示例。

Spark 代表创新——一个分析操作系统将会带来层出不穷的新解决方案，释放大数据规模效应。Spark 也代表一个由精通 Spark 的数据科学家和数据分析师组成的社区，他们可快速地将今天的问题转化为明天的解决方案。Spark 是历史上发展最快的开源项目之一。欢迎加入 Spark！

——Rob Thomas
IBM 云和数据平台的高级副总裁

作 者 简 介

　　Jean-Georges Perrin 对软件工程和数据的各个方面充满热情。最新项目促使他转向分布式的数据工程，在此项目中，他在混合云环境中广泛使用 Apache Spark、Java 和其他工具。他很自豪地成为法国第一个公认的 IBM Champion，并连续 12 年获奖。作为获奖的数据和软件工程专家，现在，他在全球范围内都开展了业务，但重心在他所居住的美国。Jean-Georges 是资深的会议演讲者和参与者，他以书面或在线媒体的形式发表文章，分享他在 IT 行业超过 25 年的经验。

致　　谢

在本部分,我要对在成书过程中对我施以援手的人表示感谢。我是一个容易忘记别人恩典的人,因此,如果你感觉受到了冷落,在此我真心表示抱歉。完成本书需要我们付出艰苦的努力,如果是一个人单独完成此书,估计它在亚马逊上只能获得两星或三星,而不会是五星的评分(你很快就可给出这个评分。这是行动号召,在此表示真诚的感谢)。

首先,我衷心感谢在这个项目(编写本书)上信任我的工作团队:Zaloni(Anupam Rakshit 和 Tufail Khan)、Lumeris(Jon Farn、Surya Koduru、Noel Foster、Divya Penmetsa、Srini Gaddam 和 Bryce Tutt,所有这些人都在 Spark 潮流中忠实地追随我)、Veracity Solutions 的员工以及我在 Advance Auto Parts 的新团队。

感谢得克萨斯大学奥斯汀分校统计系的 Mary Parker。她帮助澄清了一些问题。

我要感谢整个社区,包括 Jim Hughes、Michael Ben-David、Marcel-Jan Krijgsman、Jean-Francois Morin 以及所有在 GitHub 上匿名发布拉取(pull)请求的人。在此,我要向 Databricks、IBM、Netflix、优步、英特尔、苹果、Alluxio、Oracle、微软、Cloudera、英伟达、Facebook、Google、阿里巴巴、众多大学以及许许多多为 Spark 做出贡献的人深表谢意。具体而言,我要感谢 Holden Karau、Jacek Laskowski、Sean Owen、Matei Zaharia 和 Jules Damji,他们为本书的顺利出版做出了巨大的贡献,并给予我莫大的鼓舞和支持。

在这个项目中,我参加了几个播客。感谢 Tobias Macey 的数据工程播客、IBM 的 Al Martin "让数据变得简单",以及 Jhon Masschelein 和 Dave Russell 的 Roaring Elephant。

作为 IBM Champion,在这个项目期间,与众多 IBM 员工一起工作,我感到非常愉快。他们要么直接或间接提供帮助,要么鼓励我,他们就是:Rob Thomas、Marius Ciortea、Albert Martin、Steve Moore、Sourav Mazumder、Stacey Ronaghan、Mei-Mei Fu、Vijay Bommireddipalli、Sunitha Kambhampati、Sahdev Zala 和我的兄弟 Stuart Litel。

我要感谢 Manning 出版社采纳了这个疯狂的项目。和所有优秀的电影一样,下面按出场顺序列出致谢名单:组稿编辑 Michael Stephens,出版商 Marjan Bace,文稿编辑 Marina Michaels 和 Toni Arritola,制作人员 Erin Twohey、Rebecca Rinehart、Bert Bates、Candace Gillhoolley、Radmila Ercegovac、Aleks Dragosavljevic、Matko Hrvatin、Christopher Kaufmann、Ana Romac、Cheryl Weisman、Lori Weidert、Sharon Wilkey 和 Melody Dolab。

我还要感谢 Manning 出版社的所有审稿人:Anupam Sengupta、Arun Lakkakulam、Christian Kreutzer-Beck、Christopher Kardell、Conor Redmond、Ezra Schroeder、Gábor László Hajba、Gary A. Stafford、George Thomas、Giuliano Araujo Bertoti、Igor Franca、Igor Karp、Jeroen Benckhuijsen、Juan Rufes、Kelvin Johnson、Kelvin Rawls、Mario-Leander Reimer、Markus Breuer、Massimo Dalla Rovere、Pavan Madhira、Sambaran Hazra、Shobha Iyer、Ubaldo Pescatore、Victor Durán 和 William E. Wheeler。

写一本好书确实需要许多幕后人员。我还要感谢 Petar Zečević 和 Marco Banaći，他们编写了本书的第 1 版。感谢 Thomas Lockney 详细的技术审查，也感谢 Rambabu Posa 移植了本书中的代码，还要感谢 Jon Rioux 开始撰写 *PySpark in Action* 一书。他提出了"Manning 的 Spark 团队"这个想法。

我要再次感谢 Marina。在我撰写本书的大部分时间里，Marina 是我的文稿编辑。当我遇到问题时，她会提出建议。虽然她对我非常严厉(是的，我不能稍有懈怠)，但是在这个项目(即编写本书)中，她发挥了重要作用。我会记得我们围绕这本书进行的长时间讨论。我会想念你的，姐姐。

最后，我要感谢我的父母，他们对我的支持超出了应有的水平；我要感谢我的妻子，她给予我很大的帮助，包括对编辑的理解；我还要感谢我的孩子们——Pierre-Nicolas、Jack、Nathaniel 和 Ruby，为了完成本书，我无暇陪伴他们，感谢他们对我的谅解。

关于封面插图

　　《Spark 实战(第 2 版)》封面上的插图标题为"Homme et Femme de Housberg, près Strasbourg"(斯特拉斯堡附近 Housberg 的男人和女人)。如今，Housberg 已更名为 Hausbergen，它是阿尔萨斯内的自然区域和历史领土，被分为三个村庄：Niederhausbergen(下 Hausbergen)、Mittelhausbergen(中 Hausbergen)和 Oberhausbergen(上 Hausbergen)。该插图来自 Jacques Grasset de Saint-Sauveur (1757—1810 年)于 1797 年在法国出版的名为《各国风俗习惯》(Costumes de Différents Pays)一书中的不同国家的服饰。每幅插图都是手工精心绘制和着色的。

　　这幅独特的插图对我来说具有特殊的意义。它可以用于此书，我真的很高兴。我出生在阿尔萨斯的斯特拉斯堡，目前居住在法国。我非常珍惜阿尔萨斯的传统。当我决定移民到美国时，我知道我即将离开这种文化和家人，尤其是我的父母和姐妹。我的父母住在一个叫 Souffelweyersheim 的小镇，与 Niederhausbergen 直接相邻。每次看到封面的这个插图，我都会想起他们(虽然我爸爸的头发掉了很多)。

　　Grasset de Saint-Sauveur 丰富多样的收藏生动地提醒我们，早在 200 年前，世界各地的城镇和地区的文化差异就很大。人们彼此隔离，讲不同的方言(这里是阿尔萨斯语)。在街上或乡下，通过着装即可轻松确定某人住在哪里，从事什么职业，以及生活状况如何。

　　从那时起，人们的着装方式发生了天翻地覆的变化，曾经如此丰富的地区多样性已走向消亡。现在，我们已经很难从服饰角度区分不同大陆的居民了，更不用说区分来自不同国家、地区和城镇的人们了。也许我们已经用文化多样性换取了更加多样化的个人生活，即换取了更加多样化和快节奏的科技生活。

　　如今，不同的计算机书籍令人难以区分，Manning 基于两个世纪前丰富多样的地区生活，使用 Grasset de Saint-Sauveur 的作品制作书籍封面，使书籍绽放异彩，展现了计算机工作的创造性和能动性。

关 于 本 书

当我开始撰写你现在正在阅读的《Spark 实战(第 2 版)》一书时，我的目标是：

- 帮助 Java 社区开发人员使用 Apache Spark，这说明你不必学习 Scala 或 Python。
- 解释 Apache Spark、大数据工程和数据科学背后的关键概念，除了需要具备关系数据库和一些 SQL 知识，你不必了解其他任何知识。
- 宣传 Spark 是专为分布式计算和分析而设计的操作系统。

我认为利用大量的示例是讲授计算机科学的不二法门。本书中的示例是学习过程的重要组成部分。为此，我尽可能设计接近现实生活情形的示例。数据库来自现实生活，附带了一些缺陷，它们并不是理想教科书中的数据集，不会"始终有效"。因此，当你将这些示例和数据集结合在一起时，你会以比较务实的方式(而非死板的方式)工作和学习。我将这些示例称为实验(lab)，希望它们对你具有启发性，也希望你尝试使用它们进行实验。

常言道："一图胜千言。"因此本书基于该谚语使用了很多插图，总的算下来，我让你少读了 183 000 个字。

本书读者对象

将一本书与相关的工作岗位联系起来，是一件比较困难的事情。如果你是数据工程师、数据科学家、软件工程师或数据/软件架构师，那么你阅读本书时肯定十分开心；如果你是企业架构师，知识面广，那么你很可能已知道了所有这些知识，不是吗？比较诚恳地说，如果你希望获得有关以下任何主题的更多知识，那么本书将大有裨益：

- 使用 Apache Spark 构建分析和数据管道：数据提取、数据转换和数据导出/数据发布。
- 不必学习 Scala 或 Hadoop 即可使用 Spark：使用 Java 学习 Spark。
- 了解关系数据库和 Spark 之间的区别。
- 关于大数据的基本概念，包括在 Spark 环境中可能遇到的关键 Hadoop 组件。
- 确定 Spark 在企业架构中的位置。
- 在大数据环境中使用现有的 Java 和 RDBMS 技能。
- 了解数据帧 API。
- 通过在 Spark 中提取数据来集成关系数据库。
- 通过流收集数据。
- 了解行业的演变以及适合使用 Spark 的原因。
- 理解数据帧的核心作用，并使用数据帧。

- 了解弹性分布式数据集(Resilient Distributed Dataset，RDD)的概念，以及我们不再使用它们的原因。
- 了解如何与 Spark 交互。
- 了解 Spark 的各个组件：驱动器、执行器、主服务器和工作器、Catalyst、Tungsten。
- 了解 Hadoop 派生的关键技术(如 YARN 或 HDFS)的作用。
- 了解资源管理器(如 YARN、Mesos 和内置管理器)的作用。
- 以批处理模式，经由流从各种文件中提取数据。
- 在 Spark 中使用 SQL。
- 操作 Spark 提供的静态函数。
- 了解不变性的概念及其重要性。
- 使用 Java 用户定义函数(User-defined Function，UDF)扩展 Spark。
- 使用新数据源扩展 Spark。
- 将 JSON 中的数据线性化，以便使用 SQL。
- 对数据帧执行聚合和合并操作。
- 使用用户定义的聚合函数(User-defined Aggregate Function，UDAF)扩展聚合操作。
- 了解缓存和检查点之间的区别，提高 Spark 应用程序的性能。
- 将数据导出到文件和数据库。
- 了解 AWS、Azure、IBM Cloud、GCP 和本地集群上的部署。
- 从 CSV、XML、JSON、文本、Parquet、ORC 和 Avro 文件中提取数据。
- 扩展数据源，以如何使用 EXIF 提取照片元数据为例，重点介绍数据源 API v1。
- 在构建管道时，将 Delta Lake 与 Spark 结合起来使用。

本书涵盖的内容

本书旨在教你如何在应用程序中使用 Spark，或基于 Spark 构建特定的应用程序。

本书为数据工程师和 Java 软件工程师而编写。当我开始学习 Spark 时，所有的知识都是基于 Scala 的，几乎所有的文档都出自官方网站，Stack Overflow 上每隔很长的一段时间显示一个 Spark 问题。当然，文档声称 Spark 有 Java API，但是鲜有高级示例。

当时，我的队友很困惑，摇摆于学习 Spark 和学习 Scala 之间，而我们的管理层想要成果。团队成员成为我撰写本书的动力。

假设你具有基本的 Java 和 RDBMS 知识。虽然 Java 11 已经发布了，但是本书所有的示例都使用 Java 8。

你不必具备 Hadoop 知识即可阅读本书，但由于你将需要一些 Hadoop 组件(非常少)，本书将介绍这些组件。如果你对 Hadoop 已有所了解，那么你肯定会发现本书令人耳目一新。这是一本关于 Spark 和 Java 的书，因此你不必具备任何 Scala 知识。

当我还是个小孩时(我必须承认，现在依然如此)，我喜欢阅读法语漫画(介于漫画书和图画小说之间)，结果，我喜欢上了插图。在本书中，我使用了许多插画。如图 1 所示，这是一张包含多个组件、图标和图例的典型图表。

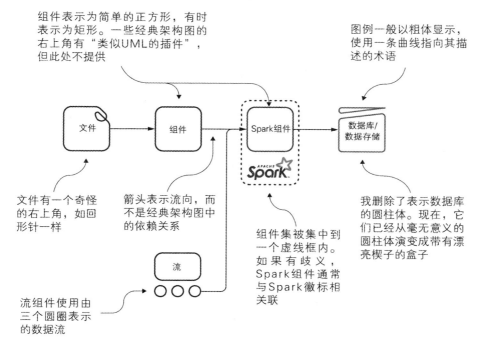

图1 本书典型插图所用的图像

本书的组织方式

本书共分为 4 个部分和 18 个附录。

第 I 部分提供有关 Spark 的关键内容。该部分将探讨 Spark 的理论和一般概念，内容比较生硬，但你不要绝望；本书将展示很多示例和图表，读起来就像一本漫画书。

- 第 1 章使用简单的示例进行总体介绍。本章将讲解为什么 Spark 是分布式分析操作系统。
- 第 2 章将引导你完成一个简单的 Spark 处理流程。
- 第 3 章将探讨数据帧的强大之处，它结合了 API 和 Spark 的存储功能。
- 第 4 章将解释惰性机制，比较 Spark 和 RDBMS，介绍有向无环图(Directed Acyclic Graph，DAG)。
- 第 5 章和第 6 章相互关联：我们将构建一个小型应用程序，构建集群，部署应用程序。第 5 章主要描述如何构建小型应用程序，而第 6 章介绍如何部署应用程序。

第 II 部分将开始深入研究有关数据提取的实用示例。数据提取是将数据带入 Spark 的过程。虽然该过程并不复杂，但是有多种可能性和组合。

- 第 7 章说明如何从文件中提取数据，文件格式包括：CSV、文本、JSON、XML、Avro、ORC 和 Parquet。每种文件格式都有一个示例。
- 第 8 章介绍如何从数据库进行数据提取：数据来自关系数据库和其他数据存储产品。
- 第 9 章描述如何从自定义数据源提取数据。
- 第 10 章重点介绍流数据。

第Ⅲ部分描述数据转换：这就是我所说的繁重的数据提升工作。此部分将讲解有关数据质量、数据转换和数据发布的知识。本书的大部分篇幅讨论如何使用 SQL 及其 API 操作数据帧，以及如何使用 UDF 聚合、缓存和扩展 Spark。

- 第 11 章描述众所周知的查询语言 SQL。
- 第 12 章介绍如何执行数据转换。
- 第 13 章将数据转换扩展到整个文档层面。该章还将解释静态函数，这是 Spark 的一个重要方面。
- 第 14 章讨论如何使用用户定义函数扩展 Spark。
- 数据聚合也是众所周知的数据库概念，也许还是数据分析的关键。第 15 章介绍数据聚合：Spark 所包括的数据聚合和自定义的数据聚合。

最后，第Ⅳ部分讨论如何迈向生产环境，专注于更高级的主题。此部分介绍分区和数据导出、部署约束(包括云环境)和优化。

- 第 16 章重点介绍优化技术：缓存和检查点。
- 第 17 章讨论如何将数据导出到数据库和文件。该章还将说明如何使用 Delta Lake(位于 Spark 内核旁的数据库)。
- 第 18 章详细介绍部署所需的参考架构及其安全性。该章少了动手操作的部分，但却充满了关键信息。

附录虽然不是必需的，但也提供丰富的信息：安装方法、故障排除和情境化。其中很多是有关 Java 上下文中 Apache Spark 的精选参考知识。附录部分的内容请扫描封底二维码下载。

关于代码

如前所述，每一章(除了第 6 章和第 18 章)都有结合了代码和数据的实验。源代码为编号的代码清单，与普通文本对齐。在两种情况下，源代码使用等宽字体进行格式化，与一般文本区别开来。有时候，代码也以粗体(**bold**)突出显示，以彰显其在代码块中的重要地位。

根据 Apache 2.0 许可条例，所有代码都可在 GitHub 上免费获得。数据可能具有不同的许可权限。每章都有自己的存储库。有两个例外：

- 第 6 章使用了第 5 章的代码。
- 第 18 章详细讨论部署，没有代码。

源代码控制工具允许分支，因此主分支包含针对最新生产版本的代码。每个存储库都包含针对特定版本的分支(如果适用)。

实验(lab)使用三位数字的编号，从 100 开始。有两种实验(lab)：书中描述的实验和在线提供的额外实验：

- 书中描述的实验按章节的小节进行编号。因此，第 12 章的实验#200 在第 12 章的第 2 节中介绍。与此类似，第 17 章的实验#100 在第 17 章的第 1 节中详细介绍。
- 书中未描述的实验以 9 开头，如 900、910 等。

900 系列的实验数量仍在增长：我在不断增加此类实验。实验(lab)编号不连续，与 BASIC 代码中的行号类似。

在 GitHub 中，我们可找到 Python、Scala 和 Java 代码(除非它不适用)。但为了保持清晰性，本书仅使用 Java。

　　许多情况下，本书对原始源代码重新进行格式化；我们添加换行符，重新设计缩进，以适应书中可用的页面空间。在极少数情况下，这样做还是不够，因此代码清单还包括行继续标记(➡)。此外，如果文本中已描述代码，那么代码清单中经常会移除源代码中的注释。许多代码清单中附有代码注解，以突出重要的概念。

前　　言

Apache Spark 早已闻名遐迩，不必赘述。如果你正在阅读本部分，那么你可能多多少少对本书的内容有所了解：大规模数据工程和数据科学、分布式处理等。但是从 Rob Thomas 的序言和第 1 章开始，很快你就会发现，Spark 的内容远不止于此。

就像 Obelix 沉迷于魔药[1]一样，2015 年，我开始痴迷于 Spark。当时，我在一家法国计算机硬件公司工作，协助设计高性能的数据分析系统。与众人一样，一开始我对 Spark 持怀疑态度。之后，我开始使用它，到如今，你就看到了本书的问世。从最初的怀疑，到最后我对如此神奇的工具产生了真正的热情，这个工具使我们能以一种非常简单的方式处理数据——这就是我真诚的信念。

我用 Spark 启动了几个项目，这让我能够在 Spark Summit、IBM Think 以及 All Things Open、Open Source 101 上发表演讲。通过本地的 Spark 用户组，我在北卡罗来纳州的 Raleigh-Durham 地区与他人合作进行了动画制作。这让我结识了一些优秀的人，还看到了大量与 Spark 相关的项目。结果，我的热情继续燃烧。

本书分享了我的这种热情。

虽然本书中的示例(或实验)基于 Java，但唯一的存储库也包含 Scala 和 Python。随着 Spark 3.0 的推出，Manning 团队和我决定确保本书讲解的是最新版本，而不是过期的想法。

也许你已经猜到了，我喜欢漫画书，且伴随着漫画书长大。我喜欢这种交流方式，你将在本书中看到这种交流方式。虽然这不是一本漫画书，但是它有近 200 张图片，应该可帮助你了解 Apache Spark 这个奇妙的工具。

Asterix 有 Obelix 作为朋友，同样，《Spark 实战(第 2 版)》有参考资料作为补充。你可从 Manning 网站的资源部分免费下载参考资料。此补充材料包含 Spark 静态函数的参考信息，我希望最终它将成为更有用的参考资源。

如果你喜欢本书，请在亚马逊上撰写评论。如果你不喜欢本书，那么请如人们在婚礼上所说的那样，永远保持沉默。尽管如此，我仍然真诚地希望你喜欢本书。

大局已定，木已成舟(Alea iacta est)。[2]

1　Obelix 是一个漫画卡通人物，他是 Asterix 不离不弃的朋友。高卢人 Asterix 喝下魔法药水，获得超能力后，可正常击败罗马人(和海盗)。小时候，Obelix 掉进了制作魔法药水的坩埚中，因此魔法药水对他产生了永久的影响。Asterix 是欧洲流行的漫画。

2　本句源于凯撒大帝(Asterix 的死敌)。当时凯撒率他的军队到卢比孔河：事情已经发生，无法改变。就像本书已经为读者印刷，不可改变一样。

目　录

第 I 部分

通过示例讲解理论

与使用任何技术一样，在深入使用 Spark 之前，你需要先了解一些"无聊"的理论。本部分内容共分为 6 章，每一章合理地阐述了一些概念，并通过示例进行了说明。

第 1 章使用简单示例总体介绍 Spark。你将了解为什么 Spark 不只是一组简单的工具，还是一个真正的分布式分析操作系统。学完第 1 章之后，你将能使用 Spark 进行简单的数据提取。

第 2 章从较高的层次展示 Spark 的工作原理。该章教你通过逐步构建思维模型(代表你的思维过程)来构建 Spark 组件。该章的实验还将教你如何从数据库中导出数据。该章包含许多插图，相比于仅使用字词和代码的方法，这种编写方式将简化你的学习过程！

第 3 章带你进入一个全新的维度：揭示功能强大的数据帧，这个数据帧将 Spark 的 API 和存储功能结合在一起。在该章的实验中，你将加载两个数据集并将它们合并。

第 4 章为"惰性"翻案，解释为什么 Spark 要使用惰性优化(Lazy Optimization)。你将学习有向无环图(Directed Acyclic Graph，DAG)，并比较 Spark 和 RDBMS。该章实验将教你如何使用数据帧 API 操作数据。

第 5 章和第 6 章的内容紧密相关：你将构建一个小型应用程序，构建集群并部署应用程序。学习这两章时，你需要动手实践。

第1章

Spark 介绍

本章内容涵盖

- Apache Spark 是什么及其用例
- 分布式技术的基础
- Spark 的四大支柱
- 存储和 API：喜欢数据帧

在 20 世纪 80 年代，我还是一个孩童。通过 Basic 和 Atari，我发现了编程的乐趣。当时，我不明白为什么不能使一些基本的执法活动自动化，如速度控制、闯红灯行为的处分和停车收费表。这一切似乎都很容易：我曾在书中说过，要成为一名优秀的程序员，就应该避免使用 GOTO 语句。我确实做到了这一点。从 12 岁开始，我就开始尝试使代码结构化。但是，当我还在开发《大富翁》这样的游戏时，我不可能想到，数据量会如此之大；还有蓬勃发展的物联网，也超出了我的想象。当 64 KB 的内存可容纳我的游戏时，我也绝对想不到数据集会变得如此之大(不在一个数量级上)；当我耐心地将游戏保存在 Atari 1010 录音带上时，也想不到数据传输还需要速度。

短短的 35 年后，我想象中的所有用例似乎都是可访问的(我的游戏没有得到任何结果)。数据快速增长，超过了支持它的硬件技术。[1] 小型计算机集群的成本低于一台大型计算机的成本。与 2005 年相比，内存便宜了一半，而 2005 年的内存价格又比 2000 年的价格便宜了 80%。[2] 网络速度提高了很多，现代数据中心所提供的速度高达 100Gbps，比 5 年前的家用 WiFi 快了近 2000 倍。所有这些因素促使人们提出下面这个问题：如何使用分布式内存计算来分析海量数据？

当你阅读文献，或在网上搜索有关 Apache Spark 的信息时，可能会发现它是一款大数据工具，是 Hadoop 的后继产品，是用于数据分析的平台，是集群计算机框架等。当然不是(Que nenni)！[3]

实验：本章实验的 GitHub 链接为：https://github.com/jgperrin/net.jgp.books.spark.ch01。这是实验 #400。如果你不熟悉 GitHub 和 Eclipse，那么可参阅附录 A、B、C 和 D 中提供的一些指导。

1　参见《麻省理工学院技术评论》汤姆·西蒙尼特(Tom Simonite)于 2016 年 3 月发表的 "Intel Puts the Brakes on Moore's Law" (http://mng.bz/gVj8)。

2　参见约翰·麦卡勒姆(John C. McCallum)发表的 "Memory Price (1957—2017)" (https://jcmit.net/memoryprice.htm)。

3　中世纪的法语表达，意思为：当然没有。

1.1 Spark 简介及其作用

正如小王子对安托万·德·圣艾修伯里(Antoine de Saint-Exupéry)说的那样："Draw me a Spark(给我画出 Spark)。"在本节中,你将首先弄清楚 Spark 是什么,然后通过一些用例明白 Spark 能做些什么。第 1.1.1 节描述如何将 Spark 集成为软件堆栈,以及数据科学家如何使用 Spark。

1.1.1 什么是 Spark

对数据科学家而言,Spark 不只是软件堆栈。在构建应用程序时,你会将它们构建在操作系统之上,如图 1.1 所示。操作系统提供服务,使应用程序的开发更加轻松;换句话说,你不必为自己开发的每个应用程序构建文件系统或网络驱动程序。

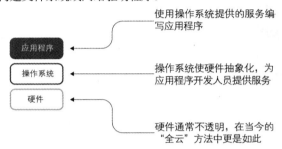

图 1.1 在编写应用程序时,使用操作系统提供的服务,使硬件抽象化

随着人们对算力的需求增长,对分布式计算的需求也相应增长。随着分布式计算的出现,分布式应用程序不得不集成这些分布式函数。图 1.2 显示了因向应用程序添加组件而使复杂性增加的情形。

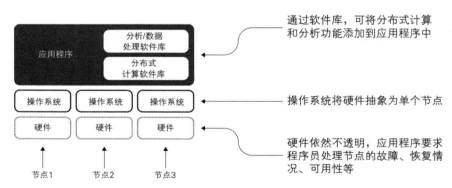

图 1.2 编写面向数据分布式应用程序的一种方法是使用库或其他工件,在应用程序层面嵌入所有控件。结果应用程序由于臃肿而变得难以维护

综上所述,Apache Spark 看似一个复杂的系统,需要你具备很多先验知识。但是,我坚信你只需要具备 Java 和关系数据库管理系统(Relational Database Management System,RDBMS)的相关技能就能理解、使用、构建带有 Spark 的应用程序,以及扩展 Spark。

应用程序也变得更加智能，可生成报告，执行数据分析(包括数据聚合、线性回归或简单地显示甜甜圈图)。因此，当你希望向应用程序添加此类分析功能时，必须链接库或构建自己的库。所有这些会使应用程序变得臃肿且复杂(如同一个胖客户端)，难以维护，进而增加企业成本。

你可能会问："那么，为什么不在操作系统层面放置这些功能呢？"将这些功能放置在较低层次，如操作系统，会有很多益处，如下所示：

- 提供处理数据的一种标准方法(如同关系数据库中的结构化查询语言，即 SQL)。
- 降低应用程序的开发和维护成本。
- 使你可专注于理解如何使用该工具，而不必理解该工具的工作机制。(例如，Spark 执行分布式提取，你可学习如何从中受益，而不必完全理解 Spark 完成任务的方式。)

对我来说，这正是 Spark 转变的目标：一个分析操作系统。

图 1.3 显示了简化的技术栈。

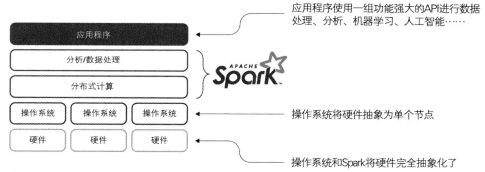

图 1.3　与操作系统一样，Apache Spark 通过向应用程序提供服务来简化面向分析的应用程序的开发

在本章中，你将发现基于不同行业和各种项目规模的 Apache Spark 的一些用例。这些示例将概述可实现的目标。

我坚信，若要更好地了解我们现在所处的位置，就应该回顾历史。这也适用于信息技术(Information Technology，IT)：如果你想了解相关信息，请阅读附录 E。

现在，场景已经准备就绪，你可深入研究 Spark 了。我们将从全局的角度出发，观察存储和 API，然后，开始演示第一个示例。

1.1.2　Spark 神力的四个支柱

根据波利尼西亚人的说法，神力(mana)为体现在物体或人体内的自然基本要素的力量。此定义适用于在所有 Spark 文档中都能找到的经典图表，其中显示了将这些基本要素带入 Spark 的四个支柱：Spark SQL、Spark Streaming、Spark MLlib(用于机器学习)以及位于 Spark Core 之上的 GraphX。尽管这精确表示了 Spark 技术栈，但我发现它具有局限性。这个技术栈需要扩展，以显示出硬件、操作系统和应用程序，如图 1.4 所示。

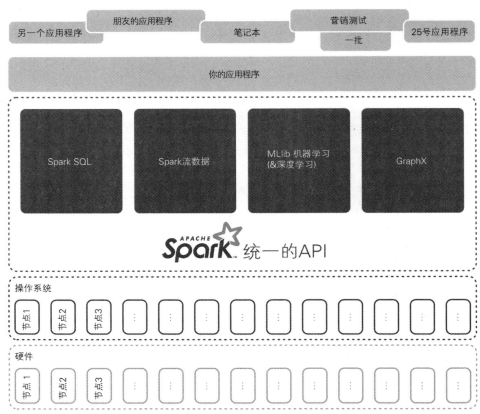

图 1.4 你的应用程序与其他应用程序通过统一的 API 与 Spark 的四个支柱(SQL、流式传输、机器学习和图)
进行沟通。Spark 向程序员屏蔽了操作系统和硬件限制：程序员不必担心应用程序的运行，以及数
据是否正确。Spark 将处理这些问题。但如有必要，应用程序仍可访问操作系统或硬件

单个应用程序当然不可能单独占用 Spark 集群,但是单个应用程序可使用由 Spark 提供的以下
工具。

- 使用 Spark SQL 进行数据操作，如 RDBMS 中传统的 SQL 操作。Spark SQL 提供的 API 和
  SQL 用来处理数据。在第 11 章中，你将学习 Spark SQL，并且将在之后的大部分章节中阅
  读到相关内容。Spark SQL 是 Spark 的基石。
- 使用 Spark Streaming，特别是 Spark 结构化的 Streaming 来分析流数据。Spark 的统一 API
  有助于你使用相似的方式处理数据，无论是流数据还是批数据。在第 10 章中，你将了解有
  关流式传输的详细信息。
- 将 Spark MLlib 用于机器学习，以及深度学习的最新扩展中。机器学习、深度学习和人工智
  能的相关知识都值得单独成书。
- 利用图数据结构的 GraphX。要了解有关 GraphX 的更多信息，可阅读 Michael Malak 和 Robin
  East 编写的 *Spark GraphX in Action* 一书。

1.2　如何使用 Spark

在本节中，你将通过深入学习典型的数据处理场景以及数据科学场景，详细了解如何使用 Apache Spark。无论是数据工程师还是数据科学家，都可在工作中使用 Apache Spark。

1.2.1　数据处理/工程场景中的 Spark

Spark 可通过多种不同的方式处理数据。但在大数据场景中，如在提取、清理、转换和重新发布数据时，Spark 的表现尤其出色。

我倾向于将数据工程师视为数据准备者和数据后勤员。他们需要确保数据可用，确保成功应用了数据质量规则、成功执行了数据转换，并确保数据可用于其他系统或部门(包括业务分析师和数据科学家)。数据工程师也可承担数据科学家的工作，使数据产业化。

Spark 是数据工程师的理想工具。数据工程所执行的典型 Spark 场景(大数据)一般分为如下 4 个步骤：

(1) 提取

(2) 改善数据质量(Data Quality，DQ)

(3) 转换

(4) 发布

图 1.5 显示了此过程。

图 1.5　典型数据处理场景中的 Spark。第一步是提取数据。在这个阶段，数据未经处理(原始数据)；接下来
　　　需要提高数据质量(DQ)。然后，转换数据。一旦完成数据转换，数据就变得更加丰富。接着应该发
　　　布或共享该文件，这样组织中的人员才可对其执行操作，并基于数据做出决策

这个过程包括 4 个步骤。在每个步骤之后，数据会进入一个区域(zone)。

(1) 提取数据——Spark 可从多种来源提取数据(请参阅有关数据提取的第 7~9 章)。如果找不到所支持的格式，可构建自己的数据源。本书将此阶段的数据称为原始数据(raw data)。你可能还会发现，人们将此区域称为暂存(staging)、着陆(landing)、青铜(bronze)甚至是沼泽(swamp)区域。

(2) 提高数据质量(DQ)——在处理数据之前，需要检查数据本身的质量。DQ 的一个示例是确保所有出生日期都在当前日期之前。在此过程中，你可选择屏蔽一些数据：如果你在医疗保健环境中处理社会安全号码(Social Security Number，SSN)，那么需要确保开发人员或未经授权的人员无法访问 SSN[1]。此阶段在优化数据之后，本书称之为纯数据(pure data)区域。你可能还会发现，人们将此区域称为粗炼(refinery)、银矿(silver)、池化(pond)、沙盒(sandbox)或勘探(exploration)区域。

(3) 转换数据——下一步是处理数据。可将其并入其他数据集，应用自定义函数、执行聚合、实施机器学习等。此步骤的目标是获取分析工作的成果——包含丰富信息的数据。大多数章节都将讨论数据转换。也可将此区域称为产品(production)、黄金(gold)、精炼(refined)、泻湖(lagoon)或可操作(operationalization)区域。

(4) 加载和发布——与 ETL 流程[2]一样，可将数据加载到数据仓库中，使用商业智能(Business Intelligence，BI)工具，调用 API 或将数据保存到文件中，从而完成工作。所得结果是企业可操作的数据。

1.2.2 数据科学场景中的 Spark

数据科学家以交互的方式进行数据转换操作，因此他们采用的方法与软件工程师或数据工程师的方法略有不同。出于这个目的，数据科学家使用不同的工具，如笔记本(notebook)，包括 Jupyter、Zeppelin、IBM Watson Studio 和 Databricks Runtime。

数据科学项目可消费企业数据，因此人们最终有可能会将数据交付给数据科学家，将工作(如机器学习模型)卸载到企业数据存储中，或使其发现工业化。可见数据科学家的工作与人们的生活休戚相关。

因此，类似 UML 的序列图，如图 1.6 所示，可较好地解释数据科学家使用 Spark 的方式。

如果你希望进一步了解 Spark 和数据科学，可阅读以下这些书籍：

- *PySpark in Action*, Jonathan Rioux 著(Manning, 2020, www.manning.com/books/pyspark-in-action?a_aid=jgp)。
- *Mastering Large Datasets with Python*, John T. Wolohan 著(Manning, 2020, www.manning.com/books/mastering-large-datasets-with-python?a_aid=jgp)。

在图 1.6 所描述的用例中，数据被加载到 Spark 中，然后，用户操作数据，进行数据转换，显示部分数据。显示数据并不代表过程的结果。用户能以交互的方式继续操作数据，如在实体笔记本中一样，描述过程、做笔记等。最后，笔记本用户可将数据保存到文件或数据库中，或生成(交互式)报告。

---

1 如果你不住在美国，那么你需要了解 SSN 的重要性。它支配着人们的一生。它几乎与最初的目的没有关系：它曾是社会福利的标识符，现在成为税收标识符和财务跟踪器，与人们寸步不离。身份盗用者会寻找 SSN 和其他个人数据，这样他们就可开设银行账户或访问现有账户。

2 提取、转换和加载数据是经典的数据仓库过程。

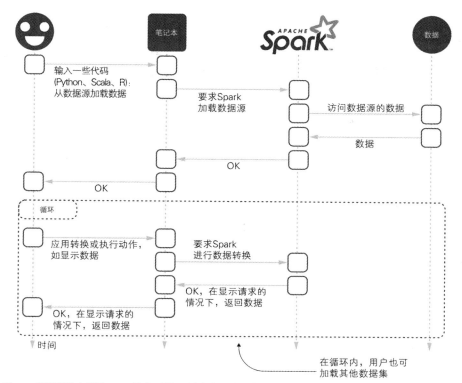

图 1.6　数据科学家使用 Spark 的序列图：用户与笔记本"交流"，需要时调用 Spark。Spark 直接处理数据提取。每个正方形代表一个步骤，每个箭头代表一个序列。应按时间顺序从顶部开始阅读该图表

1.3　使用 Spark，能做些什么

　　Spark 可用于各种不同的项目，下面我们探索其中几种项目。所有用例都涉及无法容纳在单台计算机上，或无法在单台计算机上处理的数据(也称大数据)，这需要计算机集群，因此需要专门用于分析的分布式操作系统。

　　大数据的定义随着时间的推移在逐步演变，从具有 5 个 V[1]特征的数据演变到"无法容纳在单台计算机的数据"，我不喜欢这个定义。也许正如你所知，许多 RDBMS 将数据拆分到多个服务器上。这与许多概念一样，你必须有自己的理解。希望本书会对你有所帮助。

　　对我而言，大数据就是数据集的集合，在企业中的任何地方都可获得。数据聚集在单个地点。在大数据上，你可运行基本分析，也可运行更高层次的分析，如机器学习和深度学习。这些较大的数据集可成为人工智能(AI)的基础。技术、大小或计算机数量都与这个概念无关。

　　通过 Spark 的分析功能和与生俱来的分布式架构，Spark 可处理大数据，这与人们普遍观念中的数据量大小，以及是否需要多台计算机处理无关。只需要记住，在 132 列点矩阵打印机上的传统

1　这 5 个 V 分别是体量(Volume，生成和存储的数据量)、多样性(Variety，数据的类型和性质)、速度(Velocity，生成和处理数据的速度)、差异性(Variability，数据集不一致)和准确性(Veracity，数据质量可能存在巨大差异)——改编自 Wikipedia 和 IBM。

报告输出并不是 Spark 的典型用例。让我们探索现实世界的一些示例。

1.3.1 使用 Spark 预测 NC 餐饮行业的餐馆质量

在美国的大部分地区,当地卫生部门需要对餐馆进行检查并基于这些检查进行打分,这样餐馆才能运营。较高的分数并不代表食物可口,但是这些分数可告诉食客,在前往南方的某个棚屋中吃烧烤后,是否会丧命。分数衡量了厨房的清洁度、食物存储的安全性等诸多标准,以避免食源性疾病。

在北卡罗来纳州,餐馆评分标准为 0~100。每个县都提供咨询服务,允许人们获取餐馆的分数,但对于全州而言,没有一个中央位置提供相关信息。

NCEatery.com 是一个面向消费者的网站,列出了餐馆在不同时间段的分数。NCEatery.com 的目标是集中这些信息,对餐馆进行预测分析,从而了解我们是否可发现餐馆质量的模式。我两年前所喜欢的餐馆,现在走下坡路了吗?

在网站后端,Apache Spark 接收来自不同县城的餐馆、其检查和违规的数据集,对数据进行整理并在网站上发布摘要。在整理阶段,应用一些数据质量规则,也尝试应用机器学习进行检查和评分。Spark 使用小型集群,每 18 个小时处理 1.6×10^{21} 个数据点,并发布了大约 2500 页的数据。这个项目正在如火如荼地开展,越来越多的县城加入进来。

1.3.2 Spark 允许 Lumeris 进行快速数据传输

Lumeris 是一家基于信息的医疗服务公司,位于密苏里州的圣路易斯市。传统上,该公司可帮助医疗保健提供商从数据中获取更多有内涵的信息。Lumeris 公司需要增强最先进的 IT 系统,以容纳更多的客户,从数据中获取更多更具内涵的信息。

在 Lumeris 的数据工程流程中,Apache Spark 提取存储在 Amazon Simple Storage Service(S3)中的数千份 CSV(Comma-separated Value,逗号分隔值)文件,构建符合医疗保健要求的 HL7 FHIR 资源[1],将它们保存在专门的文档库中,这样现有的应用程序和新一代客户端应用程序都可使用它们。

这种技术栈使 Lumeris 在处理数据方面的能力可持续增长,其应用也随之变得多样。借助这种技术,Lumeris 旨在拯救生命。

1.3.3 Spark 分析 CERN 的设备日志

CERN(欧洲核研究组织)成立于 1954 年。它的大型强子对撞机(Large Hadron Collider,LHC)位于日内瓦,在法国和瑞士之间的边界处。机器在地下 100m,长 27km,呈环状。大型强子对撞机可进行规模宏大的物理实验,每秒生成 1 PB 数据。数据每天经过大规模的筛选后,减少为 900 GB。

在对 Oracle、Impala 和 Spark 进行实验之后,围绕 Spark,CERN 团队设计了下一代的 CERN 加速器日志服务(Next CERN Accelerator Logging Service,NXCALS)。Spark 被安装在运行 OpenStack

---

1 HL7(国际健康等级 7)是一家非营利性、经 ANSI 认证的标准开发组织,致力于促进电子健康信息的交换、集成、共享和检索。HL7 得到了来自 50 多个国家和地区的 1600 多个会员的支持。快速医疗保健互操作性资源(FHIR)是用于交换医疗保健信息的最新规范标准之一。

且具有 25 万个内核的内部自有云上。科学家(通过自定义应用程序和 Jupyter 笔记本)、开发人员和应用程序都可使用这个令人叹为观止的架构。CERN 有志于装载更多数据，提高数据处理的整体速度。

1.3.4　其他用例

Spark 也参与了许多其他用例，包括：

- 构建交互式数据整理工具，如 IBM 的 Watson Studio 和 Databricks 的笔记本。
- 监视 MTV 或 Nickelodeon[1]等电视频道的视频馈送质量。
- 通过 Riot Games 公司监控在线视频游戏玩家的不良行为，准实时调整玩家互动，使所有玩家的正面体验最大化。

1.4　为什么你应该喜欢数据帧

本节的目标是让你喜欢上数据帧。你将学到足够多的知识，并渴望有更多的发现，在第 3 章以及整本书中，你可进行更深入的探索。数据帧既是数据容器又是 API。

数据帧的概念对 Spark 至关重要，不过这个概念并不难以理解。你将一直使用数据帧。在本节中，你将从 Java(软件工程师)和 RDBMS(数据工程师)的角度了解数据帧是什么。在你逐渐熟悉其中一些相似之处时，本书会将它们总结为一个图表。

> **关于拼写问题**
>
> 在大多数文献中，你会发现 dataframe 的另一种拼写方式：DataFrame。我决定采用英式拼写方式。我承认，对于法国人，这种拼写可能很奇怪。尽管 DataFrame 的拼写雄伟壮观，但它仍然是一个普通名词，因此没有理由使用大写字母。这又不是餐馆的名称。

1.4.1　从 Java 角度了解数据帧

如果你具有 Java 的背景，具有 Java 数据库连接(JDBC)的经验，那么对你而言数据帧看起来与 ResultSet 类似。它包含数据、API 等。

ResultSet 和数据帧的相似之处如下：

- 可通过简单的 API 访问数据。
- 可访问模式。

二者之间的一些区别如下：

- 不能使用 next()方法浏览数据。
- 其 API 可通过用户定义函数(UDF)扩展。可编写或封装现有代码，将其添加到 Spark。然后可在分布式模式下访问此代码。你将在第 16 章学习 UDF。
- 要访问数据，首先要获取行(Row)，然后使用 getter(与 ResultSet 类似)遍历行的各列。
- 在 Spark 中，元数据是基础，它们没有主键、外键或索引。

1　参见伯纳德·马尔于 2017 年 1 月发表在《福布斯》上的《MTV 和 Nickelodeon 如何使用实时大数据分析改善客户体验》(http://bit.ly/2ynJvUt)。

在 Java 中，可使用 Dataset <Row>实现数据帧。

1.4.2 从 RDBMS 角度理解数据帧

如果你具有 RDBMS 背景，你会发现数据帧与表格一样。其相似之处如下：
- 使用列和行描述数据。
- 列为强类型。

二者间的一些区别如下：
- 数据可嵌套，与在 JSON 或 XML 文档中一样。第 7 章将介绍这些文档的提取方式，第 13 章将教你使用这些嵌套的构造。
- 不能更新或删除整行，但可创建新的数据帧。
- 可轻松添加或删除列。
- 数据帧上无约束、索引、主键(外键)、触发器。

1.4.3 数据帧的图形表示

数据帧是一个功能强大的工具。在本书中，以及在使用 Spark 的过程中，都需要使用数据帧。其强大的 API 和存储功能使其成为影响一切的关键元素。图 1.7 显示了表示 API、实现和存储的一种方法。

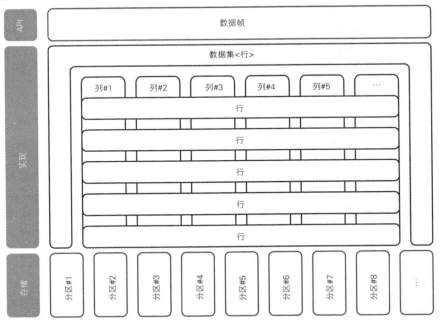

图 1.7　图形化表示的数据帧，使用 Java 实现(Dataset <Row>)、模式和分区存储。开发人员应使用数据帧 API，这样就可操作列和行，可访问分区中的存储，实现优化。在第 2 章中，你将学习更多关于分区的知识

1.5　第一个示例

现在是时候学习第一个示例了。本节的目标是教你使用简单的应用程序运行 Spark，读取文件，将文件内容存储在数据帧中，并显示结果。你将学习如何设置工作环境，在整本书中，你都将用到这个环境。你还将学习如何与 Spark 进行交互，并进行基本操作。

你会发现，大多数章节都包含专门的实验，你可研究这些代码，进行实验。每个实验都有一个数据集(尽可能使用真实的数据集)和一个或多个代码清单。

首先，你需要进行以下操作。

- 安装基本软件(你可能已经安装了)：Git、Maven、Eclipse。
- 从 GitHub 克隆代码，下载代码。
- 执行示例，加载基本 CSV 文件，显示一些行。

1.5.1　推荐软件

本节提供本书将使用的软件列表。附录 A 和附录 B 提供安装所需软件的详细说明。

本书将使用以下软件:

- Apache Spark 3.0.0。
- 主要是 macOS Catalina，但示例也可能运行在 Ubuntu 14～18 或 Windows 10 上。
- Java 8(尽管你不会使用版本 8 中引入的许多构造函数，如 lambda 函数)。据我所知，Java 11 已经可用，但是对于采用新版本，大多数企业反应缓慢(我发现 Oracle 最近的 Java 策略有点令人困惑)。到目前为止，只有 Spark v3 在 Java 11 上得到了认证。

这些示例将使用命令行或 Eclipse。在命令行的情况下，可使用以下命令。

- Maven：本书使用 3.5.2 版，但任何最近的版本都可使用。
- Git：使用 2.13.6 版本，但任何最新版本也可使用。在 macOS 上，可使用以 Xcode 包装的版本。在 Windows 上，可从 https://git-scm.com/download/win 下载。如果你喜欢图形用户界面(GUI)，强烈推荐你使用 Atlassian Sourcetree，可通过 www.sourcetreeapp.com 下载它。

项目使用 Maven 的 pom.xml 结构，在许多集成开发环境(IDE)中，该结构可被导入或直接使用。但是，所有可视示例都可使用 Eclipse。你可使用 4.7.1a(Eclipse Oxygen)之前的任何版本，但在 Eclipse 发布的 Oxygen 版本中，Maven 和 Git 集成得到了增强。强烈建议你至少使用 Oxygen 发行版，到目前为止，Oxygen 发行版已经相对较老了。

1.5.2　下载代码

源代码位于 GitHub 上的公共存储库中。存储库的 URL 是 https://github.com/jgperrin/net.jgp.books.spark.ch01。附录 D 详细描述了如何在命令行上使用 Git，以及如何使用 Eclipse 下载代码。

1.5.3 运行第一个应用程序

现在可运行应用程序了！如果你在运行应用程序时遇到了任何问题，请参阅附录 R。

1.命令行

在命令行上，切换工作目录：

```
$ cd net.jgp.books.spark.ch01
```

然后运行：

```
$ mvn clean install exec:exec
```

2. Eclipse

导入项目后(请参阅附录 D)，在项目资源管理器中找到 CsvToDataframeApp.java 文件。右击该文件，然后选择 Run As | 2 Java Application，如图 1.8 所示。在控制台中查看结果。

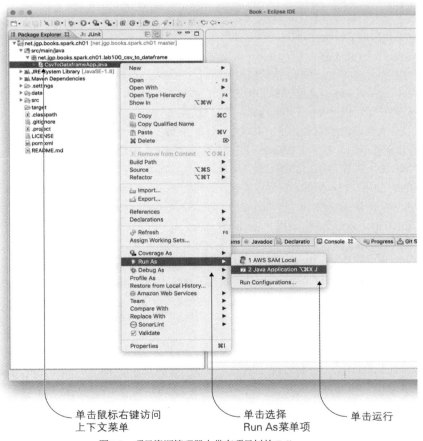

图 1.8　项目资源管理器中带有项目树的 Eclipse

无论是使用命令行还是 Eclipse，几秒钟后，结果都如下所示。

```
+---+--------+-------------------+-----------+--------------------+
| id|authorId|              title|releaseDate|link|
+---+--------+-------------------+-----------+--------------------+
|  1|       1|Fantastic Beasts ...|   11/18/16|http://amzn.to/2k...|
|  2|       1|Harry Potter and ...|   10/6/15|http://amzn.to/2l...|
|  3|       1|The Tales of Beed...|   12/4/08|http://amzn.to/2k...|
|  4|       1|Harry Potter and ...|   10/4/16|http://amzn.to/2k...|
|  5|       2|Informix 12.10 on...|    4/23/17|http://amzn.to/2i...|
+---+--------+-------------------+-----------+--------------------+
```
仅显示前 5 行

现在，让我们了解发生了什么。

1.5.4　第一份代码

最后，进行编码！在上一节中，你看到了输出。现在是时候运行第一个应用程序了。该程序将获取会话，要求 Spark 加载 CSV 文件，然后显示数据集的 5 行(最多)数据。代码清单 1.1 提供了完整的程序。

在显示代码方面，存在两种思想流派：一种是显示摘要，另一种是显示所有代码。我支持后一流派：我喜欢完整的示例，而不是片段。我不希望在片段代码中，寻找不显示的代码或所需的软件包，即使这些缺失的代码显而易见。

代码清单 1.1　提取 CSV 文件

```java
package net.jgp.books.spark.ch01.lab100_csv_to_dataframe;

import org.apache.spark.sql.Dataset;
import org.apache.spark.sql.Row;
import org.apache.spark.sql.SparkSession;

public class CsvToDataframeApp {

    public static void main(String[] args) {          // main() 是应用
        CsvToDataframeApp app = new CsvToDataframeApp();  // 程序的入口点
        app.start();
    }

    private void start() {                            // 在当地的主服务器
        SparkSession spark = SparkSession.builder()   // 创建会话
                .appName("CSV to Dataset")
                .master("local")
                .getOrCreate();
                                                      // 使用表头(header)读取 CSV
                                                      // 文件，调用 books.csv，将其
        Dataset<Row> df = spark.read().format("csv")  // 存储到数据帧中
                .option("header", "true")
                .load("data/books.csv");

        df.show(5);                                   // 数据帧中最多显示5行
    }
}
```

尽管示例简单，但你已完成以下工作：

- 安装使用 Spark 所需的所有组件。(是的，就是这么简单！)
- 创建可执行代码的会话。
- 加载 CSV 数据文件。
- 显示此数据集的 5 行。

现在，你可更深入地了解 Apache Spark，进一步理解其背后的机制。

1.6　小结

- Spark 是一种分析操作系统，可使用此系统，以分布式的方式处理工作量和算法。这不仅适用于数据分析，也适用于数据传输、海量数据转换、日志分析等。
- Spark 支持以 SQL、Java、Scala、R 和 Python 作为编程接口；但本书将重点介绍 Java(有时是 Python)。
- Spark 内部的主要数据存储方式是数据帧。数据帧将存储容量与 API 结合在一起。
- 如果你具有 JDBC 开发的经验，那么你会发现这与 JDBC ResultSet 有相似之处。
- 如果你具有关系数据库开发的经验，那么可将数据帧与具有较少元数据的表格进行比较。
- 在 Java 中，使用 Dataset <Row>实现数据帧。
- 不必安装 Spark，就可快速设置 Spark，与 Maven 和 Eclipse 一同使用。
- Spark 不仅限于 MapReduce 算法：其 API 允许将多种算法应用于数据。
- 企业希望访问实时分析，它们越来越频繁地使用流媒体。Spark 支持流式传输。
- 分析已从简单的连接演化为聚合。企业希望计算机为其思考，因此 Spark 支持机器学习和深度学习。
- 图是分析的一种特殊用例，但 Spark 支持它们。

第2章

架构和流程

本章内容涵盖

- 针对典型用例构建 Spark 的思维模型
- 了解相关的 Java 代码
- 探索 Spark 应用程序的一般架构
- 了解数据流

本章将教你构建 Apache Spark 的思维模型。思维模型使用图表模拟人类的思维过程，解释现实世界事物的工作机制。本章旨在帮你定义关于思考过程的一些想法，将逐步引导你了解思考过程。本章会使用较多的图表和一些代码，这对建立独特的 Spark 思维模型非常重要；这个模型将描述涉及加载、处理和保存数据的典型场景。你将通过 Java 代码了解这些操作。

你要遵循的场景涉及：CSV 文件的分布式加载、执行小规模的操作、将结果保存在 PostgreSQL 数据库(和 Apache Derby)中。要理解该示例，不需要你了解或安装 PostgreSQL。如果你熟悉其他 RDBMS 和 Java，则可轻松理解该示例。附录 F 提供了有关关系数据库的其他参考信息(提示、安装、链接等)。

实验： 代码和示例数据可从 GitHub 获得，链接为 https://github.com/jgperrin/net.jgp.books. spark.ch02。

2.1 构建思维模型

本节将教你构建 Spark 的思维模型。就软件而言，思维模型是一种概念图，可用于计划、预测、诊断和调试应用程序。为了构建思维模型，你需要研究大数据场景。在学习场景时，你需要探索 Spark 的整体架构，了解流程和术语，以便更好地理解 Spark 的全局。

想象一下下面的大数据场景：一个书商拥有一份包含作者列表的文件，希望能对该文件执行一些基本的操作，然后将其保存到数据库中。如用技术术语描述，此过程如下：

(1) 如第 1 章所述，提取 CSV 文件。

(2) 将姓氏和名字串联起来，转换数据。

(3) 将结果保存在关系数据库中。

图 2.1 演示了 Spark 的工作流程。

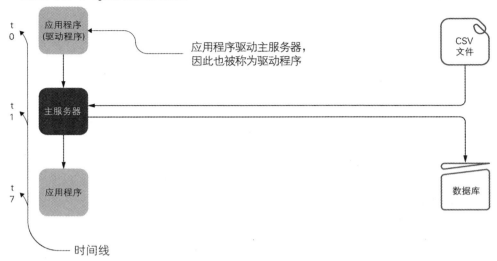

图 2.1 本书使用特定的图标；如果这让你感到困惑，请查看前言的"关于本书"部分！应用程序(也称为驱动程序)连接到 Apache Spark(主服务器)，请求服务器加载 CSV 文件，进行转换并将其保存到数据库。在图的左侧可看到时间线(此处为 t0、t1 和 t7)；如你所想，这代表了步骤。此流程始于应用程序，止于应用程序

应用程序(即驱动程序)连接到 Spark 集群。从此处开始，应用程序告诉集群要做什么：应用程序驱动集群。在此场景中，主服务器始于加载 CSV 文件，止于将数据保存到数据库。

示例环境 对于实验#100，最初，我在 macOS v10.13.2 上使用 Java 8 语言，操作 Spark v2.4.0、PostgreSQL v10.1 和 PostgreSQL JDBC 驱动程序 v42.1.4。实验#110 以 Apache Derby v10.14.2.0 作为后端。代码大致相同，因此，如果你不希望(或不能)安装 PostgreSQL，请参考实验#110。

2.2　使用 Java 代码构建思维模型

在深入研究构建思维模型的每个步骤之前，先整体分析应用程序。本节在教你解构整个代码、深入研究每行代码及其结果之前，将先带你设置 decorum。

图 2.2 简单展示了该过程：Spark 读取 CSV 文件；使用逗号连接姓氏和名字；然后将整个数据集保存在数据库中。

图 2.2　该过程分为简单的三个步骤：读取 CSV 文件；进行简单的串联操作；将结果数据保存在数据库中

在运行该应用程序时，你将收到一条内容为"处理完成"的短消息。图 2.3 显示了该过程的结果。你拥有的 ch02 表包含三列数据——fname、lname 和 name(所需要的新列)。如果需要有关数据库的信息，请参阅附录 F。

图 2.3　PostgreSQL 中来自 CSV 文件的数据以及附加列。此示意图使用了 SQLPro，但你可使用数据库附带的标准工具(pgAdmin 版本 3 或 4)

代码清单 2.1 是完整的应用程序。本书将尽可能完整地显示代码，包括 import 语句，以防止你使用错误的程序包，或使用具有相似名称却已过时的类。可从 GitHub 下载此代码，下载链接为：https://github.com/jgperrin/net.jgp.books.spark.ch02。

代码清单 2.1　提取 CSV，转换数据并将数据保存在数据库中

```java
package net.jgp.books.spark.ch02.lab100_csv_to_db;

import static org.apache.spark.sql.functions.concat;
import static org.apache.spark.sql.functions.lit;

import java.util.Properties;

import org.apache.spark.sql.Dataset;
import org.apache.spark.sql.Row;
import org.apache.spark.sql.SaveMode;
import org.apache.spark.sql.SparkSession;

public class CsvToRelationalDatabaseApp {

  public static void main(String[] args) {
    CsvToRelationalDatabaseApp app = new CsvToRelationalDatabaseApp();
    app.start();
  }

  private void start() {
    SparkSession spark = SparkSession.builder()
```

◀── 在本地主服务器上创建会话

```
            .appName("CSV to DB")
            .master("local")
            .getOrCreate();
    Dataset<Row> df = spark.read()
        .format("csv")
        .option("header", "true")
        .load("data/authors.csv");
    df = df.withColumn(
        "name",
        concat(df.col("lname"),
            lit(", "), df.col("fname")));
    String dbConnectionUrl = "jdbc:postgresql://localhost/spark_labs";
    Properties prop = new Properties();
    prop.setProperty("driver", "org.postgresql.Driver");
    prop.setProperty("user", "jgp");
    prop.setProperty("password", "Spark<3Java");
    df.write()
        .mode(SaveMode.Overwrite)
        .jdbc(dbConnectionUrl, "ch02", prop);

    System.out.println("Process complete");
    }
}
```

使用表头，读取名为 authors.csv 的 CSV 文件，将其存储在数据帧中

创建名为 "name" 的新列，将 lname 列、包含 "," 的虚拟列和 fname 列串联起来

静态导入 concat() 和 lit()

连接 URL，假设 PostgreSQL 实例运行在本地默认端口，使用的数据库为 spark_labs

连接数据库的属性；JDBC 驱动程序是 pom.xml 的一部分(请查看代码清单 2.2)

重写名为 ch02 的表

如果你对此兴趣盎然，且已理解大部分内容，那么可深入理解这些 Java 的 API，详细内容请参阅 Spark 的 Java 文档：https://spark.apache.org/docs/latest/api/ java/index.html。

你需要 PostgreSQL JDBC 驱动程序，因此 pom.xml 文件应包含代码清单 2.2 中的依赖关系。

代码清单 2.2　pom.xml 的属性和依赖关系(抽象)

使用特定的 Scala 版本构建 Spark。可使用 Maven 项目文件中的属性(名为 pom.xml 或简称 pom)，来确保所有 Spark 库中的版本都一致。scala.version 的属性值为 2.12，可在 spark-core 和 spark-sql 构件中重用

```
<properties>
    <scala.version>2.12</scala.version>
    <spark.version>2.4.5</spark.version>
    <postgresql.version>42.1.4</postgresql.version>
</properties>

<dependencies>
    <dependency>
        <groupId>org.apache.spark</groupId>
        <artifactId>spark-core_${scala.version}</artifactId>
        <version>${spark.version}</version>
    </dependency>

    <dependency>
        <groupId>org.apache.spark</groupId>
        <artifactId>spark-sql_${scala.version}</artifactId>
        <version>${spark.version}</version>
    </dependency>

    <dependency>
        <groupId>org.postgresql</groupId>
```

在 spark-core 和 spark-sql 构件中重用 spark.version 属性(此处为 2.4.5)。在即将发布的 Apache Spark 3.0.0 中，使用 3.0.0

重用 scala.version 属性，将其用作构件 ID 中的常量

重用 spark.version 属性，将其用作依赖版本中的常量

```
            <artifactId>postgresql</artifactId>
            <version>${postgresql.version}</version>
        </dependency>
    </dependencies>
```

本章中的所有实验都共享 pom.xml 文件，且实验#110 使用的是 Apache Derby，而不是 PostgreSQL，因此 GitHub 存储库中的 pom.xml 也包括 Derby 的依赖库。

2.3　运行应用程序

你已经了解了 Spark 的一个简单用例：从 CSV 文件中提取数据、执行简单的操作，然后将结果存储在数据库中。本节将让你理解在幕后实际发生的情况。

首先，你要仔细观察第一个操作：与主机的连接。在完成这一非功能性的步骤之后，我们将在 RDBMS 中逐步进行数据的提取、转换和最后的发布操作。

2.3.1　连接到主机

运行每个 Spark 应用程序的第一步都是连接到 Spark 主机，获取 Spark 会话。这是每次都要执行的操作。代码清单 2.3 中的代码片段和图 2.4 对此进行了详细说明。

在本节中，你将以本地模式连接到 Spark。在第 5 章中，你将找到三种连接和使用 Spark 的方法。

代码清单 2.3　获取 Spark 会话

```
SparkSession spark = SparkSession.builder()
    .appName("CSV to DB")
    .master("local")
    .getOrCreate();
```

方法链接使 Java 更紧凑

近年来，越来越多的 Java API 使用方法链接，如 SparkSession.builder().appName(...).master(...).getOrCreate()。先前，你可能已经了解过如何创建多个中间对象，如下所示：

```
Object1 o1 = new Object1();
Object2 o2 = o1.getObject2();
o2.set("something");
```

Spark 的 API 使用了大量方法链接。方法链接使代码更加紧凑且可读性更强，但存在一个主要的缺点，那就是调试困难：试想，如果链中间出现一个 null 指针异常(NPE)，那么你将花费更多时间去调试它。

本章中所有的说明都表示为一条时间线。在 t0 处，启动应用程序(main()函数)；在 t1 处，获取会话。

第一步始终是连接到主服务器。你现在可请求 Spark 加载 CSV 文件。

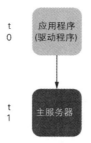

图 2.4 应用程序(即驱动程序)连接到主服务器并获取 Spark 会话。箭头指示了顺序流：在 t0 处，启动应用
程序；在 t1 处，获取 Spark 会话

本地模式是非集群的，比集群简单得多

为了在未设置完整集群的情况下运行本章中的示例，可将主服务器的值指定为 local(本地)，这
样就能以本地模式运行 Spark。如果你拥有集群，就需要给出集群的地址。第 5 章和第 6 章将介绍
更多关于集群的知识。

为了构建思维模型，你应该假设自己拥有集群，而非使用本地模式。

2.3.2 加载或提取 CSV 文件

对于现在所进行的事情而言，加载、提取和读取都是同义词：即请求 Spark 加载 CSV 文件中
包含的数据。Spark 可通过集群的各个节点分布式提取数据。现在是请求 Spark 加载文件的时候了，
对吧？你已经深入阅读了本章的一些内容，学习了新概念，现在是请求 Spark 做点事情的最佳时机。

但是，可以想象，与所有优秀的主服务器一样，Spark 依靠从属主机(slave)或工作器(worker[1])
进行具体的操作。你可在 Spark 文档中找到这两个术语。尽管我天性优柔寡断，但我还是决定使用
工作器这个名词。

在图 2.5 展示的场景中，有 3 个工作器。分布式提取数据意味着要求 3 台工作器同时提取数据。

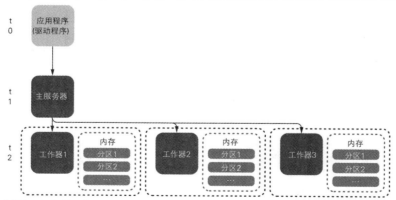

图 2.5 主服务器了解其工作器。此处有 3 个工作器。这是逻辑表示：任何工作器都可与主服务器位于同一
物理节点上。当然，每个工作器都有自己的内存，通过分区使用内存

---

1 译者注：worker 也可译作"工作线程"。

在 t2 处，主服务器告诉工作器加载文件，如代码清单 2.4 所示。你可能会想："如果有 3 个工作器，那么哪个工作器在加载文件呢？" 或者 "如果工作器同时加载文件，那么它们如何知道从哪里开始，在哪里结束呢？" Spark 将以分布式方式提取 CSV 文件。文件必须位于共享驱动器、分布式文件系统(如第 18 章中的 HDFS)上，或通过共享文件系统机制(如 Dropbox、Box、Nextcloud 或私有 Cloud)共享。在这种上下文中，分区在工作器内存中是专用区域。

代码清单 2.4　读取作者文件

```
Dataset<Row> df = spark.read()
    .format("csv")
    .option("header", "true")
    .load("data/authors.csv");
```

让我们花点时间看一下 CSV 文件(请参见代码清单 2.5)。这是一个简单文件，具有两列：lname 为姓，fname 为名。文件的第一行是标题。正文有六行，它们将成为数据帧中的六行。

代码清单 2.5　完整的 ol'CSV 文件

```
lname,fname
Pascal,Blaise
Voltaire,François
Perrin,Jean-Georges
Maréchal,Pierre Sylvain
Karau,Holden
Zaharia,Matei
```

工作器将创建任务，读取文件。每个工作器都可访问节点内存，并为任务分配内存分区，如图 2.6 所示。

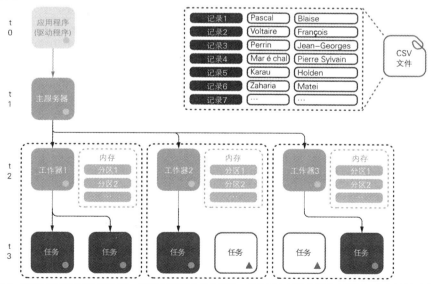

图 2.6　基于可用的资源创建任务。工作器可创建多个任务，并为每个任务分配内存分区。实心任务(它们也有一个点)正在运行，这与空心并具有三角形的非工作任务(如来自另一个应用程序的任务)形成对比

在 t4 时刻，每个任务继续读取部分 CSV 文件，如图 2.7 所示。当任务执行到提取文件行时，将这些数据存储到专用分区中。

图 2.7 显示了在提取数据的过程中，将记录从 CSV 文件复制到分区，这表示为 R > P(记录到分区)框。内存框显示记录所在的分区。在此示例中，包含 Blaise Pascal 的记录 1 在第一个工作器的第一个分区中。

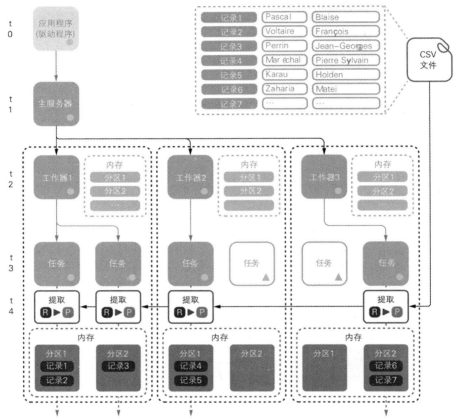

图 2.7　在提取数据时，每个任务都会将记录加载到其内存分区中，如 R > P(记录到分区)框所示。数据提取完成后，分区框将包含该记录

为什么要关注分区及其位置？

由于操作非常简单(如将两个字段串联成第三个字段)，Spark 的运行非常快。

你将在第 12 章和第 13 章中看到，Spark 可连接来自多个数据集的数据，并执行数据聚合，与在关系数据库中执行这些操作一样。现在想象一下，将工作器 1 的第一个分区中的数据与工作器 2 的第二个分区中的数据连接起来：由于必须传输所有这些数据，这个操作比较消耗资源。

你可对数据进行重新分区，让应用程序的运行更加高效，详情请参见第 17 章。

2.3.3　转换数据

加载数据后，可在 t5 时刻处理记录。操作非常简单：在数据帧中添加名为 name 的新列。全名
(在列 name 中)将姓(在列 lname 中)、逗号、空格和名(来自列 fname)串联起来。因此，Jean-Georges(名)
和 Perrin(姓)成为 Perrin, Jean-Georges。代码清单 2.6 描述了该过程，图 2.8 对此进行了说明。

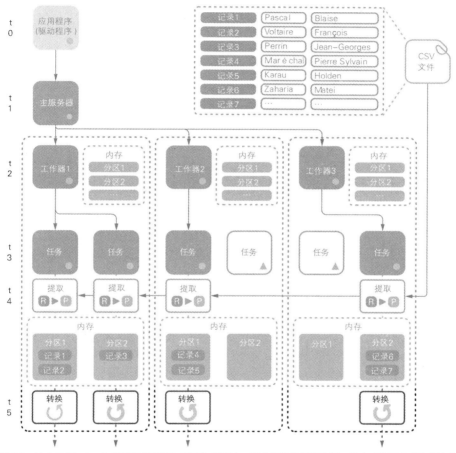

图 2.8　在 t5 时刻，Spark 将转换步骤添加到工作流程中。每个任务将继续执行，从内存分区中获取所有名
　　　　和姓，创建新名字

代码清单 2.6　在数据帧中添加一列

```
df = df.withColumn(
    "name",
    concat(df.col("lname"), lit(", "), df.col("fname")));
```

Spark 具有"惰性"

正如 Seth Rogen[1]所说:"虽然我很懒,但这是有原因的,我如此执拗,到最后,我才努力工作。"这就是 Spark 的行为方式。此时,告诉 Spark 串联这些字段,但它其实什么也没做。

Spark 具有"惰性":它只在被要求时才工作。Spark 堆叠所有请求,并在需要时优化操作,努力工作。在第 4 章中,你将更加细致地研究其"惰性"。与 Seth 类似,当你和颜悦色地进行请求时,Spark 才努力工作。

在这种情况下,如果你使用 withColumn()方法(一种数据转换操作),那么 Spark 只在看到动作的时候(如代码清单 2.7 中的 write()方法)开始处理。

现在你准备进行最后的操作:将结果保存到数据库中。

2.3.4 将数据帧中完成的工作保存到数据库中

在提取了 CSV 文件,转换数据帧中的数据之后,就可将结果保存到数据库了。执行此操作的代码如代码清单 2.7 所示,过程如图 2.9 所示。

代码清单 2.7 将数据保存到数据库

```java
String dbConnectionUrl = "jdbc:postgresql://localhost/spark_labs";
Properties prop = new Properties();
prop.setProperty("driver", "org.postgresql.Driver");
prop.setProperty("user", "jgp");
prop.setProperty("password", "Spark<3Java");

df.write()
    .mode(SaveMode.Overwrite)
    .jdbc(dbConnectionUrl, "ch02", prop);
```

如果你对 JDBC 非常熟悉,那么你可能已经注意到 Spark 需要类似的信息:

- JDBC 连接 URL
- 驱动器名
- 用户
- 密码

write()方法返回 DataFrameWriter 对象,可在这个对象上链接 mode()方法,指定写的方法;此处,你可重写表中的数据。

---

1 Seth Rogen 是加拿大裔美国喜剧演员和电影制片人,由于参演《访谈》和出演史蒂夫·乔布斯 2015 年纪录片中的史蒂夫·沃兹尼亚克而走红,详情请参见 www.imdb.com/name/nm0736622/。

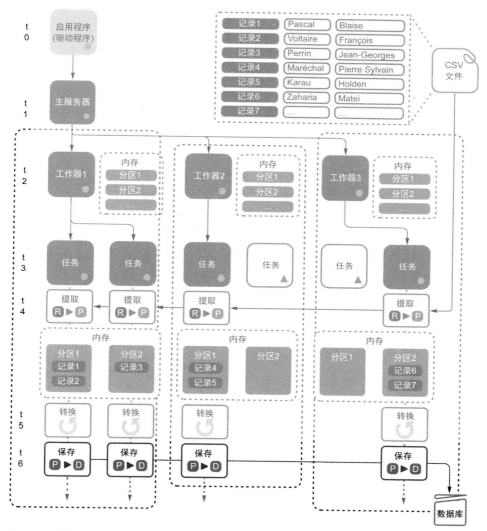

图2.9 将保存操作添加到工作流中。在 t6 时刻，将分区(P)中的数据复制到数据库(D)中，如 P > D 框所示。
每个任务都将开启与数据库的连接

图 2.10 显示了应用程序的完整思维模型。务必记住以下几点。

- 整个数据集从未接触到应用程序(驱动程序)。数据集在工作器的分区上进行划分，而不是
  在驱动程序上进行划分。
- 整个过程在工作器中进行。
- 工作器将分区中的数据保存到数据库。在此种场景中，有 4 个分区，这意味着在保存数据
  时，有 4 个连接。
- 想象一下类似的场景：假设有 200 000 个任务首先尝试连接到数据库，然后插入数据。经
  过细微调整的数据库服务器将拒绝过多的连接，因此需要在应用程序端进行更多控制。你

将在第 17 章看到，通过重新分区，以及在将数据导出到数据库时提供选项，可解决此负载问题。

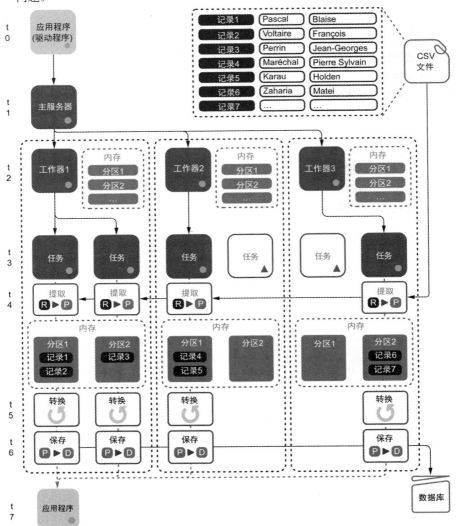

图 2.10 描述了在提取 CSV 文件、转换数据、将数据保存到数据库时，Spark 行为的完整思维模型。该图还说明了每个工作器的内存使用情况，以及这些分区中记录的属性。R > P 符号表示分区正在加载记录；P > D 符号表示将分区中的数据复制到数据库。最后，在 t7 时刻，时间轴返回到应用程序：没有数据从工作器传输到应用程序

2.4　小结

- 应用程序即驱动程序。数据不一定非要传送到驱动程序，可进行远程驱动。在设定部署大小时，请记住这一要点(请参阅第 5、6 和 18 章)。
- 驱动程序连接到主机，获取会话。数据将被附加到会话中，会话将定义工作器节点上数据的生命周期。
- 主服务器可以是本地计算机或远程集群。使用本地模式时不需要构建集群，这可使开发过程变得更加轻松。
- 数据在分区内进行分割和处理。分区在内存中。
- Spark 可轻松读取 CSV 文件(第 7 章将提供更详细的信息)。
- Spark 可轻松地将数据保存在关系数据库中(第 17 章将提供更详细的信息)。
- Spark 具有"惰性"：它只在你通过动作要求它执行时工作。这种"惰性"有好处，第 4 章将提供更详细的信息。
- Spark 的 API 严重依赖于方法链接。

第3章

数据帧的重要作用

本章内容涵盖

- 使用数据帧
- Spark 中数据帧的基本(重要)作用
- 了解数据不变性
- 快速调试数据帧的模式
- 了解 RDD 的底层存储

在本章中，你将学习如何使用数据帧。数据帧通过模式包含类型化数据，并提供强大的 API，因此在 Spark 应用程序中，数据帧非常重要。

如前几章所述，Spark 是一款极其出色的分布式分析引擎。Wikipedia 将操作系统(OS)定义为"管理计算机硬件、软件资源并为计算机程序提供通用服务的系统软件"。Spark 提供了构建应用程序和管理资源所需的所有服务，因此本书第 1 章甚至将 Spark 视为操作系统。如要使用 Spark 进行编程，你需要理解一些关键的 API。为了执行分析，进行数据操作，不论是在逻辑层面(应用程序层面)，还是在物理层面(硬件层面)，Spark 都需要数据存储。

在逻辑层面，数据帧是我最喜欢的存储容器，其数据结构与关系数据库中的表格类似。在本章，你将深入研究数据帧的结构，通过 API 学习如何使用数据帧。

数据转换是在数据上执行的操作，如从日期中提取年份，合并两个字段，对数据进行规范化等。在本章，你将学习如何使用特定的数据帧函数以及与数据帧 API 直接相关的方法来执行转换。你可使用类似 SQL 的联合操作将两个数据帧合并。你将明白数据集和数据帧之间的区别，以及如何将一个数据帧转换为另一个数据帧。

最后，你可理解一下弹性分布式数据集(Resilient Distributed Dataset，RDD)，这是 Spark 中的第一代数据存储。Spark 基于 RDD 概念构建了数据帧。你可能在讨论和项目中遇到过 RDD。

我们将示例融合到本章的实验中。在本章末尾，你可将两个文件提取为两份数据帧，修改它们的模式，使它们相互匹配并合并结果。在进行这些操作时，你将看到 Spark 如何处理数据存储。在不同的步骤阶段，你可检查数据帧。

实验：本章中的示例可通过访问 GitHub 获得，网址为 https://github.com/jgperrin/net.jgp.books. spark.ch03。

3.1　数据帧在 Spark 中的基本作用

本节将介绍数据帧的概念，以及如何组织数据帧。本节也将讲解不变性。

数据帧既是数据结构又是 API，如图 3.1 所示。在 Spark SQL、Spark Streaming、MLlib(用于机器学习)和 GraphX 中使用 Spark 的数据帧 API，可操作 Spark 中基于图形的数据结构。统一的 API 可大大简化对这些技术的使用。你不必学习每个子库的 API。

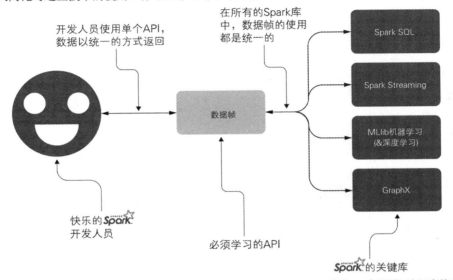

图 3.1　开发人员非常开心，因为只需要学习一种 API 就可执行 Spark SQL、流学习、机器学习和深度学习以及基于图的分析

虽然使用"雄伟"一词来描述数据帧的做法可能有点奇怪，但这名副其实。正如雄伟的艺术品吸引着人们的好奇心，雄伟的橡树在森林中占主导地位，雄伟的墙壁保护着城堡一样，Spark 领域的数据帧也十分雄伟壮观。

3.1.1　数据帧的组织

本节将讲解数据帧如何组织数据。数据帧是有命名列的数据集。这等同于关系数据库中的表格，或 Java 中的 ResultSet。图 3.2 详细说明了数据帧。

可从各种各样的源(如文件、数据库或自定义的数据源)中构建数据帧。数据帧的关键概念在于它的 API。API 在 Java、Python、Scala 和 R 中都可用。在 Java 中，数据帧可由行的数据集表示：Dataset <Row>。

根据当前 Spark 的策略，可将数据存储在内存中或磁盘上，但 Spark 会尽可能地使用内存。

数据帧以 StructType 的形式包含模式，用于自我检查。数据帧还包含 printSchema()方法，可更快地调试数据帧。我们学习的理论已经足够多了，下面开始实践吧！

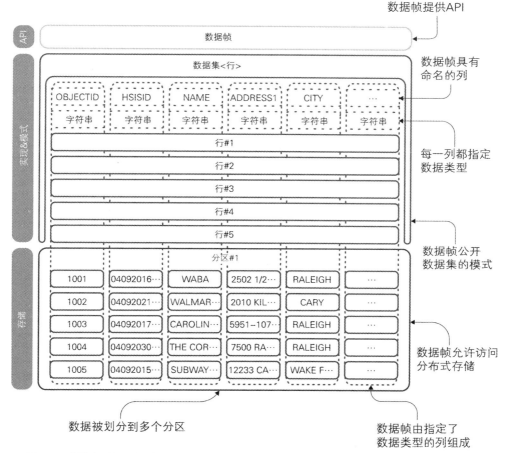

图 3.2 具有模式和数据的完整数据帧：将数据帧实现为行的数据集(Dataset <Row>)。命名各列并指定数据
类型。数据本身在分区中。本图基于 3.2.1 节中提取的 Wake County 餐馆数据集的数据

3.1.2 不变性并非贬低之词

我们通常认为数据帧、数据集和 RDD(将在第 3.4 节中讨论)是不变式存储。这里将不变性定义为不可改变的性质。应用于对象时，这意味着创建对象之后，无法修改对象的状态。

我的观点是，这个术语是违反直觉的。刚开始使用 Spark 时，我很难理解这个概念：让我们使用专为数据处理而设计的卓越技术，但数据却是不可改变的。处理数据，却又不能更改数据？

图 3.3 给出了解释：在第一种状态下，数据是不可变的；然后开始修改数据，但 Spark 仅存储转换的步骤，而不存储每个转换步骤的数据。让我重新表述一下：Spark 以不可变的方式存储数据的初始状态，然后保留过程(转换列表)，不存储中间数据。第 4 章将深入探讨数据转换。

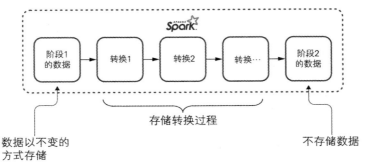

图 3.3　典型流程：最初，数据以不变的方式存储。Spark 存储转换过程(配方)，而不是每个阶段的数据

在添加节点时，这样设计的原因变得比较容易理解。图 3.3 展示了一个节点的典型 Spark 流，而图 3.4 展示了多个节点的 Spark 流。

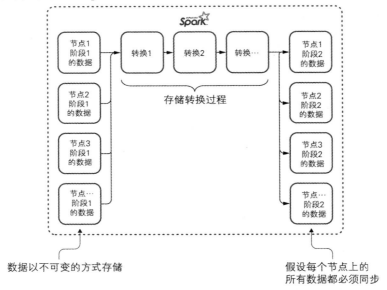

图 3.4　添加节点时，请想象数据同步的复杂度。仅保留流程(一系列转换)，可减少对存储的依赖，从而提高可靠性(弹性)。阶段 2 未存储任何数据

考虑到分布式的方式，不变性就显得相当重要。在存储方面，有如下两种选择：

● 　与关系数据库一样，存储数据时，在每个节点上立即完成每个修改。

● 　使数据在节点上保持同步，在不同节点上，仅共享转换流程。

在每个节点上，与其使所有数据保持同步，不如保持流程同步，这样相对较快，因此 Spark 使用第二种解决方案。第 4 章将讲解如何通过 Catalyst 进行优化。Catalyst 是一款非常出色的工具，可负责 Spark 流程中的优化。不变性和流程是此优化引擎的基石。

尽管 Spark 能很好地使用不变性，并以此作为优化数据处理的基础，但在开发应用程序时，程序员不必对此考虑太多。与任何优秀的操作系统一样，Spark 会自行处理资源。

3.2　通过示例演示数据帧的使用

不积跬步，无以至千里，不妨从小示例开始学习。第 1 章和第 2 章已教你提取文件。接下来，该做些什么呢？

本节将教你执行两个简单的提取操作。你可学习其模式和存储，理解数据帧被运用于应用程序时的行为。提取的第一个数据集是北卡罗来纳州 Wake 县的餐馆列表。第二个数据集包含北卡罗来纳州 Durham 县的餐馆数据。数据提取完成后，可转换数据，通过 union(合并)操作合并数据集。

这些是你作为 Spark 开发人员所要执行的关键操作，因此理解其背后的原理后，你将获取所需的基础知识。图 3.5 详细说明了该过程。

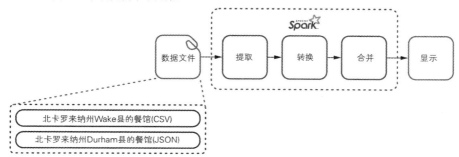

图 3.5　本章实验将展示如何提取文件，通过转换修改数据帧，合并数据帧，以及显示数据帧

进行合并操作后，目标(最终)数据帧在两次转换之后必须具有相同的模式，如图 3.6 所示。

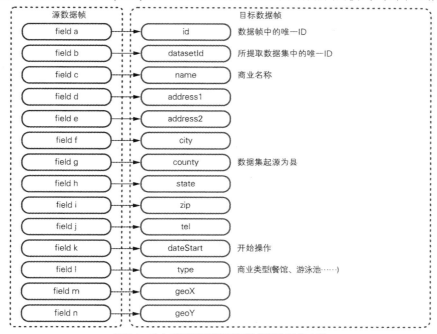

图 3.6　传入(源)数据帧和目标数据帧之间的映射

3.2.1　简单提取 CSV 后的数据帧

在本节中，你可首先提取数据，然后观察数据帧中的数据，了解其模式。这个过程是理解 Spark 工作方式的重要步骤。

该示例的目标是规范数据集，使其与具体条件相匹配，如图 3.6 所示。我敢说你喜欢去餐馆。也许不是每天都去餐馆，也许不是每种餐馆都去，每个人都有自己的喜好：食物类型、离家的距离、离公司的距离、噪音水平等。Yelp 或 OpenTable 之类的网站拥有丰富的数据集，但我们仅探索一些开放的数据。图 3.7 详细说明了此示例中的数据提取和转换过程。

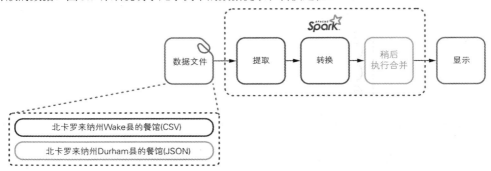

图 3.7　Wake 县餐馆的数据提取和转换过程

第一个数据集来自北卡罗来纳州的 Wake 县，网址为 http://mng.bz/5AM7。它列出了该县内的餐馆。这些数据可直接从 http://mng.bz/Jz2P 下载。

现在，你可逐步完成数据帧的提取和转换，这样数据就可与输出相匹配(通过重命名列和删除列)；然后，可将数据分区。在提取和转换数据的同时要计算记录的条数。图 3.8 详细说明了这种映射。

实验：访问 GitHub，并从以下地址下载本章代码: https://github.com/jgperrin/net.jgp.books.spark. ch03。从包 net.jgp.books.spark.ch03.lab200_ingestion_schema_manipulation 中的 lab #200 开始学习。

你尝试获取餐馆列表的可视化结果，使其与图 3.8 中定义的映射相匹配。请注意，我已对以下输出进行了修改，使其符合此页面的排版。

```
*** Dataframe transformed
+---------------+----------+-----+-------------+------+---------------+
|           name|      city|state|         type|county|             id|
+---------------+----------+-----+-------------+------+---------------+
|           WABA|   RALEIGH|   NC|   Restaurant|  Wake|NC_Wake_0409...|
|WALMART DELI...|      CARY|   NC|   Food Stand|  Wake|NC_Wake_0409...|
|CAROLINA SUS...|   RALEIGH|   NC|   Restaurant|  Wake|NC_Wake_0409...|
|THE CORNER V...|   RALEIGH|   NC|Mobile Food ...|  Wake|NC_Wake_0409...|
|   SUBWAY #3726|WAKE FOREST|  NC|   Restaurant|  Wake|NC_Wake_0409...|
+---------------+----------+-----+-------------+------+---------------+
only showing top 5 rows
```

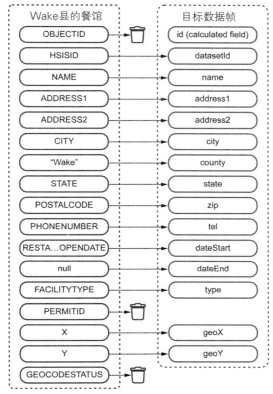

图 3.8　将 Wake 县餐馆的输入数据帧映射到目标数据帧。小垃圾桶表示将要被丢弃的字段

由于记录有比较多的行，阅读起来有点困难。我添加了记录，如图 3.9 中的屏幕截图所示。

```
*** DataFrame transformed
| datasetId|          name|  address1|address2|   city|state|      zip|        tel|    dateStart|         type|           geoX|        geoY|county|                 id|
|04092016024|          WABA|2502 1/2 HILLSBOR...| null| RALEIGH| NC|    27607|(919) 833-1710|2011-10-18T00:00:...|    Restaurant|-78.6681847|35.78783803| Wake|NC_Wake_04092016024|
|04092021693| WALMART DELI #2247|2010 KILDAIRE FAR...| null|    CARY| NC|    27518|(919) 852-6651|2011-11-08T00:00:...|   Food Stand|-78.78211173|35.73717591| Wake|NC_Wake_04092021693|
|04092017012|CAROLINA SUSHI &a...|5951-107 POYNER V...| null| RALEIGH| NC|    27616|(919) 981-5835|2015-08-28T00:00:...|    Restaurant|-78.57030208|35.86511564| Wake|NC_Wake_04092017012|
|04092030288|THE CORNER VENEZU...|  7500 RAMBLE WAY| null| RALEIGH| NC|    27616|          null|2015-09-04T00:00:...|Mobile Food Units| -78.53751|35.87630712| Wake|NC_Wake_04092030288|
|04092015530|       SUBWAY #3726| 12233 CAPITAL BLVD| null|WAKE FOREST| NC|27587-6200|(919) 556-8266|2009-12-11T00:00:...|    Restaurant|-78.54097555|35.98087357| Wake|NC_Wake_04092015530|

only showing top 5 rows
```

图 3.9　Wake 县餐馆数据集的前 5 行

为了显示这些数据集(也是数据帧)，可运行如下代码：

> 在 Spark 中，静态函数是一种强大的工具，可在第 13 章中进一步研究它们，附录 G 中提供了参考

```java
package net.jgp.books.spark.ch03.lab200_ingestion_schema_manipulation;

import static org.apache.spark.sql.functions.concat;
import static org.apache.spark.sql.functions.lit;
import org.apache.spark.Partition;
import org.apache.spark.sql.Dataset;
import org.apache.spark.sql.Row;
import org.apache.spark.sql.SparkSession;

public class IngestionSchemaManipulationApp {
```

```
public static void main(String[] args) {
    IngestionSchemaManipulationApp app =
        new IngestionSchemaManipulationApp();
    app.start();
}

private void start() {
    SparkSession spark = SparkSession.builder()        ◄───── 创建 Spark 会话
        .appName("Restaurants in Wake County, NC")
        .master("local")
        .getOrCreate();
                                                        创建数据帧
    Dataset<Row> df = spark.read().format("csv")  ◄──── (Dataset<Row>)
        .option("header", "true")             ◄────────  CSV 文件有表头行
        .load("data/Restaurants_in_Wake_County_NC.csv");  ◄── 数据目录中
    System.out.println("*** Right after ingestion");        的文件名
    df.show(5);
}
```

显示 5 条记录/5 行

到目前为止，数据提取与第 1 章中简单书籍列表的提取和第 2 章中作者列表的提取类似。提取也总是以相同的方式进行，第 7、8 和 9 章将提供关于数据提取的详细信息。为了更深入地理解数据帧，可使用 printSchema() 将模式打印到标准输出(stdout)，结果如下：

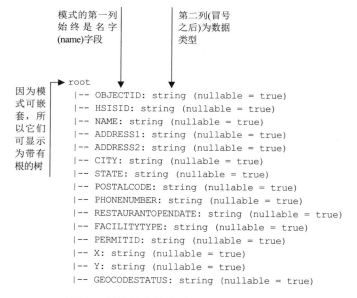

模式的第一列始终是名字(name)字段

第二列(冒号之后)为数据类型

因为模式可嵌套，所以它们可显示为带有根的树

```
root
 |-- OBJECTID: string (nullable = true)
 |-- HSISID: string (nullable = true)
 |-- NAME: string (nullable = true)
 |-- ADDRESS1: string (nullable = true)
 |-- ADDRESS2: string (nullable = true)
 |-- CITY: string (nullable = true)
 |-- STATE: string (nullable = true)
 |-- POSTALCODE: string (nullable = true)
 |-- PHONENUMBER: string (nullable = true)
 |-- RESTAURANTOPENDATE: string (nullable = true)
 |-- FACILITYTYPE: string (nullable = true)
 |-- PERMITID: string (nullable = true)
 |-- X: string (nullable = true)
 |-- Y: string (nullable = true)
 |-- GEOCODESTATUS: string (nullable = true)
```

附录 H 提供了有关类型的更多相关信息。可使用以下语句进行简单的调用：

```
df.printSchema();
```

有一种简单的方法可用于计算数据帧中记录的条数。假设要显示以下内容：

```
We have 3440 records.
```

可简单地使用以下代码：

```
System.out.println("We have " + df.count() + " records.");
```

本节的目标是合并两个数据帧，就像使用 SQL 对两个表进行合并一样。为了使合并有效，在两个数据帧中，需要类似的列命名。为此，可简单地假设第一个数据集的模式也已得到修改。如下所示：

```
root
 |-- datasetId: string (nullable = true)
 |-- name: string (nullable = true)
 |-- address1: string (nullable = true)
 |-- address2: string (nullable = true)
 |-- city: string (nullable = true)
 |-- state: string (nullable = true)          重命名列以匹配
 |-- zip: string (nullable = true)            所期望的名称
 |-- tel: string (nullable = true)
 |-- dateStart: string (nullable = true)
 |-- type: string (nullable = true)
 |-- geoX: string (nullable = true)
 |-- geoY: string (nullable = true)
 |-- county: string (nullable = false)        这些新列分别添加了
 |-- id: string (nullable = true)             县名和虚构的唯一 ID
```

下面看看数据转换的过程。请注意方法链接的强大用法。如第 2 章中所定义的，Java API 可使用方法链接，如 SparkSession.builder().appName(...).master(...).getOrCreate()，而不是每一步创建一个对象并将其传递给下一个操作。

你可使用数据帧的四种方法和两个静态函数。对于静态函数，你可能比较熟悉，它们是指"组合"在类中的那些函数，不必实例化类，就可使用。

"方法"很容易理解：它们可粘在对象上。当你直接使用列中的值时，静态函数相当有用。在阅读本书时，你会发现书中使用了大量的静态函数。第 13 章和附录 G 对静态函数进行了更详细的描述。

如果你找不到满足要求的函数(如特定的数据转换，或调用所拥有的现存库)，则可编写自己的函数。这些函数被称为用户定义函数(User-defined Function，UDF)，你可在第 16 章中学习相关知识。

现在看看你所需要的方法和函数：

- withColumn()方法——从表达式或列中创建新列。
- withColumnRenamed()方法——重命名列。
- col()方法——从名称中获得列。有些方法以列名作为参数，而某些方法则需要 Column 对象。
- drop()方法——从数据帧中删除列。此方法接收 Column 对象实例或列名。
- lit()函数——创建带有值的列，值即字面值。
- concat()函数——串联一组列中的值。

现在，可看一下代码：

```
df = df.withColumn("county", lit("Wake"))
    .withColumnRenamed("HSISID", "datasetId")
    .withColumnRenamed("NAME", "name")
    .withColumnRenamed("ADDRESS1", "address1")
    .withColumnRenamed("ADDRESS2", "address2")
    .withColumnRenamed("CITY", "city")
    .withColumnRenamed("STATE", "state")
    .withColumnRenamed("POSTALCODE", "zip")
    .withColumnRenamed("PHONENUMBER", "tel")
    .withColumnRenamed("RESTAURANTOPENDATE", "dateStart")
    .withColumnRenamed("FACILITYTYPE", "type")
    .withColumnRenamed("X", "geoX")
    .withColumnRenamed("Y", "geoY")
    .drop("OBJECTID")
    .drop("PERMITID")
    .drop("GEOCODESTATUS");
```

创建名为 county 的新列，每条记录包含值 Wake

只需要在新数据集中将列重命名为所需的名称

待删除的列

你可能需要为每个记录指定唯一的标识符。可调用此列 ID，串联以下内容，构建唯一标识符：

1 州

2 下画线(_)

3 县

4 下画线(_)

5 数据集中的标识符

代码如下所示：

```
df = df.withColumn("id", concat(
    df.col("state"), lit("_"),
    df.col("county"), lit("_"),
    df.col("datasetId")));
```

最后，可显示 5 条记录并打印出模式：

```
System.out.println("*** Dataframe transformed");
df.show(5);
df.printSchema();
```

3.2.2 数据存储在分区中

既然你已经加载了数据，那么可看到数据的存储位置了。本节将向你展示如何在 Spark 内部存储数据。数据并非物理存储在数据帧中，而是存储在分区中，如图 3.2 所示，或者如简化图 3.10 所示。

数据帧无法直接访问分区；需要通过 RDD 查看分区。稍后在第 3.4 节中，你将学习关于 RDD 的更多知识。

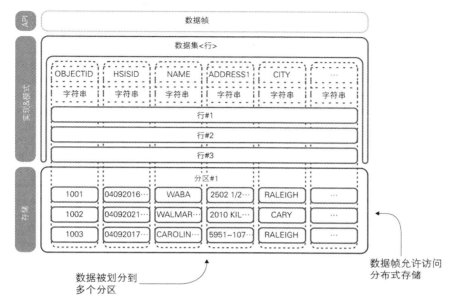

图 3.10　数据帧将数据存储在分区中。此处，我们只有一个分区

基于基础设施(节点数和数据集大小)，创建分区，系统会自动将数据分配给各个分区。由于所使用的数据集以及我的笔记本计算机的容量都比较小，在此场景中，我仅使用一个分区。使用下列代码，可得到分区的个数：

```
System.out.println("*** Looking at partitions");
Partition[] partitions = df.rdd().partitions();
int partitionCount = partitions.length;
System.out.println("Partition count before repartition: " +
    partitionCount);
```

可通过 rdd()访问 RDD，
然后进入分区

可使用 repartition()方法将数据帧重新划分为 4 个分区。
重新分区可提高性能：

```
df = df.repartition(4);
System.out.println("Partition count after repartition: " +
    df.rdd().partitions().length);
```

3.2.3　挖掘模式

在上一节中，你学习了如何使用 printSchema()访问模式。你需要明白数据的结构，尤其是 Spark 看待数据的方式。调用 schema()方法，可了解更多关于模式的相关信息。

查看 net.jgp.books.spark.ch03.lab210_schema_introspection 软件包中的 SchemaIntrospectionApp，了解关于 schema()用法的详细信息。为了简化阅读，在下一个实验的每个示例中，我将仅输出前三个字段。

假设要输出以下内容：

```
*** Schema as a tree:
root
 |-- OBJECTID: string (nullable = true)
 |-- datasetId: string (nullable = true)
 |-- name: string (nullable = true)
...
```

可与先前一样，使用数据帧的 printSchema() 方法，或使用 StructType 的 printTreeString() 方法：

```
StructType schema = df.schema();  ◄──────── 提取模式

System.out.println("*** Schema as a tree:");
schema.printTreeString();  ◄──────── 将模式显示为树
```

还可将模式显示为简单的字符串：

```
*** Schema as string:
StructField(OBJECTID,StringType,true)StructField(datasetId,StringType,true)
StructField(name,StringType,true)...
```

为此，请使用以下代码：

```
String schemaAsString = schema.mkString();  ◄──────── 将模式提取为字符串
System.out.println("*** Schema as string: " + schemaAsString);
```

甚至可将模式显示为 JSON 结构：

```
*** Schema as JSON: {
  "type" : "struct",
  "fields" : [ {
    "name" : "OBJECTID",
    "type" : "string",
    "nullable" : true,
    "metadata" : { }
  }, {
    "name" : "datasetId",
    "type" : "string",
    "nullable" : true,
    "metadata" : { }
  }, {
    "name" : "name",
    "type" : "string",
    "nullable" : true,
    "metadata" : { }
...
```

可使用以下代码：

将模式提取为数据类型
为字符串的 JSON 对象

```
String schemaAsJson = schema.prettyJson();  ◄────────
System.out.println("*** Schema as JSON: " + schemaAsJson);
```

如第 17 章所述，你可进行高级模式操作。

3.2.4　提取 JSON 后的数据帧

JSON 文档的嵌套结构使它可能比 CSV 略复杂。你将实现与以前类似的实验，但这次的餐馆数据源为 JSON 文件。假设你已阅读上一个实验，本节将重点介绍此实验与上一个实验的不同之处。

使用 Spark，你可读取 JSON 文件，其中包含与 3.2.1 节中的数据集结构相似的餐馆数据。你将转换所提取的数据，以匹配先前数据集的转换结构。这样做，就可通过合并处理对它们进行合并。图 3.11 详细说明了这部分过程。

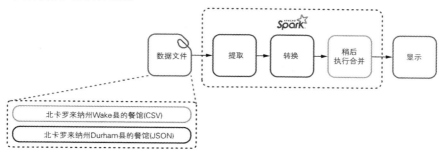

图 3.11　Durham 县餐馆的数据提取和转化过程

第二个数据集来自北卡罗来纳州的另一个县 Durham。该县是 Wake 县的邻县，其数据集可在 https://live-durhamnc.opendata.arcgis.com/ 上找到。

实验：访问 GitHub 并从以下地址下载本章代码：https://github.com/jgperrin/net.jgp.books.spark.ch03。从包 net.jgp.books.spark.ch03.lab220_json_ingestion_schema_manipulation 中的 lab #220 开始学习。

在可视化方面，JSON 要比 CSV 复杂一些，因此下面的代码清单只显示两家餐馆的数据集的摘录。JSON 绝对比较冗长吧？此处移除了第二条记录中的某些字段。

代码清单 3.1　北卡罗来纳 Durham 县的两家餐馆

```
[{
    "datasetid": "restaurants-data",
    "recordid": "1644654b953d1802c3c941211f61be1f727b2951",
    "fields": {
        "status": "ACTIVE",
        "geolocation": [35.9207272, -78.9573299],
        "premise_zip": "27707",
        "rpt_area_desc": "Food Service",
        "risk": 4,
        "est_group_desc": "Full-Service Restaurant",
        "seats": 60,
        "water": "5 - Municipal/Community",
        "premise_phone": "(919) 403-0025",
        "premise_state": "NC",
        "insp_freq": 4,
        "type_description": "1 - Restaurant",
        "premise_city": "DURHAM",
```

字段
是嵌
套的

```
            "premise_address2": "SUITE 6C",
            "opening_date": "1994-09-01",
            "premise_name": "WEST 94TH ST PUB",
            "transitional_type_desc": "FOOD",
            "smoking_allowed": "NO",
            "id": "56060",
            "sewage": "3 - Municipal/Community",
            "premise_address1": "4711 HOPE VALLEY RD"
        },
    "geometry": {
            "type": "Point",
            "coordinates": [-78.9573299, 35.9207272]
        },
    "record_timestamp": "2017-07-13T09:15:31-04:00"
}, {
    "datasetid": "restaurants-data",
    "recordid": "93573dbf8c9e799d82c459e47de0f40a2faa47bb",
    "fields": {
...
            "geolocation": [36.0467802, -78.8895483],
            "premise_zip": "27704",
            "rpt_area_desc": "Food Service",
            "est_group_desc": "Nursing Home",
            "premise_phone": "(919) 479-9966",
            "premise_state": "NC",
            "type_description": "16 - Institutional Food Service",
            "premise_city": "DURHAM",
            "opening_date": "2003-10-15",
            "premise_name": "BROOKDALE DURHAM IFS",
            "id": "58123",
            "premise_address1": "4434 BEN FRANKLIN BLVD"
        },
    ...
}]
```

使用<id><label>形式
的描述，你只对标签感
兴趣，对 ID 不感兴趣

与处理 CSV 数据集一样，让我们逐步进行 JSON 转换。第一步是 JSON 提取，这将生成以下内容(以及图 3.12)：

```
*** Right after ingestion
+----------------+--------------------+--------------------+
| datasetid|              fields|            geometry|
      record_timestamp|            recordid|
+----------------+--------------------+--------------------+
|restaurants-data|[, Full-Service R...|[[-78.9573299, 35...|
  2017-07-13T09:15:...|1644654b953d1802c...|
|
only showing top 5 rows

*** Right after ingestion
+----------------+--------------------+--------------------+--------------------+--------------------+
| datasetid|              fields|            geometry|    record_timestamp|            recordid|
+----------------+--------------------+--------------------+--------------------+--------------------+
|restaurants-data|[, Full-Service R...|[[-78.9573299, 35...|2017-07-13T09:15:...|1644654b953d1802c...|
|restaurants-data|[, Nursing Home, ...|[[-78.8895483, 35...|2017-07-13T09:15:...|93573dbf8c9e799d8...|
|restaurants-data|[, Fast Food Rest...|[[-78.9593263, 35...|2017-07-13T09:15:...|0d274200c7cef50d0...|
|restaurants-data|[, Full-Service R...|[[-78.9060312, 36...|2017-07-13T09:15:...|cf3e0b175a6ebad2a...|
|restaurants-data|[,, [36.0556347, ...|[[-78.9135175, 36...|2017-07-13T09:15:...|e796570677f7c39cc...|
+----------------+--------------------+--------------------+--------------------+--------------------+
only showing top 5 rows
```

图 3.12   提取后，Durham 餐馆数据的嵌套字段和数组难以阅读

数据帧包含嵌套的字段和数组。尽管能使用 show()方法，但结果的可读性不强。这个模式提供了更多信息：

```
root
 |-- datasetid: string (nullable = true)
 |-- fields: struct (nullable = true)          ← 将嵌套字段
 |    |-- closing_date: string (nullable = true)    视为结构
 |    |-- est_group_desc: string (nullable = true)
 |    |-- geolocation: array (nullable = true)    ← 数组看起来像这样
 |    |    |-- element: double (containsNull = true)
 |    |-- hours_of_operation: string (nullable = true)
 |    |-- id: string (nullable = true)
 |    |-- insp_freq: long (nullable = true)
 |    |-- opening_date: string (nullable = true)
 |    |-- premise_address1: string (nullable = true)
 |    |-- premise_address2: string (nullable = true)
 |    |-- premise_city: string (nullable = true)
 |    |-- premise_name: string (nullable = true)
 |    |-- premise_phone: string (nullable = true)
 |    |-- premise_state: string (nullable = true)
 |    |-- premise_zip: string (nullable = true)
 |    |-- risk: long (nullable = true)
 |    |-- rpt_area_desc: string (nullable = true)
 |    |-- seats: long (nullable = true)
 |    |-- sewage: string (nullable = true)
 |    |-- smoking_allowed: string (nullable = true)
 |    |-- status: string (nullable = true)
 |    |-- transitional_type_desc: string (nullable = true)
 |    |-- type_description: string (nullable = true)
 |    |-- water: string (nullable = true)
 |-- geometry: struct (nullable = true) #A
 |    |-- coordinates: array (nullable = true)    ← 数组看起来像这样
 |    |    |-- element: double (containsNull = true)
 |    |-- type: string (nullable = true)
 |-- record_timestamp: string (nullable = true)
 |-- recordid: string (nullable = true)
```

当然，这个模式树的结构与代码清单 3.1 中 JSON 文档的模式树类似。现在，相比于 CSV 文件中的结构，这个结构看起来绝对更像一棵树。实现此结构的代码也与提取和转换 CSV 数据集的代码类似：

```
SparkSession spark = SparkSession.builder()
    .appName("Restaurants in Durham County, NC")
    .master("local")
    .getOrCreate();

Dataset<Row> df = spark.read().format("json")
    .load("data/Restaurants_in_Durham_County_NC.json");
System.out.println("*** Right after ingestion");
df.show(5);
df.printSchema();
```

一旦数据被存放于数据帧中，处理数据的 API 就是相同的。你可开始转换数据帧。由于目标结构是扁平的，映射(如图 3.13 所示)必须包含嵌套字段。

图 3.13 通过(.)符号访问嵌套字段

以下是生成的结果(图 3.14 将数据帧的内容显示为屏幕截图):

```
*** Dataframe transformed
+---------+--------------------+--------------------+--------------------+…
|datasetId|              fields|            geometry|    record_timestamp|…
+---------+--------------------+--------------------+--------------------+…
|    56060|[, Full-Service R...|[[-78.9573299, 35...|2017-07-13T09:15:...|…
|    58123|[, Nursing Home, ...|[[-78.8895483, 36...|2017-07-13T09:15:...|…
|    70266|[, Fast Food Rest...|[[-78.9593263, 35...|2017-07-13T09:15:...|…
|    97837|[, Full-Service R...|[[-78.9060312, 36...|2017-07-13T09:15:...|…
|    60690|[,, [36.0556347, ...|[[-78.9135175, 36...|2017-07-13T09:15:...|…
+---------+--------------------+--------------------+--------------------+…
only showing top 5 rows
```

使用show()时，嵌套字段难以阅读

使用show()时，数组字段同样难以阅读

```
+---------+--------------------+--------------------+--------------------+--------------------+------+----
|datasetId|              fields|            geometry|    record_timestamp|            recordid|county|
+---------+--------------------+--------------------+--------------------+--------------------+------+----
|    56060|[, Full-Service R...|[[-78.9573299, 35...|2017-07-13T09:15:...|1644654b953d1802c...|Durham|    WES
|    58123|[, Nursing Home, ...|[[-78.8895483, 36...|2017-07-13T09:15:...|93573dbf8c9e799d8...|Durham|BROOKDA
|    70266|[, Fast Food Rest...|[[-78.9593263, 35...|2017-07-13T09:15:...|0d274200c7cef50d0...|Durham|
|    97837|[, Full-Service R...|[[-78.9060312, 36...|2017-07-13T09:15:...|cf3e0b175a6ebad2a...|Durham|HAMPTON
|    60690|[,, [36.0556347, ...|[[-78.9135175, 36...|2017-07-13T09:15:...|e796570677f7c39cc...|Durham|BETTER

-+--------------------+-------------------+--------+----+----+------+--------------+---------+-------+----
y|                name|           address1|address2|city|state|   zip|           tel|dateStart|dateEnd|
-+--------------------+-------------------+--------+----+----+------+--------------+---------+-------+----
n|   WEST 94TH ST PUB|4711 HOPE VALLEY RD|SUITE 6C|DURHAM|NC|27707|(919) 403-0025|1994-09-01|   null|
n|BROOKDALE DURHAM IFS|4434 BEN FRANKLIN...|    null|DURHAM|NC|27704|(919) 479-9966|2003-10-15|   null|Inst
n|   SMOOTHIE KING|1125 W. NC HWY 54...|    null|DURHAM|NC|27707|(919) 489-7300|2009-07-09|   null|
n|HAMPTON INN & SUITES|  1542 N GREGSON ST|    null|DURHAM|NC|27701|(919) 688-8880|2012-01-09|   null|
n|BETTER LIVING CON...|      909 GARCIA ST|    null|DURHAM|NC|27704|(919) 477-5825|2008-06-02|   null|

-+------------------+---------+----------+-----------------+
d|              type|    geoX|       geoY|               id|
-+------------------+---------+----------+-----------------+
l|        Restaurant|35.920727|-78.9573299|  NC_Durham_56060|
l|Institutional Foo...|36.046780|-78.8895483|  NC_Durham_58123|
l|        Restaurant|35.918265|-78.9593263|  NC_Durham_70266|
l|        Restaurant|36.018337|-78.9060312|  NC_Durham_97837|
l|  Residential Care|36.055634|-78.9135175|  NC_Durham_60690|
+------------------+---------+----------+-----------------+
only showing top 5 rows
```

图 3.14 该数据帧显示了执行数据转换后的前 5 行记录，每行都显示了所有列

具有嵌套结构的模式如下：

```
root
 |-- datasetId: string (nullable = true)          ◄── 待创建的
 |-- fields: struct (nullable = true)                 新字段
 |    |-- closing_date: string (nullable = true)  ◄── 在转换前，原始
 |    |-- est_group_desc: string (nullable = true)    数据集的字段
 |    |-- geolocation: array (nullable = true)
 |    |    |-- element: double (containsNull = true)
…
 |    |-- premise_name: string (nullable = true)
…
 |-- geometry: struct (nullable = true)
…
 |-- record_timestamp: string (nullable = true)
 |-- recordid: string (nullable = true)
 |-- county: string (nullable = false)
 |-- name: string (nullable = true)
 |-- address1: string (nullable = true)
 |-- address2: string (nullable = true)
 |-- city: string (nullable = true)
 |-- state: string (nullable = true)               待创建的
 |-- zip: string (nullable = true)                 新字段
 |-- tel: string (nullable = true)
 |-- dateStart: string (nullable = true)
 |-- dateEnd: string (nullable = true)
 |-- type: string (nullable = true)
 |-- geoX: double (nullable = true)
 |-- geoY: double (nullable = true)
 |-- id: string (nullable = true
```

为了访问结构中的字段，可在路径中使用点(.)符号。为了访问数组中的元素，使用 getItem() 方法。实现代码如下：

```
df = df.withColumn("county", lit("Durham"))          ◄── 与 CSV 一样，这里也可
    .withColumn("datasetId", df.col("fields.id"))        添加带有县名的列
    .withColumn("name", df.col("fields.premise_name"))
    .withColumn("address1", df.col("fields.premise_address1"))
    .withColumn("address2", df.col("fields.premise_address2"))
    .withColumn("city", df.col("fields.premise_city"))
    .withColumn("state", df.col("fields.premise_state"))
    .withColumn("zip", df.col("fields.premise_zip"))
    .withColumn("tel", df.col("fields.premise_phone"))
    .withColumn("dateStart", df.col("fields.opening_date"))
    .withColumn("dateEnd", df.col("fields.closing_date"))
    .withColumn("type",
        split(df.col("fields.type_description"), " - ").getItem(1))
    .withColumn("geoX", df.col("fields.geolocation").getItem(0))
    .withColumn("geoY", df.col("fields.geolocation").getItem(1));
```

使用(.)访问嵌套字段

使用\<id>\<label>符号进行描述；以 "-" 为界来拆分字段，获取第二个元素

提取数组的第一个元素，将它用作纬度(geoX)

提取数组的第二个元素，将它用作经度(geoY)

与创建所有字段和列一样，创建 id 字段的操作与处理 CSV 文件的操作相同：

```
df = df.withColumn("id",
```

```
    concat(df.col("state"), lit("_"),
        df. col("county"), lit("_"),
        df.col("datasetId")));
System.out.println("*** Dataframe transformed");
df.show(5);
df.printSchema();
```

最后，查看分区的操作也与处理 CSV 文件的操作一样：

```
*** Looking at partitions
Partition count before repartition: 1
Partition count after repartition: 4
```

以下是代码：

```
System.out.println("*** Looking at partitions");
Partition[] partitions = df.rdd().partitions();
int partitionCount = partitions.length;
System.out.println("Partition count before repartition: " +
    partitionCount);

df = df.repartition(4);
System.out.println("Partition count after repartition: " +
    df.rdd().partitions().length);
```

现在，你拥有两个数据帧，它们具有同一组核心列。下一步是合并它们。

3.2.5 合并两个数据帧

本节将讲解如何使用类似 SQL 的合并操作来合并两个数据集，从而构建更大的数据集。这将允许你在更多的数据点上执行分析操作。

上一节中，你提取了两个数据集，转换并分析了数据。与处理关系数据库中的表一样，也可基于两个数据集进行多种操作：连接数据集、组合数据集等。

现在，可组合这两个数据集，以便日后在已合并的数据集上执行分析操作。图 3.15 详细说明了该过程的细节。

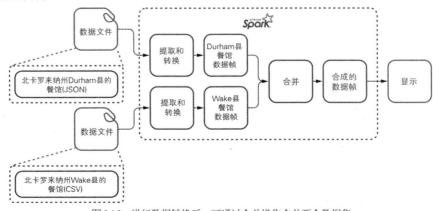

图 3.15   进行数据转换后，可通过合并操作合并两个数据集

实验：访问 GitHub 并从以下地址下载本章代码：https://github.com/jgperrin/net.jgp.books.
spark.ch03。从包 net.jgp.books.spark.ch03.lab230_dataframe_union 中的 lab #230 开始学习。

如你所想，你所编写的大部分数据提取和转换代码都可重用。但是，为了执行合并操作，必须
严格确保模式的一致性。否则，Spark 将无法执行合并操作。

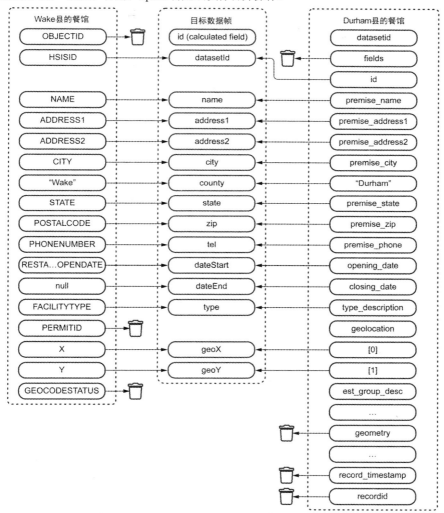

图 3.16　相对复杂的映射和转换。小垃圾桶表示将要被弃用的字段

应用程序最终的输出如下(图 3.17 显示了完整的屏幕截图)：

```
+----------+--------------------+-------------------+--------+…
| datasetId|                name|           address1|address2|…
+----------+--------------------+-------------------+--------+…
|04092016024| WABA|2502 1/2 HILLSBOR...| null|…
…
only showing top 5 rows
```

```
| datasetId|               name|      address1|address2|      city|state|      zip|          tel|         dateStart|        type|        geoX|         geoY|county|dateEnd|        id|
|040920160624|          WABA|2502 1/2 HILLSBOR...|    null|   RALEIGH|   NC|    27607|(919) 833-1710|2011-10-18T00:00:...|  Restaurant|-78.6681847|35.78783803|  Wake|   null|NC_Wake_040920160624|
|040920216693| WALMART DELI #2247|2010 KILDAIRE FAR...|    null|      CARY|   NC|    27518|(919) 852-6651|2015-11-08T00:00:...|  Food Stand|-78.78211173|35.73717591|  Wake|   null|NC_Wake_040920216693|
|040920170712|CAROLINA SUSHI &a...|  |5951-107 POYNER V...|    null|   RALEIGH|   NC|    27616|(919) 981-5835|2015-08-28T00:00:...|  Restaurant|-78.57030208|35.86511564|  Wake|   null|NC_Wake_040920170712|
|040920302088|THE CORNER VENEZU...|      7500 RAMBLE WAY |    null|   RALEIGH|   NC|    27616|          null|2015-09-04T00:00:...|Mobile Food Units| -78.5375113|35.87630712|  Wake|   null|NC_Wake_040920302088|
|040920155301|       SUBWAY #3726| 12233 CAPITAL BLVD |    null|WAKE FOREST|   NC|27587-6200|(919) 556-8266|2009-12-11T00:00:...|  Restaurant|-78.54097555|35.98087357|  Wake|   null|NC_Wake_040920155301|
only showing top 5 rows
```

图 3.17 仅包含所使用字段的完整数据帧

与图 3.17 对应的模式如下所示：

```
root
 |-- datasetId: string (nullable = true)
 |-- name: string (nullable = true)
 |-- address1: string (nullable = true)
 |-- address2: string (nullable = true)
 |-- city: string (nullable = true)
 |-- state: string (nullable = true)
 |-- zip: string (nullable = true)
 |-- tel: string (nullable = true)
 |-- dateStart: string (nullable = true)
 |-- type: string (nullable = true)
 |-- geoX: string (nullable = true)
 |-- geoY: string (nullable = true)
 |-- county: string (nullable = false)
 |-- dateEnd: string (nullable = true)
 |-- id: string (nullable = true)

We have 5903 records.
Partition count: 1
```

下面查看一下代码。导入的库不变。为了使操作更简单，SparkSession 的实例是私有成员，在 start()方法中初始化。剩余的代码就是三个独立的方法：

- buildWakeRestaurantsDataframe()构建包含 Wake 县餐馆的数据帧。
- buildDurhamRestaurantsDataframe()构建包含 Durham 县餐馆的数据帧。
- combineDataframes()使用类似于 SQL 的合并操作来组合两个数据帧。现在，不必担心所生成数据帧的内存使用情况。第 4 章将介绍数据帧的自我优化。

下面分析代码：

```
package net.jgp.books.spark.ch03.lab400_dataframe_union;
…
    private void start() {
        this.spark = SparkSession.builder()
            .appName("Union of two dataframes")
            .master("local")
            .getOrCreate();

        Dataset<Row> wakeRestaurantsDf = buildWakeRestaurantsDataframe();
        Dataset<Row> durhamRestaurantsDf = buildDurhamRestaurantsDataframe();
        combineDataframes(wakeRestaurantsDf, durhamRestaurantsDf);
    }
```

构建包含
Wake 县餐馆
的数据帧

构建包含
Durham 县餐
馆的数据帧

使用类似于 SQL 的合并
操作来组合两个数据帧

这相对容易，是吧？下面从 buildWakeRestaurantsDataframe()开始分析方法，该方法从 CSV 文件中读取数据集。你应该对此感到熟悉，因为第 3.2.1 节已介绍过相关内容：

```
private Dataset<Row> buildWakeRestaurantsDataframe() {
  Dataset<Row> df = this.spark.read().format("csv")
      .option("header", "true")
      .load("data/Restaurants_in_Wake_County_NC.csv");
  df = df.withColumn("county", lit("Wake"))
      .withColumnRenamed("HSISID", "datasetId")
      .withColumnRenamed("NAME", "name")
      .withColumnRenamed("ADDRESS1", "address1")
      .withColumnRenamed("ADDRESS2", "address2")
      .withColumnRenamed("CITY", "city")
      .withColumnRenamed("STATE", "state")
      .withColumnRenamed("POSTALCODE", "zip")
      .withColumnRenamed("PHONENUMBER", "tel")
      .withColumnRenamed("RESTAURANTOPENDATE", "dateStart")
      .withColumn("dateEnd", lit(null))
      .withColumnRenamed("FACILITYTYPE", "type")
      .withColumnRenamed("X", "geoX")
      .withColumnRenamed("Y", "geoY")
      .drop(df.col("OBJECTID"))
      .drop(df.col("GEOCODESTATUS"))
      .drop(df.col("PERMITID"));
  df = df.withColumn("id", concat(
      df.col("state"),
      lit("_"),
      df.col("county"), lit("_"),
      df.col("datasetId")));
  return df;
}
```

目标模式包括 dateEnd 列；这是添加列的一种方法

不再需要这些列

现在，可使用第二个数据集了：

```
private Dataset<Row> buildDurhamRestaurantsDataframe() {
  Dataset<Row> df = this.spark.read().format("json")
      .load("data/Restaurants_in_Durham_County_NC.json");
  df = df.withColumn("county", lit("Durham"))
      .withColumn("datasetId", df.col("fields.id"))
      .withColumn("name", df.col("fields.premise_name"))
      .withColumn("address1", df.col("fields.premise_address1"))
      .withColumn("address2", df.col("fields.premise_address2"))
      .withColumn("city", df.col("fields.premise_city"))
      .withColumn("state", df.col("fields.premise_state"))
      .withColumn("zip", df.col("fields.premise_zip"))
      .withColumn("tel", df.col("fields.premise_phone"))
      .withColumn("dateStart", df.col("fields.opening_date"))
      .withColumn("dateEnd", df.col("fields.closing_date"))
      .withColumn("type",
          split(df.col("fields.type_description"), " - ").getItem(1))
      .withColumn("geoX", df.col("fields.geolocation").getItem(0))
      .withColumn("geoY", df.col("fields.geolocation").getItem(1))
      .drop(df.col("fields"))
      .drop(df.col("geometry"))
      .drop(df.col("record_timestamp"))
      .drop(df.col("recordid"));
  df = df.withColumn("id",
      concat(df.col("state"), lit("_"),
```

不再需要这些列

```
              df.col("county"), lit("_"),
              df.col("datasetId")));
    return df;
}
```

请注意，当你删除父列时，所有嵌套的列也会被删除。删除了父列之后，在 fields 字段和 geometry 字段下的嵌套列也被删除了。因此，当你删除 fields 列时，所有的子字段，如 risk(风险)、seats(席位)、sewage(污水)等，都将被删除。

现在，你有了两个具有相同列数的数据帧。因此，可在 combineDataframes()方法中合并它们。在类似 SQL 的合并操作中，可采用两种方法组合数据帧：union()或 unionByName()方法。

union()方法不关心列的名称，只关心列的顺序。此方法始终将第一个数据帧中的第一列与第二个数据帧中的第一列合并，然后是第二列，第三列，以此类推，不必关心名称。在进行了一些转换操作(创建新列，重命名列，转储列或组合列)后，你可能不记得列的顺序是否正确。如果字段不匹配，在最坏的情况下，你的数据可能不一致；在最好的情况下，程序会停止运行。但 unionByName()是通过名称来匹配列的，所以比较安全。

这两种方法都要求数据集的两边具有相同数量的列。以下代码显示了合并操作并查看了所生成的分区：

这就是进行合并所使用的数据集

```
private void combineDataframes(Dataset<Row> df1, Dataset<Row> df2) {
    Dataset<Row> df = df1.unionByName(df2);
    df.show(5);
    df.printSchema();
    System.out.println("We have " + df.count() + " records.");

    Partition[] partitions = df.rdd().partitions();
    int partitionCount = partitions.length;
    System.out.println("Partition count: " + partitionCount);
}
```

已组合的两个数据集的记录条数：5903 条记录

能解释一下为什么有两个分区吗？由于两个数据集在两个分区中，Spark 保留了此结构

可合并更多的数据集，但不能同时合并所有数据集。

在将小数据集(通常小于 128 MB)加载到数据帧时，Spark 仅创建一个分区。[1]但是，在本场景中，Spark 会为基于 CSV 的数据集创建一个分区，为基于 JSON 的数据集创建一个分区。两个不同数据帧的两个数据集至少生成两个分区(每个数据集至少一个分区)。将它们联合在一起，可创建唯一的数据帧，但这将依赖两个或更多的原始分区。可试着使用 repartition()修改示例，看看 Spark 如何创建数据集和分区。玩转分区会带来巨大优势。在第 17 章中，你将看到在分散到若干节点上的较大数据集上，分区可提高性能，特别是(但不局限于)在执行合并操作时。

---

1 资料来源：《Spark RDD 编程指南》：http://mng.bz/6waR。

3.3　数据帧 Dataset<Row>

本节将介绍更多关于数据帧实现的知识。你可能拥有几乎包含了所有普通 Java 对象(Plain Old Java Object，POJO)的数据集，但只有行数据集(Dataset <Row>)才被称为数据帧。下面探索数据帧的优势，仔细研究如何操作这些特定的数据集。

要知道，可将数据集与其他 POJO 一起使用，因为你可重用已经在库中的 POJO，或重用特定于应用程序的 POJO。第 9 章甚至详细说明了如何基于现有的 POJO 提取数据。

但是，实现为行数据集(Dataset <Row>)的数据帧具有更丰富的 API。你将学会在需要时如何在数据帧和数据集之间来回转换。

实验：访问 GitHub 并从以下地址下载本章代码：https://github.com/jgperrin/net.jgp.books. spark.ch03。从包 net.jgp.books.spark.ch03.lab300_dataset 中的 lab #300 开始学习。

3.3.1　重用 POJO

下面探讨数据集 API 直接重用 POJO 的好处，并进一步了解 Spark 存储。使用数据集(而不是数据帧)的主要好处是，可在 Spark 中直接重用 POJO。使用数据集，直接重用 POJO，允许开发人员使用熟悉的对象(object)，而不用受到 Row 带来的限制，比如从对象中提取数据。

当你查看数据集 API(http://mng.bz/qXYE)时，可看到许多引用 Dataset <T>的地方，其中 T 代表通用类型，不特定于 Row。但请注意，某些操作将丢失 POJO 的强类型，并返回 Row：例如，将两个数据集连接在一起，或对数据集执行聚合操作。

虽然这根本不会造成问题，但是你应该预料到这个特性。以某个基于书籍的数据集为例。如果你要对书籍进行分组，按年份对出版的书籍进行计数，那么书籍的 POJO 中不会有计数(count)字段，Spark 会自动创建数据帧并存储结果。

最后，我要说明，Row 使用名为 Tungsten 的高效存储，而 POJO 并不使用这种方法。

Tungsten：Java 语言的快速存储

性能的优化永无止境。Apache Spark 集成了 Tungsten 项目，致力于增强三个关键领域：内存管理与二进制处理、感知缓存计算以及代码生成。下面快速介绍一下第一个领域，以及 Java 存储对象的方式。

我最喜欢 Java(来自 C++)的第一个原因是，不必追踪内存使用情况和对象生命周期：所有这些都由垃圾收集器(Garbage Collector，GC)来完成。尽管在大多数情况下，GC 都可很好地运行，但当你使用数据集时，GC 可能很快就被创建的数百万个对象所淹没。

存储 4 字符的字符串可能占用多个字节，例如，在 Java 8 及较早版本中，"Java" 将占用 48 个字节[1]；在使用 UTF-8/ASCII 编码时，存储此字符串只占用 4 个字节。Java 虚拟机(Java Virtual Machine，JVM)的原生 String 实现，使用 UTF-16 编码，每个字符占用 2 个字节；每个 String 对象也包含 12 字节头和 8 字节的哈希码。当你调用 Java(或任何其他基于 JVM 的语言)的.length()操作时，JVM 将

1　在 Java 9 中，该设计略有更改，使用了 compactStrings：https://openjdk.java.net/jeps/254。

按字符计算字符串长度，而不涉及内存的物理表示，因此 JVM 依然返回 4。你可在 http://openjdk.java.net/projects/code-tools/jol/网页上查看有关 Java Object Layout(JOL)工具的知识，以了解更多关于物理存储的知识。

GC 和对象存储本身都是不错的概念。但我们在高性能和可预测的工作负载方面取得了进展，因此，一种更高效的存储系统诞生了。Tungsten 可直接管理内存块，压缩数据，并拥有新的数据容器，这些容器与操作系统进行底层交互，将性能提高了 16~100 倍。[1]

可通过 http://mng.bz/7zyg 了解有关 Tungsten 项目的更多信息。

3.3.2 创建字符串数据集

为了了解如何使用数据集(而非数据帧)，下面看看如何创建简单的 String 数据集。这里使用你熟悉的简单对象字符串(String)来详细说明数据集的用法。之后，你就能创建更复杂的对象的数据集。

应用程序从包含字符串的简单 Java 数组中创建 String 数据集，然后显示结果，此处没有什么花式操作。预期的输出如下：

```
+------+
| value|
+------+
|  Jean|
|   Liz|
|Pierre|
|Lauric|
+------+
root
|-- value: string (nullable = true)
```

可使用下列应用程序，重新生成此输出：

```
package net.jgp.books.spark.ch03_lab300_dataset;

import java.util.Arrays;          没有这些，能使用Java 做些什么呢？
import java.util.List;            下面使用简单的 List 和 Arrays 方法

import org.apache.spark.sql.Dataset;
import org.apache.spark.sql.Encoders;      ◄──  编码器帮助构建用于
import org.apache.spark.sql.SparkSession;        转换的数据集

public class ArrayToDatasetApp {
  …
  private void start() {
    SparkSession spark = SparkSession.builder()
      .appName("Array to Dataset<String>")
      .master("local")
      .getOrCreate();

    String[] stringList =
      new String[] { "Jean", "Liz", "Pierre", "Lauric" };
```

创建具有
4 个值的
静态数组

1　资料来源：Apache Spark 项目和 Databricks(Apache Spark 背后的公司之一)。

将数组转
换为列表

```
List<String> data = Arrays.asList(stringList);
Dataset<String> ds = spark.createDataset(data, Encoders.STRING());
ds.show();
ds.printSchema();
    }
}
```

使用列表创建字符串
数据集，指定编码器

如果你不使用数据集，而是使用数据帧的扩展方法，则可调用 toDF()方法，轻松地将数据集转换为数据帧。请查看 lab #310(net.jgp.books.spark.ch03.lab310_dataset_to_dataframe.ArrayToDatasetToDataframeApp)。它在 start()方法的末尾添加了以下代码片段：

```
Dataset<Row> df = ds.toDF();
df.show();
df.printSchema();
```

输出结果与本节中的上一个实验(lab #300)相同。现在，你有了一个数据帧！

3.3.3　来回转换

本节将教你如何来回转换数据帧与数据集。如果你要操作现有的 POJO 和仅适用于数据帧的扩展 API，则此转换可派上大用场。

将含有书籍信息的 CSV 文件读取到数据帧中，将数据帧转换为书籍数据集，然后将数据集转换回数据帧。尽管这听起来是令人讨厌的工作流程，但是作为 Spark 工程师，你可能要参与其中的部分或全部操作。

想象一下下面的用例。你的软件库中有现成的 bookProcessor()方法。这个方法接收了 BookPOJO，并通过 API 在电商网站(如 Amazon、Fnac 或 Flipkart)上发布了这条信息。你绝对不会想重写此方法，使其仅适用于 Spark。你希望继续发送书籍 POJO。可加载数千本书，将它们存储在书籍数据集中，当要对此数据集进行迭代访问时，可调用现成的 bookProcessor()方法，不必进行修改，就可使用分布式处理功能。

1. 创建数据集

下面重点介绍第一部分：提取文件，并将数据帧转换为书籍数据集。输出结果如下所示：

```
*** Books ingested in a dataframe
+---+--------+-------------------+-----------+--------------------+
| id|authorId|              title|releaseDate|                link|
+---+--------+-------------------+-----------+--------------------+
|  1|       1|Fantastic Beasts ...|  11/18/16|http://amzn.to/2k...|
|  2|       1|Harry Potter and ...|   10/6/15|http://amzn.to/2l...|
…
only showing top 5 rows

root
 |-- id: integer (nullable = true)
 |-- authorId: integer (nullable = true)
 |-- title: string (nullable = true)
 |-- releaseDate: string (nullable = true)
```

字段的顺序为在
文件中的顺序

在解析时，将
其视为字符串

```
|-- link: string (nullable = true)

*** Books are now in a dataset of books
+--------+---+----------------+----------------+----------------+
|authorId| id|            link|     releaseDate|           title|
+--------+---+----------------+----------------+----------------+
|       1|  1|http://amzn.to...|[18, 0, 0, 10,...|Fantastic Beas...|
|       1|  2|http://amzn.to...|[6, 0, 0, 9, 0...|Harry Potter a...|
…
only showing top 5 rows

root
 |-- authorId: integer (nullable = true)
 |-- id: integer (nullable = true)
 |-- link: string (nullable = true)
 |-- releaseDate: struct (nullable = true)
 |    |-- date: integer (nullable = true)
 |    |-- hours: integer (nullable = true)
 |    |-- minutes: integer (nullable = true)
 |    |-- month: integer (nullable = true)
 |    |-- seconds: integer (nullable = true)
 |    |-- time: long (nullable = true)
 |    |-- year: integer (nullable = true)
 |-- title: string (nullable = true)
```

现在，这些字段按字母顺序排序(与嵌套字段相同)；这就是 Spark 的操作方式

日期的"日"元素

转换为 Dataset<Books>时，将"分解"成日期的各个元素

将数据帧转换为数据集后，Spark 会对字段进行排序。这是 Spark 的自动行为，不必请求应用程序进行排序操作。对开发人员而言，这可能带来额外的便利，但如果本身没有排序的需求，这也可能成为一种负担。在数据转换过程中，字段可能会发生偏移(这有点像你坐飞机时，行李柜中的物品会移动，这意味着，当你打开行李柜的盖子时，柜中的物品可能会一团糟)，因此，如果你计划在完成转换后组合数据集，请记住，应使用 unionByName()，而不是 union()。

代码清单 3.2 展示了应用程序的代码。

代码清单 3.2　CsvToDatasetBookToDataframeApp

```
package net.jgp.books.spark.ch03.lab320_dataset_books_to_dataframe;

import static org.apache.spark.sql.functions.concat;
import static org.apache.spark.sql.functions.expr;
import static org.apache.spark.sql.functions.lit;
import static org.apache.spark.sql.functions.to_date;

import java.io.Serializable;
import java.text.SimpleDateFormat;

import org.apache.spark.api.java.function.MapFunction;
import org.apache.spark.sql.Dataset;
import org.apache.spark.sql.Encoders;
import org.apache.spark.sql.Row;
import org.apache.spark.sql.SparkSession;

import net.jgp.books.spark.ch03.x.model.Book;
```

随着你的进步，你将较多地使用静态函数，并逐渐熟悉这些静态函数；此后，你将在应用程序中使用它们

名为 x 的子包含了额外的包，这些包在不同的应用程序之间共享

```
public class CsvToDatasetBookToDataframeApp implements Serializable {
  …
```

处理映射时，许多对象可能
需要可序列化。在运行时，
如有必要，Spark 将告诉你
对象要可序列化

创建
会话

```
  private void start() {
    SparkSession spark = SparkSession.builder()
      .appName("CSV to dataframe to Dataset<Book> and back")
      .master("local")
      .getOrCreate();
```

将数据提
取到数据
帧中

```
    String filename = "data/books.csv";
    Dataset<Row> df = spark.read().format("csv")
      .option("inferSchema", "true")
      .option("header", "true")
      .load(filename);

    System.out.println("*** Books ingested in a dataframe");
    df.show(5);
    df.printSchema();

    Dataset<Book> bookDs = df.map(
      new BookMapper(),
      Encoders.bean(Book.class));
```

使用 map()函数将
数据帧转换为数据集

```
    System.out.println("*** Books are now in a dataset of books");
    bookDs.show(5, 17);
    bookDs.printSchema();
```

map()方法如同一种有趣的动物，一开始似乎有点吓人，但其实像小狗一样可爱。map()方法需要较多的编码，它并不是一个容易理解的概念，因此有点吓人。这个方法将：

- 浏览数据集的每条记录。
- 在 MapFunction 类的 call()方法中进行一些操作。
- 返回数据集。

让我们更深入地了解一下 map()方法签名。在 Java 中，泛型并不总是那么简单：

```
Dataset<U> map(MapFunction<T, U>, Encoder<U>)
```

在上面的代码中，U 表示书籍，T 表示行。因此，map()方法签名如下所示：

```
Dataset<Book> map(MapFunction<Row, Book>, Encoder<Book>)
```

调用 map()方法时，此方法将：

- 浏览数据帧的每条记录。
- 调用实现了 MapFunction <Row，Book>类的实例；就当前用例而言，需要调用 BookMapper。请注意，无论你要处理多少条记录，该类仅实例化一次。
- 返回 Dataset<Book>(你的目标)。

在实现方法时，请确保正确的签名和实现，因为这可能比较棘手。其框架(包括签名和必需的方法)如下所示：

```
class AnyMapper implements MapFunction<T, U> {
  @Override
  public U call(T value) throws Exception {
  …
```

```
    }
  }
```

下面的代码清单将此框架应用于正在构建的 BookMapper 映射器类。附录 I 列出了这些数据转换类型的参考信息,包括类签名。

代码清单 3.3 BookMapper

确保方法签名正确
```
class BookMapper implements MapFunction<Row, Book> {
  private static final long serialVersionUID = -2L;

  @Override
  public Book call(Row value) throws Exception {
    Book b = new Book();
    b.setId(value.getAs("id"));
    b.setAuthorId(value.getAs("authorId"));
    b.setLink(value.getAs("link"));
    b.setTitle(value.getAs("title"));

    String dateAsString = value.getAs("releaseDate");
    if (dateAsString != null) {
      SimpleDateFormat parser = new SimpleDateFormat("M/d/yy");
      b.setReleaseDate(parser.parse(dateAsString));
    }
    return b;
  }
}
```

如前所述,为每条记录构建一个新的图书实例;这些对象不能从 Tungsten 的优化中受益

将行对象简单提取为 POJO,类似于操作 JDBC ResultSet

和往常一样,日期有点棘手;必须将字符串转换为日期

也可将格式转化为静态字段,提高性能

你还需要表示书籍的简单 POJO(Book POJO),如下一个代码清单所示。本书删除了大多数 getter 和 setter,简化了框架,提高了可读性。相信你一定能补全这些缺少的方法。我将所有常见的构件都存储在 x 子包中,以提高项目的可读性。在 Eclipse 中,x 代表 extra。

代码清单 3.4 Book POJO

```
package net.jgp.books.spark.ch03.x.model;

import java.util.Date;

public class Book {
  int id;
  int authorId;
  String title;
  Date releaseDate;
  String link;
…
  public String getTitle() {
    return title;
  }
  public void setTitle(String title) {
    this.title = title;
  }
…
}
```

2. 创建数据帧

现在，你有了数据集，可将其转换回数据帧，以便执行连接或聚合之类的操作。

下面将数据集转换回数据帧，以研究这部分的机制。你将学习一个带有日期的有趣案例，在此案例中，日期被拆分为一个嵌套结构。下面的代码清单显示了输出。

代码清单 3.5　输出和模式

```
*** Books are back in a dataframe
+--------+---+------------+------------+------------+----------------+
|authorId| id|        link| releaseDate|       title|releaseDateAsDate|
+--------+---+------------+------------+------------+----------------+
|       1|  1|http://amz...|[18, 0, 0,...|Fantastic ...|      2016-11-18|
|       1|  2|http://amz...|[6, 0, 0, ...|Harry Pott...|      2015-10-06|
…
only showing top 5 rows
root
 |-- authorId: integer (nullable = true)
 |-- id: integer (nullable = true)
 |-- link: string (nullable = true)
 |-- releaseDate: struct (nullable = true)
 |    |-- date: integer (nullable = true)
 |    |-- hours: integer (nullable = true)
 |    |-- minutes: integer (nullable = true)
 |    |-- month: integer (nullable = true)
 |    |-- seconds: integer (nullable = true)
 |    |-- time: long (nullable = true)
 |    |-- year: integer (nullable = true)
 |-- title: string (nullable = true)
 |-- releaseDateAsDate: date (nullable = true)
```

在将数据集转换为数据帧的过程中，要将日期(一组嵌套字段)构建为实际日期

现在，你可将数据集转换为数据帧了，接下来，可执行一些数据转换，如将日期从令人费解的结构更改为数据帧中的日期列：

```
Dataset<Row> df2 = bookDs.toDF();
```

这应该不会太难吧？如要将数据集转换为数据帧，只需要使用 **toDF()** 方法。但是，这种奇怪的日期格式还是没有改变，因此要对它进行更正。第一步是将日期转换为表示日期的字符串。在此，你可使用 ANSI / ISO 格式：YYYY-MM-DD，如 1971-10-05。

请记住，Java 的年份从 1900 开始计数，因此 1971 为 71，而 2004 为 104。为此类似，月份从 0 开始计数，因此 10 月，即当年的第 10 个月，为月份 9。使用 Java 方法构建日期，需要使用映射函数，如代码清单 3.3 所示。这是一种通过对数据进行迭代来构建数据集或数据帧的方法。也可使用第 16 章中定义的 UDF。

```
创建一列
df2 = df2.withColumn(
    "releaseDateAsString",          ◄── 称为 releaseDateAsString
    concat(                         ◄── 其值为……的串联
        expr("releaseDate.year + 1900"), lit("-"),
        expr("releaseDate.month + 1"), lit("-"),   ◄── 表达式为月份加 1……
        df2.col("releaseDate.date")));  ◄── 本月的日期
```
表达式为发布年份与 1900 的和

expr()静态函数计算类似 SQL 的表达式并返回一列数据。它可将字段名称(names)用作参数。在此数据转换过程中，Spark 将对表达式 releaseDate.year + 1900 进行评估，将其转换为包含该值的列。releaseDate.year 中的点符号表示数据的路径，如代码清单 3.5 中的模式所示。通过这些示例，你可看到更多静态函数。第 13 章以及附录 G 将介绍数据转换。

得到了表示为字符串的日期后，可使用 to_date()静态函数，将其转换为日期类型(date)的真正日期：

```
df2 = df2
    .withColumn(
        "releaseDateAsDate",
        to_date(df2.col("releaseDateAsString"), "yyyy-MM-dd"))
    .drop("releaseDateAsString");
System.out.println("*** Books are back in a dataframe");
df2.show(5);
df2.printSchema();
  }
}
```

to_date() 将文本表示的日期转换为真正的日期

删除不再需要的列

你还可使用 drop()方法删除具有奇怪结构的 releaseDate 列；这个列的用处不大。现在，你应该能构建包含任何 POJO 的数据集，并将其转换为数据帧。

3.4　数据帧的祖先：RDD

在上一节中，你广泛学习了数据集和数据帧。但这些组件不是 Spark 与生俱来的。下面解释一下为什么必须牢记弹性分布式数据集的作用。

在数据帧之前，Spark 专门使用 RDD。遗憾的是，你依然可发现一些守旧者，他们发誓仅使用 RDD，而无视或忽略数据帧。为避免毫无意义的讨论，你应该明白什么是 RDD，也应该知道为什么在大部分应用程序中，虽然数据帧肯定更易于使用，但若没有 RDD，它们则无法运行。

Spark 最著名的创始人之一 Matei Zaharia 将 RDD 定义为分布式的内存抽象，它使程序员能以容错的方式在大型集群上执行内存中计算。[1]

最先实现 RDD 的是 Spark。RDD 通过一组可靠、有弹性的节点，实现了内存中的计算：即使某个节点失效了，也没什么大不了，另一个节点会接下接力棒，如同 RAID 5 磁盘架构一样。不变性的概念(不变性的定义在 3.1.2 节中)是 RDD 与生俱来的。

尽管人们围绕数据帧付出了巨大努力，但 RDD 并没有消失；没有人希望 RDD 消失；它们依然是 Spark 使用的底层存储层。你可在 http://mng.bz/omdD 上查看我的朋友 Jules Damji 关于比较 Spark 的各种存储结构的文章，但是请注意，他偏向于 Scala。

可将数据帧看成 RDD 的扩展，这也是看待它们之间关系的一种方式。

如果使用"宏伟"一词来形容数据帧，那么绝对不能使用"难看"或"孱弱"来形容 RDD。RDD 将所有的存在感都放在了存储层。在以下几种情形下，请考虑使用 RDD。

- 不需要模式。

1　来源：Matei Zaharia 等人所写的 "Resilient Distributed Datasets: A Fault-Tolerant Abstraction for In-Memory Cluster Computing"，网址为 http://mng.bz/4e9v。

- 开发底层的数据转换和操作。
- 拥有旧版代码。

RDD 是数据帧的基础块。正如你所见，在许多用例中，数据帧比 RDD 更易于使用，性能更好，但是，请不要因为数据帧的"宏伟"品质，而嘲笑偏爱 RDD 的人。

3.5　小结

- 数据帧是不可变的分布式数据集合，按照命名列进行组织。从根本上讲，数据帧是带有模式的 RDD。
- 数据帧可实现为由行组成的数据集，代码为：Dataset <Row>。
- 数据集可实现为除行以外的任何形式的数据集，代码为：Dataset<String>、Dataset<Book> 或 Dataset<SomePojo>。
- 数据帧可存储列信息，如 CSV 文件；可嵌入字段和数组，如 JSON 文件。无论使用的是 CSV 文件，还是 JSON 文件，或其他格式，数据帧 API 都保持不变。
- 在 JSON 文档中，可使用点(.)访问嵌套字段。
- 数据帧的 API 可在 http://mng.bz/qXYE 中找到；若想深入了解如何使用数据帧，请查看参考部分。
- 静态方法的 API 可在 http://mng.bz/5AQD(和附录 G)中找到；若想深入了解如何使用静态方法，请查看参考部分。
- 如果在合并两个数据帧时，不关心列名，请使用 union()。
- 如果在合并两个数据帧时，关心列名，请使用 unionByName()。
- 可直接在 Spark 的数据集中重用 POJO。
- 如果要将对象用作数据集的一部分，则对象必须可序列化。
- 数据集的 drop()方法用于删除数据帧中的一列。
- 数据集的 col()方法根据名称返回数据集的列。
- to_date()静态函数将日期转换为日期字符串。
- expr()静态函数使用字段名称来计算表达式的结果。
- lit()静态函数返回带有字面值的列。
- 弹性分布式数据集(RDD)是不可变分布式数据元素的集合。
- 当性能至关重要时，应在 RDD 上使用数据帧。
- Tungsten 存储依赖于数据帧。
- Catalyst 是转换优化器(请参见第 4 章)。它依靠数据帧来优化动作和转换。
- 数据帧 API 统一了整个 Spark 库(图形、SQL、机器学习或数据流处理)的 API。

第*4*章
Spark 的 "惰性" 本质

本章内容涵盖

- 利用 Spark 的高效式 "惰性"，寻求益处
- 构建数据应用程序：传统方式与 Spark 方式
- 使用 Spark 构建以数据为中心的出色应用程序
- 学习更多关于数据转换和数据操作的知识
- 使用 Spark 的内置优化器：Catalyst
- 介绍有向无环图

本章要为惰性正名，通过示例和实验，比较以传统方式与以 Spark 方式构建数据应用程序的做法之间的根本区别。

世界上至少存在两种惰性：第一种，承诺要做某些事情后却在树下睡懒觉；第二种，先思考，然后以最明智的方式完成工作。由于受到了 *Asterix in Corsica* 的较大影响，此时此刻，我想的是躺在树荫下休息，然而在本章中，我将展示 Spark 如何通过优化工作量使生活变得更轻松。本章将介绍数据转换(数据流程的每一步)和数据操作(完成工作的触发器)的基本作用。

本章使用的是美国国家卫生统计中心的真实数据集。这里设计的应用程序旨在详细说明 Spark 在处理数据时各个步骤的原理。本章仅聚焦于一个应用程序，但是此应用程序包含三种执行模式，对应了三个实验。运行这些实验，可较好地了解 Spark 的 "思维方式"。

我将从 Java 的角度介绍数据转换和数据操作。许多在线文档讨论的是关于 Scala 的内容，本章将增加一些信息，以更好地探讨关于 Java 的内容。

最后，本章将较深入地介绍 Spark 的内置优化器——Catalyst。与 RDBMS 查询优化器一样，它可转储查询计划，这对于调试大有裨益。你将学习如何分析 Catalyst 的输出。

附录 I 是本章的参考手册，其中包含数据转换列表和数据操作列表。

实验： 本章中的示例可在 GitHub 上找到，网址为 https://github.com/jgperrin/net.jgp.books. spark.ch04。

4.1 现实中懒惰但高效的示例

在大多数情况下，人们将懒惰与负面行为相关联。当我提到懒惰时，你可能会立即想到树懒在树下睡午觉，消磨时间而不工作。但是，我们对惰性是不是可以有更多解读呢？本节将探讨惰性和聪明之间是否存在联系。

我一直想知道聪明人是否比其他人更懒惰。这个理论的前提是聪明人在做某事之前会多加思考。

让我们想一想下面这个示例。老板(或产品经理)要求你构建功能强大的 1.1 版，然后他请你进行一些微调，因此，你要构建版本 1.2，最后，他要求你返回第一个版本，对原始版本的功能进行一些修改，得到版本 1.3。当然，这是虚构的示例。示例的名称、业务、事件、敏捷开发和功能都是想象出来的，如有雷同，纯属巧合。即使是开发人员，也极少遇到这样的事情。图 4.1 详细说明了该示例的核心思维过程。

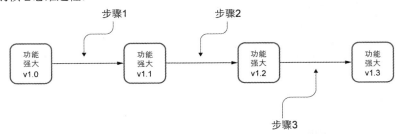

图 4.1　在构建功能强大的下一个演变版本时，开发人员遵循老板或产品经理的要求，执行操作

完成此操作的另一种方法是回到版本 1.0，并从此版本开始修改，如图 4.2 所示。

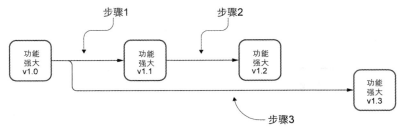

图 4.2　有时根据产品经理的要求，即使完成了步骤 1 和步骤 2，也要返回第一个版本，重新开始，这样反而更省事

这可能就是人们发明 Git、cvs、sccs 之类的源代码控制工具的原因。

如果开发人员事先知道老板的更改要求，那么他会倾向于采用第二种工作方式(如图 4.2 所示)，对吗？这是一种看似懒惰实则明智的工作方式。下一节将讨论如何将此思想应用于 Spark。实际上，即使开发人员在开始工作之前不了解 v1.3 的功能，也应从 v1.0 开始，这样更加安全，可确保开发人员不需要处理由修改引进的错误。

4.2　懒惰但高效的 Spark 示例

上一节讨论日常生活中的聪明式懒惰。本节将通过特定示例，将此思想转置到 Apache Spark 中。最重要的是，要理解 Spark 为何是惰性的，以及这对开发人员有何好处。你还要完成如下事情：

- 理解将要进行的实验，了解 Spark 的数据转换和数据操作。
- 查看一些数据转换和数据操作的结果。
- 查看实验背后的代码。
- 仔细分析结果，查看时间消耗在哪里。

4.2.1　查看数据转换和数据操作的结果

数据转换和数据操作是 Spark 的基础。本节将教你设置上下文，并操作实验(或至少运行实验)。本示例要求加载数据集，并测量性能，以便你理解工作的进展情况。

本书以 show()方法结束大多数示例。虽然这是一种快速查看结果的有效方法，但它不是真正的最终目标。收集操作(代码中的 collect())允许开发人员以 Java 列表的形式获取整个数据帧，并进行进一步的操作，如创建报告、发送邮件等。这通常是完成应用程序时的最终操作之一。在 Spark 的词汇表中，这称为操作(action)。

要了解数据转换和数据操作的概念，并由此理解惰性操作的概念，可在 lab #200 中执行以下 3 个实验：

实验 1——加载数据集，执行收集操作。

实验 2——加载数据集，执行数据转换(通过数学运算和复制创建 3 列)，执行收集操作。

实验 3——加载数据集，执行数据转换(通过数学运算和复制创建 3 列)，删除新创建的列，执行收集操作。此实验将详细说明 Spark 的 "惰性"。

数据集包含约 250 万条记录。详细结果如表 4.1 所示。

表 4.1　分析数据转换和数据操作 3 个实验的结果

	实验 1：加载和收集	实验 2：加载、创建列和收集	实验 3：加载、创建列、删除列和收集
加载(获取 Spark 会话、加载数据集、构建数据集、清除)	5193 毫秒		
数据转换	0 毫秒	182 毫秒	185 毫秒
数据转换注意事项	不执行任何操作	创建 3 列：复制和数学表达式	创建与实验 2 中的列相同的 3 列，然后删除这些列
数据操作	20 770 毫秒	34 061 毫秒	24 909 毫秒
数据操作说明	执行 collect()		

你是否对表 4.1 中的某些结果感到意外？如果你未发觉任何异常之处，这里给你一些提示。

- 通过数据转换，你在 182 毫秒内创建了 3 列，每列约 250 万条记录，一共约 750 万个数据点。这速度相当快了吧？
- 在执行操作时，如果不进行任何数据转换，那么该操作大约需要 21 秒。如果创建了 3 列，那么该操作要花费 34 秒。但如果创建列，然后删除这些列，那么该操作要花费 25 秒。这难道不奇怪吗？正如你所料，惰性让你节省了时间。

让我们详细看一下该过程以及所构建的代码，以获取运行代码的时长，填充表格 4.1。然后，你就可找到解答这两个谜团的线索。

4.2.2　数据转换的过程，逐步进行

上一节介绍了数据转换过程的结果以及结果中的异常之处。本节将带你更详细地探索此过程，然后查看代码并深入研究其中的奥秘。

此过程本身相当基础，你将执行以下操作：

(1) 获取新的 Spark 会话。

(2) 加载数据集。本示例使用美国国家卫生统计中心(US National Center for Health Statistics，NCHS)的数据，该中心是疾病控制与预防中心(Centers for Disease Control and Prevention，CDC)的一个部门，你可在 www.cdc.gov/nchs/index.htm 上查看更多相关信息。这个数据集包含美国每个州和县每一年的平均青少年生育率。可在 http://mng.bz/yz6e 上找到更多相关信息，该数据集包含在实验的数据目录中。

(3) 将数据集复制几次，增加数据量。本示例中的文件包含 40 781 条记录。这个数字有点小：当研究特定机制或过程时，可能会遇到副作用的情况。Spark 可用于分布式处理大量记录，而不只是 40 000 条记录。因此，本示例将执行数据集与它自身的合并操作，从而增大数据集。我明白，这没有太多的商业价值，但我找不到比较大，但又不是超级大的数据集，超级大的数据集将会超出 GitHub 的 100 MB 限制。

(4) 清理。你总是需要对外部数据集进行一些清理。在这种情况下，可重命名一些列。

(5) 执行数据转换。这将分为三种类型：无数据转换，创建额外的列，以及创建和删除列。

(6) 最后，执行操作。

图 4.3 详细说明了该过程。请注意，数据转换将在第 5 步中进行。在 3 个实验中，所执行的数据转换有所不同。

表 4.2 详细介绍了数据集结构。这里使用的 NCHS 数据集包含 2003—2015 年美国 15～19 岁青少年的生育率(按县划分)。在撰写本书的过程中，我想使用有意义的现实数据集，因此，尽管该数据集令人感觉有点严肃，但我还是在示例中使用了它。每个数据集都可用作基础数据集，在本章之外也可使用这些数据集。

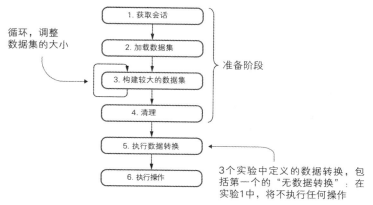

图 4.3　数据转换的过程包括 6 个主要步骤。前 4 个步骤准备数据集，第 5 个步骤执行数据转换，最后一个步骤执行操作

表 4.2　本章所用的 NCHS 生育率数据集的结构

数据集中的列名	类型	注释
年	数值	
州	字符串	
县	字符串	
州的 FIPS 代码	整数	美国联邦信息处理标准(US Federal Information Processing Standards，FIPS)的州代码
县的 FIPS 代码	整数	美国联邦信息处理标准(FIPS)的县代码
组合后的 FIPS 代码	整数	将州与县的 FIPS 代码合二为一
生育率	十进制小数	青少年生育率：在给定年份，年龄在 15～19 岁之间，每 1000 个女性的生育数
置信度下限	十进制小数	之后列重命名为 lcl[1]
置信度上限	十进制小数	之后列重命名为 ucl

基于 FIPS 标准化的政府数据

联邦信息处理标准(FIPS)是由美国联邦政府指定、公开发布的标准，供非军事政府机构和政府承包商在计算机系统中使用。

你可在美国国家标准技术研究院(NIST)的网站(www.nist.gov/itl/fips-general-information)和 Wikipedia(https://en.wikipedia.org/wiki/Federal_Information_Processing_Standards) 上阅读更多有关 FIPS 的信息。

本数据集的最后两列分别是置信度的上限和下限，表明生育率的置信水平。

1　译者注：原先列名为 Lower Confidence Limit，后重命名为 lcl，下同。

> **置信度的上下限是统计的一部分**
>
> 你可能已经发现，本书中使用的所有较大数据集均来自真实世界，它们并非出于教学目的而杜撰的数据。因此，有时你可能会发现一些奇怪(或不寻常)的术语。
>
> 此数据集包含置信度的上下限。置信度的上下限是置信区间上下两端的数值。该区间是基于所观察的数据，进行统计计算后得出的，包含未知人群参数的真实值。你不必进行计算，这是所使用数据集的一部分。
>
> 如想深入了解置信度上下限和置信区间，请参阅 John H. McDonald 撰写的《生物统计手册》(*Handbook of Biological Statistics*)一书和 Wikipedia(https://en.wikipedia.org /wiki/Confidence_interval)。

4.2.3　数据转换/操作流程的后台代码

上一节介绍了流程(表 4.1)的结果，详细解释了实验的流程细节，并探讨了数据集的结构。现在，你可以了解一下代码，看看如何运行代码。

你可以执行代码 3 次，在命令行上输入 3 种不同的参数。根据所输入的参数，代码会自动调整。使用命令行，可相对轻松地链接命令，多次运行测试，以比较结果，平均结果，并在不同平台上进行简单的尝试。你可以使用 Maven。如果需要，请查阅附录 B，了解如何安装 Maven。

本节并没有科学地描述如何执行基准测试，而是详细说明每个步骤所用的时间。

应用命令行参数，使用一条命令，可运行 3 个实验。你可以运行 clean 命令、编译/安装并运行每个实验。实验 1 是默认实验，无需参数。命令行如下所示：

```
mvn clean install &&
mvn exec:exec && \
mvn exec:exec -DexecMode=COL && \
mvn exec:exec -DexecMode=FULL
```

执行结果如下：

```
...
[INFO] --- exec-maven-plugin:1.6.0:exec (default-cli) @ spark-chapter04 ---
1. Creating a session .............. 1791
2. Loading initial dataset ......... 3287
3. Building full dataset ........... 242
4. Clean-up ........................ 8
5. Transformations ................. 0
6. Final action .................... 20770

# of records ...................... 2487641
...
[INFO] --- exec-maven-plugin:1.6.0:exec (default-cli) @ spark-chapter04 ---
1. Creating a session .............. 1553
2. Loading initial dataset ......... 3197
3. Building full dataset ........... 208
4. Clean-up ........................ 8
5. Transformations ................. 182
6. Final action .................... 34061

# of records ...................... 2487641
...
```

实验 1：不需要数据转换即可执行

准备时间

数据转换

数据操作

实验 2：创建列

准备时间

数据转换

数据操作

```
[INFO] --- exec-maven-plugin:1.6.0:exec (default-cli) @ spark-chapter04 ---
1. Creating a session ............. 1903
2. Loading initial dataset ........ 3184
3. Building full dataset .......... 213
4. Clean-up ...................... 8
5. Transformations ................ 205
6. Final action ................... 24909

# of records ..................... 2487641
…
[INFO] Total time: 37.659 s
```

实验 3：完整的流程——创建列和删除列

准备时间

数据转换

数据操作

整个 Maven 流程总的执行时间，可忽略

如果要构建与表 4.1 相同的表，可复制 Microsoft Excel 中的值。Excel 工作表已附加到项目中。此处将它命名为 Analysis results.xlsx，存放在本章存储库的数据(data)文件夹中。

代码清单 4.1 有点冗长，但是应该不难理解。

main()方法确保将参数传递给 start()方法，所有工作都在 start()方法中完成。预期的参数如下(参数不区分大小写)：

- noop 用于无数据操作/转换，在实验 1 中使用。
- col 用于创建列，在实验 2 中使用。
- full 用于完整的流程，在实验 3 中使用。

Start()方法将创建会话，读取文件，增加数据集，执行一些数据清理(准备阶段的一部分)操作。之后，就可执行数据转换和数据操作了。

实验：可在 net.jgp.books.spark.ch04.lab200_transformation_and_action 包中找到 lab#200，应用程序为 TransformationAndActionApp.java。

代码清单 4.1　TransformationAndActionApp.java

```java
package net.jgp.books.spark.ch04.lab200_transformation_and_action;

import static org.apache.spark.sql.functions.expr;
import org.apache.spark.sql.Dataset;
import org.apache.spark.sql.Row;
import org.apache.spark.sql.SparkSession;

public class TransformationAndActionApp {
  public static void main(String[] args) {
    TransformationAndActionApp app = new TransformationAndActionApp();
    String mode = "noop";
    if (args.length != 0) {
      mode = args[0];
    }
    app.start(mode);
  }
```

使用此函数计算在列上应用的数学表达式

确保有参数传递给 start()方法

与往常一样，第 1 步是获取会话：

```java
  private void start(String mode) {
    long t0 = System.currentTimeMillis();
```

设置计时器

```
SparkSession spark = SparkSession.builder()        ◄──── 创建会话
    .appName("Analysing Catalyst's behavior")
    .master("local")
    .getOrCreate();                                         测量创建会话
long t1 = System.currentTimeMillis();              ◄──── 所花费的时间
System.out.println("1. Creating a session .......... " + (t1 - t0));
```

第 2 步是从 CSV 文件中提取数据:

```
Dataset<Row> df = spark.read().format("csv")       ◄──── 读取文件
    .option("header", "true")
    .load(
        "data/NCHS_-_Teen_Birth_Rates_for_Age_Group_15-19_in_the_United
    ➥ _States_by_County.csv");
Dataset<Row> initalDf = df;              ◄──── 创建要在副本中使用的参考数据帧
long t2 = System.currentTimeMillis();
System.out.println("2. Loading initial dataset ...... " + (t2 - t1));
```

测量读取文件和创建
数据帧所花费的时间

在第 3 步中,将数据帧与它自身合并,创建较大的数据集(否则,Spark 的操作速度太快,你将
无法判断孰优孰劣):

```
for (int i = 0; i < 60; i++) {        ◄──── 循环操作,增大数据集
    df = df.union(initalDf);
}                                            测量构建较大数据
long t3 = System.currentTimeMillis();  ◄──── 集所需的时间
System.out.println("3. Building full dataset ........ " + (t3 - t2));
```

第 4 步重命名列:

```
df = df.withColumnRenamed("Lower Confidence Limit", "lcl");  │ 基本的数据清理:使列
df = df.withColumnRenamed("Upper Confidence Limit", "ucl");  │ 名变短,更易于操作
long t4 = System.currentTimeMillis();  ◄──── 测量数据清理所需的时间
System.out.println("4. Clean-up ................... " + (t4 - t3));
```

第 5 步使用不同模式进行实际的数据转换:

如果模式(mode)为 noop,则跳过
所有数据转换;否则,创建新列
```
if (mode.compareToIgnoreCase("noop") != 0) {
    df = df                                        创建新列,包含置信
        .withColumn("avg", expr("(lcl+ucl)/2"))  ◄──── 度上下限之间的平均值
        .withColumn("lcl2", df.col("lcl"))       ◄──── 创建名为 lcl2 的 lcl 复制列
        .withColumn("ucl2", df.col("ucl"));      ◄──── 创建名为 ucl2 的 ucl 复制列
    if (mode.compareToIgnoreCase("full") == 0) {
        df = df
            .drop(df.col("avg"))
            .drop(df.col("lcl2"))                    如果模式(mode)为 full,
            .drop(df.col("ucl2"));                   则删除新创建的列
    }
}                                              测量数据转换
long t5 = System.currentTimeMillis();  ◄──── 所用的时间
System.out.println("5. Transformations ............ " + (t5 - t4));
```

第 6 步是应用程序的最后一步,其中调用了操作:

```
    df.collect();  ◄───── 执行收集操作
    long t6 = System.currentTimeMillis();  ◄───── 测量完成操作所需的时间

    System.out.println("6. Final action ................ " + (t6 - t5));
    System.out.println("");
    System.out.println("# of records ................... " + df.count());
  }
}
```

collect()操作返回一个对象。完整的方法签名如下所示：

```
Object collect()
```

本示例对进一步的处理不感兴趣，因此你可以忽略返回的值。但是，在其他用例中，你很有可能要使用返回值。下一节将带你仔细研究所发生的情况。

4.2.4　在 182 毫秒内创建 700 多万个数据点的奥秘

你可从上一节中看到，Spark 的数据转换过程在大约 182 毫秒内创建了 700 多万个数据点。下面介绍在该过程中，你和 Spark 各做了些什么。

原始数据集包含 40 781 条记录。可将数据集复制 60 次，创建具有 2 487 641 条记录的新数据集(大约 250 万条记录)。在代码清单 4.1 中，通过以下代码，完成这个操作：

```
for (int i = 0; i < 60; i++) {
  df = df.union(df0);
}
```

构建此数据集后，创建了 3 列：1 列包含了置信度上下限之间的平均值，另外 2 列为复制列。结果创建了 3×2 487 641 = 7 462 923 个数据点。在创建列之前，开启计时器；在列创建完之后，停止计时：Spark 真的在 182 毫秒内创建了 750 万个数据点吗？

Spark 仅创建了程序谱[1]，且在调用操作时才会执行程序谱。这就是我们称 Spark 具有惰性的原因。这与要求孩子做某事时的情形有点类似，如图 4.4 所示。

> **"程序谱"是什么意思？这是作业吗？**
>
> Spark 将作业定义为由多个任务组成的并行计算，这是为了响应 Spark 操作(如 save()、collect() 等)生成的作业。
>
> Spark 并没有描述一系列数据转换的术语，而数据转换是作业的重要部分。第 5 章将介绍关于作业的更多知识。
>
> 作为法国人，我与食品有着密切的关系。当然，我会使用许多与食品相关的术语。对我而言，将数据转换列表称为"程序谱"，是有意义的。这是烹饪时使用的术语：在开始烹饪之前，必须对所有原料进行测量、切割、去皮、切片、磨碎等。如果想进一步类比，可以说，所有的数据提取都是烹饪前的准备工作，但这终究不是一本菜谱，对吧？
>
> 总结一下：Spark 处理作业，而作业是由若干数据转换(在程序谱中组合)组成的。

1　译者注："程序谱"的名称源自日常生活中的菜谱(recipe)。

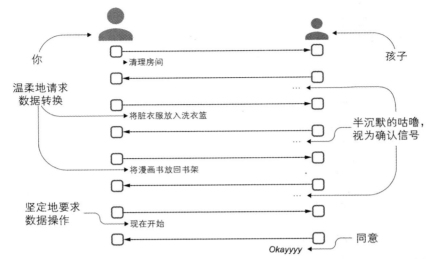

图 4.4　解释了现实生活中的"数据"转换和"数据"操作：创建程序谱或工作顺序，然后要求行动

Spark 将该程序谱实现为有向无环图(Directed Acyclic Graph，DAG)。

什么是有向无环图

本书曾承诺不细述复杂的数学概念，因此，如果你对数学感到恐惧，请跳到下一节。

在数学和计算机科学中，有向无环图(DAG)是无环的有限有向图，即图是由有限的多个顶点和边组成的，每一条边从一个顶点指向另一个顶点，从任何顶点 v 开始，都无法沿着一系列一致的有向边，最终再次返回 v。

同样，DAG 是有向图，具有拓扑顺序，即存在一系列顶点，每条边由序列中较前的顶点指向较后的顶点。

从根本上说，DAG 是永远不会循环返回的图。

以上信息改编自 Wikipedia，网址为 https://en.wikipedia.org/wiki/Directed_acyclic_graph。

下一节将分析 Spark 如何清理(或优化)该程序谱。

4.2.5　操作计时背后的奥秘

你在上一节中学习了 Spark 的惰性。Spark 如同一个孩子，等父母告诉它之后才采取行动，进行所有的数据转换。所有父母在阅读此书时，都应该能感同身受。在上一节中，你还了解到 Spark 将数据转换的程序谱存储在 DAG(基本上就是一个永不返回的图)中。

因此，如你所知，这里要进行 3 个实验。表 4.3 总结了程序谱和操作计时。

表 4.3　详细说明 3 个实验的程序谱(包含数据转换和数据操作)

	实验 1：加载和收集	实验 2：加载、创建列和收集	实验 3：加载、创建列、删除列和收集
程序谱	加载初始数据集，复制 60 次	加载初始数据集，复制 60 次，基于表达式(平均值计算)创建 1 列，复制 2 列	加载初始数据集，复制 60 次，基于表达式(平均值计算)创建 1 列，复制 2 列，删除 3 列
参见图	4.5	4.6	4.7
操作	20 770 毫秒	34 061 毫秒	24 909 毫秒

图 4.5 描述了实验 1 中数据转换的程序谱。在该实验中，你需要加载数据集，将其复制 60 次，然后清理数据。在我的笔记本计算机上，这个过程大约花费了 21 秒。

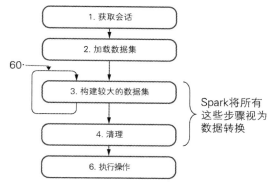

图 4.5　实验 1 的有向无环图；由于没有额外的数据转换，该实验中不存在步骤 5

图 4.6 描述了在实验 2 中使用的程序谱：第 5 步出现了数据转换。该操作将在此时执行所有的数据转换，因此这个操作理应花费较多的时间：

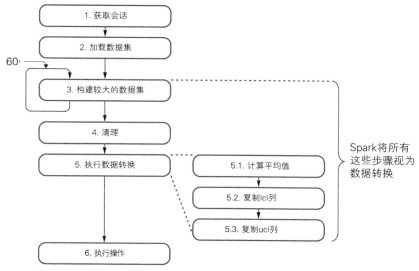

图 4.6　实验 2 的 DAG 扩展了实验 1，添加了平均值计算，并创建了两个复制列

(1) 构建较大的数据集。

(2) 执行数据清理。

(3) 计算平均值。

(4) 复制 lcl 列。

(5) 复制 ucl 列。

在我的笔记本计算机上，此过程耗时约 34 秒。

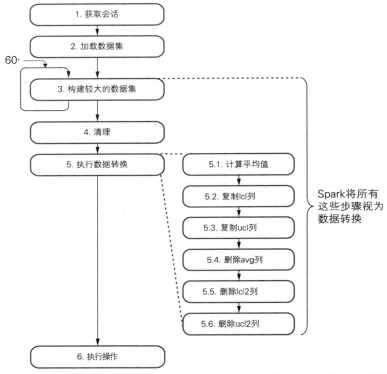

图 4.7　在进行任何优化之前，实验 3 的 DAG。实验 3 进行了数据转换的以下步骤：构建较大的数据集、进行数据清理、创建列，然后删除列

图 4.7 演示了在进行任何优化之前，执行了额外数据转换的实验 3。

实验 2 进行了较少的数据转换，完成实验需要 34 秒，现在，看一下图 4.7，完成实验 3 所用的时间理应超过 34 秒；但是，为什么实验 3 才花了 25 秒就执行完毕了呢？这是由于 Spark 嵌入了名为 Catalyst 的优化程序。在执行该操作之前，Catalyst 查看了 DAG，制定了更好的程序谱。图 4.8 显示了 Catalyst 流程。

Catalyst 仍将构建较大的数据集(通过 union())，并执行数据清理，但是，它会优化其他数据转换：

● 删除列的操作抵消了计算平均值的操作。

● 复制 lcl 和 ucl 列，然后删除复制列，操作相互抵消。

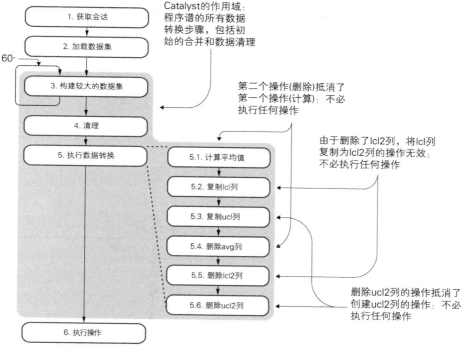

图 4.8　Spark 优化器 Catalyst 认真查看你要求程序做的事情，然后进行优化

经过优化过程后，DAG 得以简化，如图 4.9 所示。

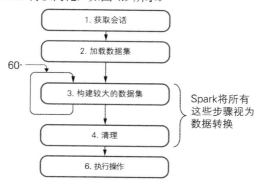

图 4.9　优化后，实验 3 的 DAG。请注意，这看起来与实验 1(如图 4.5 所示)的 DAG 非常相似

希望你对 Catalyst 在优化方面的作用已有所了解。下面将其与使用 JDBC 的标准应用程序进行比较，看看二者之间是否存在有趣的不同点，注意，该应用程序将使用数据库执行相同的操作。

4.3 与 RDBMS 和传统应用程序进行比较

上一节介绍了数据转换(程序谱中的一个步骤)和数据操作(启动作业的触发器)之间的区别，也解释了 Spark 如何构建和优化 DAG(DAG 表示程序谱或操作数据的流程)。

本节将对 Spark 的流程与传统应用程序的流程进行比较。将简要回顾上一节中详细介绍的应用程序上下文，然后，将传统应用程序与 Spark 应用程序进行比较，得出一些结论。

4.3.1 使用青少年生育率数据集

首先应设置应用程序的上下文：可使用包含美国每个州和县的青少年年平均生育率的数据集。这个数据集来自 NCHS。表 4.4 描述了该数据集的结构(与表 4.2 相同)。

表 4.4 本章所用的 NCHS 生育率数据集的结构

数据集中的列名	类型	注释
年	数值	
州	字符串	
县	字符串	
州的 FIPS 代码	整数	联邦信息处理标准(FIPS)的州代码
县的 FIPS 代码	整数	联邦信息处理标准(FIPS)的县代码
组合后的 FIPS 代码	整数	将州与县的 FIPS 代码合二为一
生育率	十进制小数	青少年生育率：在给定年份，年龄在 15～19 岁之间，每 1000 个女性的生育数
置信度下限	十进制小数	之后列重命名为 lcl
置信度上限	十进制小数	之后列重命名为 ucl

上一节介绍了 3 个逐步递增的实验。但是，本节将动手操作限制在实验 3 中，这个实验包含以下步骤。

(1) 获取 Spark 会话。

(2) 加载初始数据集。

(3) 创建更大的数据集。

(4) 清理数据：将"置信度下限(Lower Confidence Limit)"列重命名为 lcl，将"置信度上限(Upper Confidence Limit)"列重命名为 ucl。

(5) 在一个新列中计算平均值。

(6) 复制 lcl 列。

(7) 复制 ucl 列。

(8) 删除 3 列。

4.3.2　分析传统应用程序和 Spark 应用程序之间的区别

现在，你已知道了应用程序的上下文，可分析传统应用程序和 Spark 应用程序所采用的路径方法了。对于传统应用程序，可假定原始数据已在数据库表中，不必创建一个更大的数据集。

图 4.10 比较了这两个流程，表 4.5 详细说明了每个步骤。

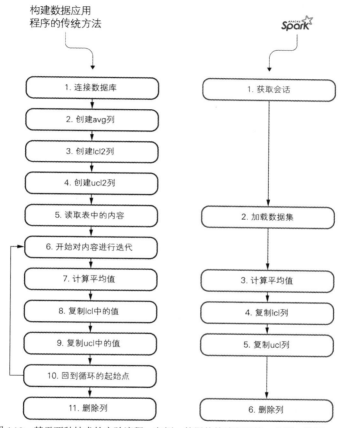

图 4.10　基于两种技术的实验流程：左侧，使用传统编程风格；右侧，使用 Spark

虽然表 4.5 重述了图 4.10 的工作流程，但表 4.5 描述了每个步骤，并详细解释了传统应用程序和 Spark 应用程序之间的区别。

表 4.5　比较传统 Java / RDBMS 应用程序和 Spark 应用程序的步骤

传统应用程序			Spark 应用程序		
步骤	描述	说明	步骤	描述	说明
1	连接数据库		1	从Spark服务器或集群中获取会话	
2	创建 avg 列，该列包含平均值	在 RDBMS 中，表结构的修改不是一件无关紧要的事情		不需要	数据帧的模式(schema)约束较少，因此 Spark 不需要这些

(续表)

传统应用程序			Spark 应用程序		
步骤	描述	说明	步骤	描述	说明
3	创建 lcl2 列，该列包含 lcl 列的值			不需要	
4	创建 ucl2 列，该列包含 ucl 列的值			不需要	
5	读取表格内容到 ResultSet 中		2	将数据从 csv 文件加载到数据帧中	
6	迭代访问 ResultSet 中的内容			不需要	在 Spark 中，不需要对数据进行迭代
7	计算两个单元格的平均值		3	计算列平均值	
8	将 lcl 列中的值复制到 lcl2 列中		4	将整个 lcl 列复制到 lcl2 列	
9	将 ucl 列中的值复制到 ucl2 列中		5	将整个 ucl 列复制到 ucl2 列	
10	回到第 6 步，直到迭代结束			不需要	不需要迭代
11	删除 avg 列、lcl2 列、ucl2 列	修改表的结构	6	删除 avg 列、lcl2 列、ucl2 列	

基于以上比较，可见 Spark 的惰性方法节省了处理时间。

4.4 对于以数据为中心的应用程序而言，Spark 的表现出乎意料

上一节介绍了数据转换和数据操作的真实示例，深入研究了 Spark 极有先见之明的机制，并探讨了将此机制实现为 DAG 的方法，最后，比较了构建以数据为中心的应用程序的传统方式与 Spark 实现应用程序的方式。本节将总结 Spark 构建以数据为中心的应用程序的方式。

我必须承认，在本章实验过程中，所构建的应用程序没有多大意义：只是进行一些操作，然后删除所做的操作。但在大数据分析中，这些操作经常发生。如果你还不是大数据专家(很正常，本书目前只介绍了 4 章内容)，可考虑使用 Excel 或任何其他电子表格构建公式：一些时候(实际上经常发生)，需要以单元格作为中枢。大数据转换都是相似的。可将这个机制与变量，或一串(列)变量进行比较。

可使用以下方法进行数据转换：

- 数据帧上的内置方法，如 withColumn()
- 列层次的内置方法，如 expr()(请参阅附录 G 中的列表)
- 底层方法，如 map()、union()等(请参阅附录 I)
- 使用 UDF 自定义数据转换，详情请参阅第 16 章

附录 I 呈现了两个表，各自包含数据转换列表和数据操作列表。虽然可在网上获得这些列表，但是附录中的列表添加了重要的类签名，你可利用这些列表为项目编写简单且可维护的 Java 代码。

仅当你调用操作时，Spark 才会应用数据转换。

4.5 Catalyst 是应用程序的催化剂

上一节讲解了 Spark 如何将数据处理过程转化为 DAG。Catalyst 负责优化该图。本节将介绍有关 Catalyst 的更多信息。

在我的一个项目中，团队需要合并两个数据帧，使第二个数据帧成为嵌套文档，也就是第一个数据帧的列。当需要添加第三个数据帧时，团队考虑开发接收三个数据帧的方法：一个作为主数据帧，两个作为子文档，以此类推。由于操作相当复杂，团队希望优化步骤数。团队并没有开发以三个数据帧作为参数的方法，而是多次使用第一种方法：简单地将每个步骤添加到 DAG 中。最后，Catalyst 可自由地进行优化，使代码 "更轻"、更可读、维护成本更低。

Catalyst 所执行的操作类似于关系数据库中查询优化器对查询计划所做的操作。下面仔细看看 Catalyst 的计划。

可使用数据帧的 explain()方法来访问 Catalyst 计划，并显示该计划，如下面的代码清单 4.2 所示。本书在代码中添加了换行符，使输出更具可读性。

代码清单 4.2 提取、转换和操作的执行计划

```
== Physical Plan ==
Union                    ◄──── 合并操作              第二组操作：通过重命名、
:- *(1) Project                                     若干操作、复制来处理列
  [
    Year#10,
    State#11,
    County#12,
    State FIPS Code#13,                  CSV 文件中
    County FIPS Code#14,                 的原始字段
    Combined FIPS Code#15,
    Birth Rate#16,
    Lower Confidence Limit#17 AS lcl#37,      重命名字段
    Upper Confidence Limit#18 AS ucl#47,
    ((cast(Lower Confidence Limit#17 as double) + cast(Upper Confidence
⇨ Limit#18 as double)) / 2.0) AS avg#57,  ◄──── 平均列
    Lower Confidence Limit#17 AS lcl2#68,     复制列
    Upper Confidence Limit#18 AS ucl2#80
  ]
```

上面的操作是以反序进行的。执行计划的第一部分是合并操作。初始操作(如提取)发生在合并操作之后:

```
: +- *(1) FileScan csv        ◄──── 读取 CSV 文件
  [
    Year#10,
    State#11,
    County#12,
    State FIPS Code#13,           CSV 文件
    County FIPS Code#14,          中的字段
    Combined FIPS Code#15,
    Birth Rate#16,
    Lower Confidence Limit#17,
    Upper Confidence Limit#18
  ]
  Batched: false,
  Format: CSV,        ◄──── 文件的格式
  Location: InMemoryFileIndex[file:/Users/jgp/Workspaces/Book/net.jgp.
➥ books.spark.ch04/data/NCHS_-_Te...,    ◄──── 请注意,文件存在于内存中
  PartitionFilters: [],
  PushedFilters: [],
  ReadSchema: struct<Year:string,State:string,County:string,
➥ State FIPS Code:string,County FIPS Code:string,Comb... ◄──── 通过 Spark 推断的模式
  +- *(2) Project [Year#10, State#11, County#12, State FIPS Code#13,
➥ County FIPS Code#14, Combined FIPS Code#15, Birth Rate#16,
➥ Lower Confidence Limit#17 AS lcl#37,
➥ Upper Confidence Limit#18 AS ucl#47,
➥ ((cast(Lower Confidence Limit#17 as double) +
➥ cast(Upper Confidence Limit#18 as double)) / 2.0) AS avg#57,
➥ Lower Confidence Limit#17 AS lcl2#68,
➥ Upper Confidence Limit#18 AS ucl2#80]
  +- *(2) FileScan csv [Year#10,State#11,County#12,State FIPS Code#13,
➥ County FIPS Code#14,Combined FIPS Code#15,Birth Rate#16,
➥ Lower Confidence Limit#17,Upper Confidence Limit#18]
➥ Batched: false, Format: CSV, Location: InMemoryFileIndex[file:/Users/
➥ jgp/Workspaces/Book/net.jgp.books.spark.ch04/data/NCHS_-_Te...,
➥ PartitionFilters: [], PushedFilters: [],
➥ ReadSchema: struct<Year:string,State:string,County:string,
➥ State FIPS Code:string,County FIPS Code:string,Comb...
```

代码清单 4.3 显示了生成此输出的代码。此代码类似于实验 2:

- 加载数据集。
- 合并数据集(此处仅一次)。
- 重命名列。
- 添加 3 列: 1 个平均值列和 2 个复制列。

代码清单 4.3 数据转换的基本应用程序

```
package net.jgp.books.spark.ch04.lab500_transformation_explain;

import static org.apache.spark.sql.functions.expr;

import org.apache.spark.sql.Dataset;
```

```
import org.apache.spark.sql.Row;
import org.apache.spark.sql.SparkSession;

public class TransformationExplainApp {
…
  private void start() {
    SparkSession spark = SparkSession.builder()
        .appName("Showing execution plan")
        .master("local")
        .getOrCreate();

    Dataset<Row> df = spark.read().format("csv")
        .option("header", "true")
        .load(
          "data/NCHS_-_Teen_Birth_Rates_for_Age_Group_15-19_
➥ in_the_United_States_by_County.csv");
    Dataset<Row> df0 = df;

    df = df.union(df0);

    df = df.withColumnRenamed("Lower Confidence Limit", "lcl");
    df = df.withColumnRenamed("Upper Confidence Limit", "ucl");

    df = df
        .withColumn("avg", expr("(lcl+ucl)/2"))
        .withColumn("lcl2", df.col("lcl"))
        .withColumn("ucl2", df.col("ucl"));
    df.explain();
  }
}
```

此结果可用于调试应用程序。

如果你想深入了解 Catalyst 是如何工作的，可阅读 Matei Zaharia 和其他 Spark 工程师发布的名为 "Spark SQL: Relational Data Processing in Spark" 的论文。另一篇关于 DAG 及其表示形式的有趣论文 "Understanding your Apache Spark Application Through Visualization" 由 Andrew Or 撰写，你可在 http://mng.bz/adYX 上阅读此文。虽然最初的设计来自 Databricks，但是就 Spark v2.2 而言，从数据库引擎到 Spark 代码库，IBM 贡献了查询优化技术。如果你想进一步了解在 Catalyst 中添加自定义的规则，请查阅 Sunitha Kambhampati 在 http://mng.bz/gVjG 上撰写的 "Learn the Extension Points in Apache Spark and Extend the Spark Catalyst Optimizer"，其中提供了一些 Scala 示例。

4.6　小结

- Spark 具有高效式的 "惰性"：它可将数据转换列表构建为有向无环图(DAG)，使用 Spark 的内置优化器 Catalyst 进行优化。
- 在数据帧上应用数据转换时，数据不会被改变。
- 在数据帧上应用操作时，将执行所有数据转换，并且如有必要，可修改数据。
- 修改模式是 Spark 内部的自然操作。可将列创建为占位符，并在占位符上执行操作。

- Spark 在列层次上工作，不需要迭代数据。

- 可使用内置函数(参见附录 G)、底层函数(参见附录 I)、数据帧方法和 UDF(参见第 16 章)来完成数据转换。

- 可使用数据帧的 explain()方法来打印查询计划，这有益于调试，但非常冗长！

第 **5** 章

构建一个用于部署的简单应用程序

本章内容涵盖
- 构建不需要数据提取的简单应用程序
- 在 Spark 中使用 Java lambda
- 使用(或不使用 lambda)构建应用程序
- 在本地模式、集群模式、交互模式下与 Spark 进行交互
- 使用 Spark 计算 π 的近似值

在前几章中,你对 Apache Spark 有了初步了解,明白了如何构建简单的应用程序,同时,我希望,你能理解一些关键概念,包括数据帧和"惰性"式工作机制。第 5 章和第 6 章是相关联的两章:第 5 章教你构建应用程序,第 6 章教你部署该应用程序。

本章将带你从头开始构建应用程序。本书先前教你构建了一些应用程序,但是这些应用程序在进程开始时通常需要提取数据。本章的实验要使用 Spark 内部生成的数据,因此不必提取数据。在集群中提取数据的操作,比创建自行生成的数据集的操作要复杂一些。本应用程序的目标是估算 π(pi)的值。

然后,本章将介绍与 Spark 交互的三种方式:
- 本地模式,在前面各章中,你已通过示例熟悉了该模式
- 集群模式
- 交互模式

实验:本章示例可在 GitHub 上找到,网址为 https://github.com/jgperrin/net.jgp.books.spark.ch05。

5.1 无数据提取的示例

在本节中,你将学习不需要提取数据的示例。如你所见,在本书的许多示例中,数据提取是整个大数据处理的关键部分。本章将带你部署应用程序(包括在集群上部署),因此不希望你在数据提取上耗费太多的精力。

在集群上工作意味着数据可用于所有节点。要了解如何在集群上部署应用程序,你需要花费大量时间专注于数据分发。第 6 章将介绍有关数据分发的更多信息。

因此，为了方便你理解应用程序的部署，本章将跳过与数据提取相关的内容，着重介绍所有组件、数据流和手动部署。Spark 将生成用于计算 π 的大型随机数据集(自行生成)。

5.1.1 计算 π

本节将探讨理论部分，解释如何使用飞镖(dart)算法计算 π 以及如何在 Spark 内实现此过程。即使你不喜欢数学，也会发现本节其实并不可怕；你如果对数学感到恐惧，则可跳过此节。尽管如此，我仍想将此节献给我的大儿子 Pierre-Nicolas，他比我更能欣赏此种算法的美感。

你依然在阅读本章吗？不错哦！本节将介绍如何通过掷飞镖来获得 π 的近似值，并教你使用 Spark 实现代码。下一节将显示结果和实际的代码。

可采用多种方法计算 π(请参阅 Wikipedia 以了解更多内容，链接为 https://en.wikipedia.org/wiki/Approximations_of_%CF%80)。最适合本书情况的一种方法是名为"对圆面积求和"的方法，如图 5.1 所示。

代码通过向圆靶"投掷飞镖"来估算 π：由于点(飞镖撞击)随机散布在单位正方形内，一些点落入单位圆内。随着越来越多的点加入，圆内点的占比接近 π/4。

可模拟投掷数百万枚飞镖，为每个飞镖的投掷随机生成横坐标(x)和纵坐标(y)。使用勾股定理，可通过这些坐标计算出飞镖是否在圆内，如图 5.2 所示。

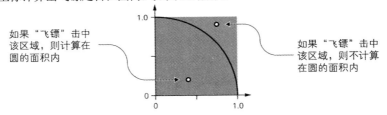

图 5.1　基于圆的面积，使用投掷的飞镖估算 π 的图形表示

在图 5.2 中，可观察到两次投掷：$t1$ 和 $t2$。从图中可以看到，第一次投掷 $t1$ 落在圆外，其坐标为 $x1 = 0.75$ 和 $y1 = 0.9$。$d1$ 是 $t1$ 到原点(原点的坐标为(0，0))的距离。可用以下方程表示：

$$d1 = \sqrt{x1^2 + y1^2}$$

$$d1 = \sqrt{0.75^2 + 0.9^2}$$

$$d1 \approx 1.17$$

$$d1 > 1$$

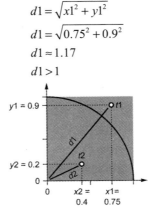

图 5.2　使用勾股定理，可轻松确定飞镖点是否在圆中

可对第二次投掷进行相同的计算，其中 $d2$ 表示 $t2$ 到原点的距离：

$$d2 = \sqrt{x2^2 + y2^2}$$
$$d2 = \sqrt{0.4^2 + 0.2^2}$$
$$d2 \approx 0.44$$
$$d2 \leqslant 1$$

这意味着第二次投掷的点落到了圆中。

Spark 将创建数据，应用数据转换，然后执行操作——这是 Spark 的经典做法。这个过程(如图 5.3 所示)如下：

(1) 打开 Spark 会话。

(2) Spark 创建数据集，一行记录一次飞镖投掷的数据。投掷次数越多，π 的近似值将越精确。

(3) 创建包含每次投掷结果的数据集。

(4) 对计入圆面积的投掷次数进行求和。

(5) 计算两个区域投掷次数的比率，乘以 4，得出 π 的近似值。

在总结过程时，图 5.3 介绍了所使用的方法(method)以及所涉及的组件(component)，其中一些组件第 2 章已讲解过。第 6 章将进一步介绍每个组件。

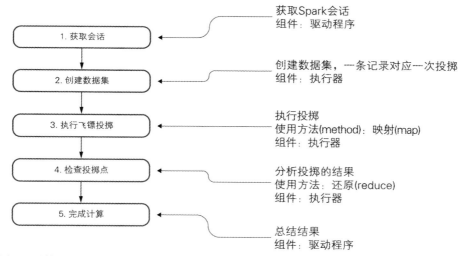

图 5.3　估算 π 的过程，详细说明了 Spark 组件(驱动程序和执行器)以及所使用的方法。执行器由工作器控制

至此，本章对数学基础知识的讲解已差不多了——下面介绍 Java 代码。

5.1.2　计算 π 近似值的代码

本节将向你展示在本章的不同示例中使用的这些代码。首先在本地模式下运行代码。然后，使用 Java lambda 函数，修改此版本的代码。

Java 8 引入了 lambda 函数，这个函数独立于任何类而存在，可作为参数传递，按需执行。你将了解 lambda 函数在多大程度上有助于(或无助于)编写数据转换代码。

首先，让我们看看代码清单 5.1 中应用程序的输出。

代码清单 5.1　投掷飞镖估算 π 实验[1]的结果

```
About to throw 1000000 darts, ready? Stay away from the target!
Session initialized in 1685 ms
Initial dataframe built in 5083 ms
Throwing darts done in 21 ms          ◄—— 在 21 毫秒内投掷了 100 万支飞镖
100000 darts thrown so far
200000 darts thrown so far
...                                   仅当你调用操作时，Spark
900000 darts thrown so far            才开始投掷飞镖
1000000 darts thrown so far
Analyzing result in 6337 ms
Pi is roughly 3.143304
```

该应用程序告诉你，它在 21 毫秒内投掷了 100 万支飞镖。但是，Spark 仅在得到要求时，即在你调用操作分析结果时，才投掷飞镖。这就是第 4 章讲解的 Spark 的"懒惰"态度。请记住，需要采取操作，才能提醒这些懒孩子。

本实验将数据流程切分成一些独立的批次。此处将这些数据批次称为"切片(slice)"。在运行实验之后，可在不同的位置使用切片的值，这样可更好地理解 Spark 处理这种流程的方式。

实验：lab #100 的代码在 net.jgp.books.spark.ch05.lab100_pi_compute.PiComputeApp 中，如代码清单 5.2 所示。

代码清单 5.2　计算 π 的代码

```java
package net.jgp.books.spark.ch05.lab100_pi_compute;

import java.io.Serializable;
import java.util.ArrayList;
import java.util.List;
import org.apache.spark.api.java.function.MapFunction;     ◄—— 用于映射器
import org.apache.spark.api.java.function.ReduceFunction;   ◄—— 用于还原器
import org.apache.spark.sql.Dataset;
import org.apache.spark.sql.Encoders;
import org.apache.spark.sql.Row;
import org.apache.spark.sql.SparkSession;
...                                           可将切片的数目用作乘数，此后
                                              在集群上运行程序时，这将大有裨益
  private void start(int slices) {    ◄——
    int numberOfThrows = 100000 * slices;
    System.out.println("About to throw " + numberOfThrows
        + " darts, ready? Stay away from the target!");
    long t0 = System.currentTimeMillis();
    SparkSession spark = SparkSession
        .builder()
        .appName("Spark Pi")          使用系统上所
        .master("local[*]")    ◄——   有可能的线程
        .getOrCreate();
    long t1 = System.currentTimeMillis();
    System.out.println("Session initialized in " + (t1 - t0) + " ms");
```

1　译者注：此实验方法称为 monte carlo simulation。

到目前为止，代码相当标准：使用通常导入的 Spark 类，获取会话。你可能已注意到，代码中调用了 currentTimeMillis()方法来确定时间开销在何处：

```
List<Integer> listOfThrows = new ArrayList<>(numberOfThrows);
for (int i = 0; i < numberOfThrows; i++) {
  listOfThrows.add(i);
}
Dataset<Row> incrementalDf = spark
   .createDataset(l, Encoders.INT())
   .toDF();
long t2 = System.currentTimeMillis();
System.out.println("Initial dataframe built in " + (t2 - t1) + " ms");
```

此代码片段使用整数列创建数据集，然后将数据集转换为数据帧。当使用列表创建数据集时，需要为 Spark 提供数据类型，因此，此处使用了 Encoders.INT()参数。

此数据帧的目的仅在于，在名为映射(map)的操作中，将数据处理流程分派到尽可能多的节点上。在传统编程中，如果要投掷 100 万个飞镖，就要在单节点、单线程中使用循环。这样的操作是无法扩展的。在高度分布式的环境中，可将投掷飞镖的数据流程映射到不同的节点上。图 5.4 比较了这两个流程。

换句话说，incrementalDf 的每一行都传递给位于所有集群物理节点上的 DartMapper 实例：

```
Dataset<Integer> dartsDs = incrementalDf
   .map(new DartMapper(), Encoders.INT());   ◀──── 调用映射器
long t3 = System.currentTimeMillis();
System.out.println("Throwing darts done in " + (t3 - t2) + " ms");
```

代码清单 5.3 将展示 DartMapper()。

还原(reduce)操作将返回结果：圆内的飞镖数目。同样，在应用程序中，还原操作是透明的，仅由一行代码组成：

```
int dartsInCircle = dartsDs.reduce(new DartReducer());   ◀──── 调用还原器(reducer)
long t4 = System.currentTimeMillis();
System.out.println("Analyzing result in " + (t4 - t3) + " ms");

System.out.println("Pi is roughly " + 4.0 * dartsInCircle /
numberOfThrows);   ◀──── 显示 π 的估计值
```

代码清单 5.3 将展示 DartReducer()。

可将应用程序的过程总结如下：

(1) 创建列表，用于映射数据。

(2) 映射数据(投掷飞镖)。

(3) 还原结果。

观察一下代码清单 5.3 中映射和还原操作的代码。

知识拓展：在此实验中，你可练习将 numberOfThrows 类型从 int 更改为 long。如果使用 Eclipse 之类的 IDE，那么可直接观察到数据类型的改变对其他代码的影响。另一个实验稍微改变了此示例：在调用主服务器时，尝试将 slices 变量(或其中一部分)合并，如.master("local[*]")所示，观察此操作对性能的影响(在使用较多核的情况下，性能将受到更明显的影响)。

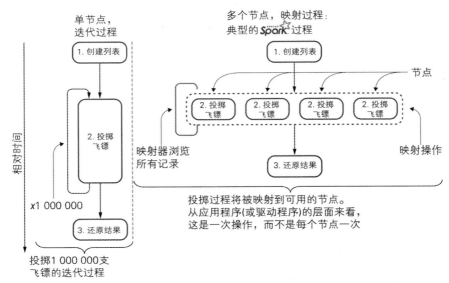

图 5.4 对比投掷 100 万支飞镖的迭代流程和将投掷飞镖的操作映射到 4 个(也许更多)节点上的流程

代码清单 5.3 计算 π 的代码:映射和还原类

```
private final class DartMapper   ◄── 映射器
    implements MapFunction<Row, Integer> {
  private static final long serialVersionUID = 38446L;

  @Override
  public Integer call(Row r) throws Exception {
    double x = Math.random() * 2 - 1;       随机投掷飞镖;
    double y = Math.random() * 2 - 1;       x 和 y 是坐标
    counter++; #C
    if (counter % 100000 == 0) {            简单的计数,观察所发生的事
      System.out.println("" + counter + " darts thrown so far");   情:永远不要重置此计数器
    } #C
    return (x * x + y * y <= 1) ? 1 : 0;  ◄── 如果投掷在圆中,则返回 1,否则返回 0
  }                                            (请参见随后的平方根注释)
}

private final class DartReducer implements ReduceFunction<Integer> {  ◄──
  private static final long serialVersionUID = 12859L;                   还原器对结果进行求和
                                                                         注意类型的匹配
  @Override                                                              来自方法签名的通用异常
  public Integer call(Integer x, Integer y) throws Exception {  ◄──
    return x + y;  ◄── 返回每次投掷
  }                    结果的总和
}
```

为什么不返回平方根 观察映射器中 call()方法的返回值。如果你使用勾股定理,则需要返回 x 和 y 平方和的开方。但是,因为圆的半径为 1,平方和只与 1 进行比较,所以是否进行开方运算,无关紧要:我们只关心飞镖是否位于圆圈中,不关心原点与投掷点的确切距离,即它的开方。因此,此处可省去昂贵的开方运算。

下面分析使这个类(class)工作所需的管道代码(或支持代码)。这里将删除代码清单 5.3 中的所有业务逻辑，只留下支持代码。为了使用映射器(mapper)，需要实现 MapFunction <Row，Integer>，这意味着映射函数将会获得 Row 并返回一个整数。在代码清单 5.2 中可看到调用 map()函数所返回的结果 Dataset <Integer>。

```
Dataset<Integer> dartsDs = incrementalDf
    .map(new DartMapper(), Encoders.INT());
```

类如下所示：

```
private final class DartMapper
    implements MapFunction<Row, Integer> {
…
    public Integer call(Row r) throws Exception {…}
…
}
```

类型(粗体显示)必须相匹配：如果使用整型(integer)，那么在数据集、实现和方法中也要使用整型。

在代码清单 5.2 中，调用还原器(reducer)时，使用了以下代码：

```
int dartsInCircle = dartsDs.reduce(new DartReducer());
```

类如下所示：

```
private final class DartReducer implements ReduceFunction<Integer> {
…
    public Integer call(Integer x, Integer y) throws Exception {…}
…
}
```

类型必须相匹配。

刚刚使用了 MapReduce 吗

刚刚的确使用了 MapReduce。但是，MapReduce 到底是什么呢？MapReduce 是在分布式环境中，将工作负载分散到服务器集群上的方法。

MapReduce 应用程序由映射操作和还原(reduce)方法组成，映射操作执行过滤和排序(如按照名字将学生排成队，一个名字一队)；还原方法执行总结操作(如计算每一队中学生的数目，得出每个名字出现的频率)。MapReduce 框架可编组分布式服务器，并行运行各种任务，管理系统各部分之间的所有通信和数据传输，提供冗余和容错能力，从而协调流程。如果有多个任务，却只有一台服务器，工作方式一样。

MapReduce 的原始构想于 2004 年被发表在 Google 论文中。此后，它在各种产品中得到了实现。最受欢迎的实现仍然是 Apache Hadoop。

图 5.a 说明了 MapReduce 的原理。

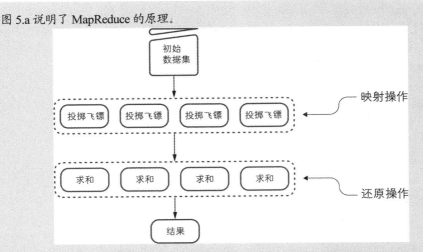

图 5.a MapReduce 流程总结：映射分发数据并还原数据。MapReduce 的作用不局限于投掷飞镖和总结结果

由于这里只是执行简单的原子操作，在本章示例中，MapReduce 的用法相对简单。在复杂的场景中，复杂度可呈指数级上升。这是 Hadoop 被认为复杂的原因之一：一切都是 MapReduce 作业(某些工具可掩盖其复杂性)。虽然 Apache Spark 一开始就掩盖了其复杂性，但如果有需求，Spark 允许进行底层操作。

总而言之，Spark 简化了 MapReduce 的处理过程，而且开发人员通常都没意识到自己正在执行 MapReduce 操作。

互联网上有很多关于 MapReduce 的资源。YouTube 上有一个视频使用扑克牌对 MapReduce 进行了有趣的解释：www.youtube.com/watch?v=bcjSe0xCHbE。提示：如果你不想听得昏昏欲睡，请将播放速度提高一倍。

当然，你也可以查看 Wikipedia 页面：https://en.wikipedia.org/wiki/MapReduce。就入门介绍(你刚刚看的就是 MapReduce 的介绍了，不是吗？)而言，这有点太科学了。

Spark 确实进行了 MapReduce 操作，但是开发人员不必进行 MapReduce 操作，这件事看起来有点令人震惊吧。

以上信息改编自 Wikipedia。

下一节将介绍如何编写此应用程序的代码(代码清单 5.2 和代码清单 5.3)，这与 Java lambda 函数不同，其中减少了一些管道代码。归根结底，对于如何编写代码，我们没有任何意见与偏好。代码的最终实现取决于开发人员的习惯、指导原则、回避困难的倾向等。

5.1.3 Java 中的 lambda 函数是什么

上一节教你使用类进行映射和还原步骤，来估算 π 的值。本节将再次讨论 Java 中的 lambda 函数。在下一节(5.1.4)中，你将运行相同的应用程序，使用 lambda 函数而不是类来计算 π。如果你对 Java 的 lambda 函数比较熟悉，请直接跳转到 5.1.4 节。

是编写类还是编写 lambda 函数，通常取决于软件工程师的品位或爱好。重要的是，在看到它们时，你应该能理解它们。

尽管当前 Java 已经发展到版本 11，但我发现年轻的开发人员依然使用 Java 7 的知识来工作。Java 新近的特性(包括 lambda 函数)依然不受欢迎。虽然本书的目标不是讲授 Java 8，但我想提醒开发人员使用一些虽然鲜为人知，但是功能强大的 Java 特性。

Java 的 lambda 函数是什么? 你也许对 Java 的 lambda 函数比较熟悉。如果你不熟悉 lambda 函数，那么告诉你，这是 Java 8 引进的、不属于任何类的新型函数。lambda 函数可作为参数进行传递，并且按需执行。这是 Java 迈向函数式编程的第一步。lambda 函数的表示方法为 <variable> -> <function>。

源代码存储库 net.jgp.books.spark.ch05.lab900_simple_lambda.Simple-LambdaApp 中包含使用列表(list)的 lambda 函数示例。这个函数两次遍历法国人名列表，构建其组合的表单，如下所示:

```
Georges and Jean-Georges are different French first names!
Claude and Jean-Claude are different French first names!
…
Louis and Jean-Louis are different French first names!
-----
Georges and Jean-Georges are different French first names!
…
Luc and Jean-Luc are different French first names!
Louis and Jean-Louis are different French first names!
```

第一次遍历在一行代码中完成，第二次遍历使用了几行代码完成，其中显示了 lambda 函数的块语法。代码清单 5.4 详细说明了此过程。

代码清单 5.4　基本的 lambda 函数

```java
package net.jgp.books.spark.ch05.lab900_simple_lambda;

import java.util.ArrayList;
import java.util.List;

public class SimpleLambdaApp {

  public static void main(String[] args) {
    List<String> frenchFirstNameList = new ArrayList<>();
    frenchFirstNameList.add("Georges");
    frenchFirstNameList.add("Claude");
    …
    frenchFirstNameList.add("Luc");              构建名字列表
    frenchFirstNameList.add("Louis");

    frenchFirstNameList.forEach(
        name -> System.out.println(name + " and Jean-" + name
            + " are different French first names!"));

    System.out.println("-----");

    frenchFirstNameList.forEach(
        name -> {
```

列表的 forEach() 方法迭代列表

一条简单的指令，通过左侧变量->(name)访问列表的内容

如果简单指令不足以完成任务，可使用代码块；每条指令必须以分号(;)结尾

```
            String message = name + " and Jean-";
            message += name;
            message += " are different French first names!";
            System.out.println(message);
        });
    }
}
```

lambda 函数允许你编写相对紧凑的代码，避免重复一些无聊的语句；但是，可读性可能会受到影响。在代码清单 5.4 中，不需要使用循环。尽管如此，无论你是否喜欢 lambda 函数，在本书中，以及在你的职业生涯中，你都将在待处理的代码中越来越频繁地看到这种函数。下一节将带你重写代码，使用一些 lambda 函数估算 π。

5.1.4 使用 lambda 函数估算 π

上一节介绍了如何使用类计算 π 的近似值，并讲解了关于 lambda 函数的知识。本节将结合这两个内容：通过 Java 的 lambda 函数，使用 Spark 估算 π，实现基本的 MapReduce 应用程序。

你将发现代码清单 5.2 和代码清单 5.3 的另一种编码方法：使用 Java lambda 函数替换 mapper 和 reducer 类。与图 5.3 类似的图 5.5 描述了此过程。代码清单 5.5 深入解剖了此代码。

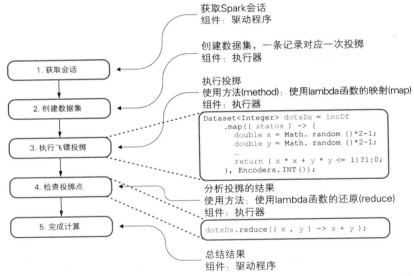

图 5.5　使用 Java 中的 lambda 函数计算 π：代码更紧凑，不过此过程与图 5.3 中基于类的过程相同

代码清单 5.5　使用 lambda 函数计算 π

```
package net.jgp.books.spark.ch05.lab101_pi_compute_lambda;
…
public class PiComputeLambdaApp implements Serializable {
…
  private void start(int slices) {
…
    long t2 = System.currentTimeMillis();
```

```
System.out.println("Initial dataframe built in " + (t2 - t1) + " ms");

Dataset<Integer> dotsDs = incrementalDf
    .map((MapFunction<Row, Integer>) status -> {        ◄─── 代码块中 lambda
      double x = Math.random() * 2 - 1;                      函数的开头部分
      double y = Math.random() * 2 - 1;
      counter++;
      if (counter % 100000 == 0) {
        System.out.println("" + counter + " darts thrown so far");
      }
      return (x * x + y * y <= 1) ? 1 : 0;
    }, Encoders.INT());

long t3 = System.currentTimeMillis();
System.out.println("Throwing darts done in " + (t3 - t2) + " ms");

int dartsInCircle =                    ◄───
    dotsDs.reduce((ReduceFunction<Integer>) (x, y) -> x + y);   reduce 为
                                                                 lambda 函数
long t4 = System.currentTimeMillis();
System.out.println("Analyzing result in " + (t4 - t3) + " ms");
…
```

lambda 函数与代码清单 5.3 中的类执行相同的操作。第一个 lambda 函数随机投掷飞镖,执行映射操作。第二个 lambda 函数对结果进行求和,执行还原(reduce)操作。

源代码绝对更紧凑(此处仅保留了主要区别)。但是,对于没有掌握 lambda 函数的 Java 软件工程师来说,此代码可能难以阅读。

5.2　与 Spark 交互

到目前为止,所有示例仅使用一种方法连接到 Spark:本地模式。此种模式下,Spark 架构中的每个组件都在同一台机器上无缝运行。实际上,至少有三种方法可连接到 Spark。在本节中,你可了解到不同的交互方式、各种方式的优势及其对应的用例。掌握这些信息对部署应用程序非常重要。

本节将介绍与 Spark 交互的如下三种方式。

- 本地模式:所有内容都在同一台计算机上运行,不需要任何配置,因此这无疑是开发人员的首选方式。
- 集群模式:通过资源管理器将应用程序部署到集群中。
- 交互模式:直接或通过计算机的笔记本(notebook)进行交互,数据科学家和数据实验人员可能偏爱这种方式。

我们要带着笔记本回到学校吗?

小时候,我喜欢夏末,此时,我将与母亲一同去购买新笔记本。我与姐妹们在法国和摩洛哥长大,可使用各种笔记本:语文笔记本、绘画笔记本、科学笔记本、音乐笔记本、带有方格纸的数学笔记本,以及其他重量各异的纸本。具有交替页面的科学笔记本可能是我的最爱,它的方形页面(如方格纸)与空白页交替出现。

你可以在方形页面上做笔记，在空白页面上绘制模式、花朵、身体的各个部分等。我可以告诉你，当我在美国找不到这些笔记本时，我有多失望，但这不是重点。

计算机笔记本与我在青年时代使用的科学笔记本一样：可在单个"页面"上做笔记，执行代码，显示图形等。当然，计算机笔记本是数字的，因此，可以轻松共享这些笔记本。一些工具提供了协作功能。数据科学家广泛使用笔记本(notebook)进行数据实验，记笔记，在某些情况下还用它显示图形。

大家可获得作为软件产品的笔记本，这里推荐两种开源产品：Jupyter(http://jupyter.org/)和 Apache Zeppelin()。一些托管的商业产品也可用，例如，IBM 拥有 Watson Studio(www.ibm.com/cloud/watson-studio)，Databricks 提供了统一数据分析平台(https://databricks.com/product/unified-analytics-platform)。

5.2.1 本地模式

Spark 的本地模式是 Spark 最合我意的地方之一。本地模式允许开发人员在同一台计算机(无论是笔记本计算机还是服务器)上启用所有的 Spark 组件。

你不必安装任何软件。本地模式使开发团队的工程师可在几分钟之内完成工作：下载 Eclipse，克隆项目；然后软件工程师就可使用 Spark 和大数据了。本地模式允许开发人员在一台计算机上进行开发和调试。

图 5.6 总结了这个技术栈。

在幕后，Spark 启动了所需的机器来支持主服务器和工作器。在本地模式下，开发人员不必提交 JAR 文件。Spark 将设置正确的类路径，因此你甚至不必处理 JAR 地狱(JAR hell)。

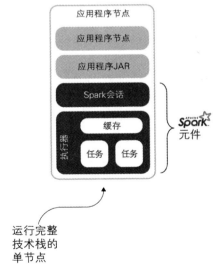

图 5.6 在本地模式下，所有组件都运行在单个节点上

和前面的示例一样，为了在本地模式下启动 Spark，只需要简单地将主节点指定为本地，启动会话即可：

```
.master("local")
```

在本地模式下获取(创建)会话的完整代码如下:

```
SparkSession spark = SparkSession.builder()
    .appName("My application")
    .master("local")
    .getOrCreate();
```

可在方括号([..])内填上数字,指定所请求的线程数:

```
SparkSession spark = SparkSession.builder()
    .appName("My application")
    .master("local[2]")
    .getOrCreate();
```

默认情况下,本地模式只运行一个线程。

5.2.2　集群模式

在集群模式下,Spark 在具有主服务器和工作器的多节点系统中运行,如第 2 章所述。你可能还记得,主服务器将工作负载分派给工作器,然后工作器处理作业。集群旨在提供更多的处理能力,因为每个节点都有自己的 CPU、内存和存储(如果需要)贡献给集群。

虽然在同一个工作节点上启动多个工作器的做法也是可行的,但我找不到好的用例,也没发现这样做的好处;工作节点使用配置的资源或可用的资源。图 5.7 描述了集群技术栈。

下面研究一下集群技术栈。左侧是应用程序节点,其中包含应用程序代码,它驱动了 Spark,因此也被称为驱动程序。应用程序节点还包含应用程序所需的其他 JAR。应用程序使用 Spark 库在 Spark 上打开会话。

图中心的主节点包含 Spark 库,其中包括作为主服务器运行的代码。

右侧的工作节点使用应用程序 JAR 和 Spark 库来执行代码。工作节点也需要将二进制文件连接到主节点,即工作器脚本。

因为你正在部署工作,所以要学习所有这些概念。部署会对构建策略产生影响。

在某些情况下,为了简化部署,你需要创建共享 JAR(包含应用程序及其依赖库)。此种场景下,共享 JAR 永远不应包含 Hadoop 或 Spark 库;这是因为 Hadoop 或 Spark 库已经包含在 Spark 的发行版中,且已经进行了部署。开发人员可通过 Maven 自动构建共享 JAR。

Hadoop 是什么?

Hadoop 是一种大象。Hadoop 也是一种受欢迎的 MapReduce 实现。与 Spark 一样,Hadoop 是开源的,由 Apache Foundation 管理。与 Spark 不一样的是,Hadoop 是非常复杂的生态系统,令人难以理解,它对算法的类型(主要是 MapReduce)和存储(主要是磁盘)都有限制。为了让 Hadoop 变得更易于使用,Hadoop 世界中的一切正在发生缓慢的变化,但是 Spark 已经相当易用了。

Spark 使用了一些 Hadoop 库,当你在每个节点上部署 Spark,运行程序时,Spark 就已经包含了这些库。

确实,Hadoop 是一种大象的名字。Hadoop 的共同创建者 Doug Cutting 的儿子将黄毛绒象命名为 Hadoop,因此,Hadoop 的徽标为黄色的厚皮动物。

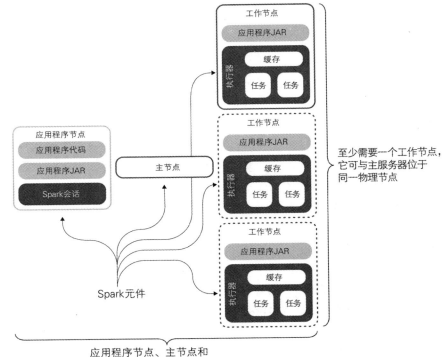

图 5.7 集群配置中的 Spark，其中每个组件可位于单独的节点

超级 JAR 是什么？

JAR 是 Java 存档文件。当开发人员将所有的.java 文件编译成.class 时，所有这些 java 文件都组合到了 JAR 文件中。对此，你可能并不陌生。

超级 JAR(也称为胖 JAR)是其他 JAR 之上的 JAR(字面上，这是 über 的德语译文)。超级 JAR 包含大多数(即使不是全部)应用程序的依赖库。开发人员只需要处理一个 JAR 文件，因此，后勤工作得到了超级简化。

当越来越多具有不同依赖关系的库组合在一起时，开发人员开始对多种版本的 JAR 感到一筹莫展，因此 Java 开发人员有时将 JAR 系统戏称为 JAR 地狱。例如，Elasticsearch 客户端库 v6.2.4 使用 Jackson 核心 v2.8.6(一种常见的解析器)。Spark v2.3.1 使用相同的库，但是版本为 v2.9.6。

虽然包管理器(如 Maven)尝试管理这些依赖关系，但有时更高版本的库与较旧的库不兼容。这些版本的差异会使开发人员陷入 JAR 地狱，有时会让他们难以理清头绪。

众所周知，JAR 是 Java 存档。Java 自带名为 jar 的工具，其工作方式类似于 UNIX tar 命令。开发人员可将类 "jar" (或归档)为 JAR 文件。开发人员可提取，或解压(unJAR)文件，当然也可使用 reJAR(重新打包)重建文档。希望这不会太烦人(jarring)……

让我们回顾一下构建超级 JAR 的过程。每次部署时都会重建超级 JAR。构建超级 JAR 的过程需要将工程中的所有 JAR 文件解压到同一目录。Maven 将把所有类重新打包到更大的超级 JAR 中。

这产生了许多问题。最常见的两个问题如下。

- 某些 JAR 可进行签名。解压并将它们重打包为不同存档文件的一部分的做法将会破坏签名。重写的清单文件也会发生类似的问题。
- 区分大小写也可能是个问题。如你所知，MyClass 和 Myclass 是不同的。但是，当开发人员在不区分大小写的文件系统(如 Windows)上进行解压时，一些类名将会被重写，此后，一些类可能不可用，代码会抛出 ClassNotFoundException 异常。当开发人员使用 Windows 构建应用程序，然后在工作站进行部署时，这种情况可能会发生。这听起来可能很疯狂，但事实就是如此。这是开发人员使用 Linux 构建服务器，进行持续集成和持续交付(Continuous Integration and Continuous Delivery，CICD)流程的另一个原因。

虽然超级 JAR 是用于部署应用程序的强大工具，但是开发人员应该确保在区分大小写的文件系统上进行构建操作，切勿打包 Spark 库。请开发人员高度重视上述问题。

第 6 章将带你了解部署应用程序的各个步骤；在此阶段，你将学习部署应用程序的一些关键概念。下面揭晓相关细节。

可采用如下两种方法在集群上运行应用程序：

- 开发人员可使用 spark-submit 命令解析器(shell)提交应用程序的 JAR 和作业。
- 在应用程序中，开发人员可指定主服务器，然后运行代码。

1. 提交作业到 Spark

在集群上执行应用程序的一种方法是将作业打包成 JAR，再提交给 Spark。这类似于在大型机上提交作业。为此，请确保以下事项：

- 开发人员使用应用程序构建 JAR。
- 应用程序依赖的所有 JAR 存在于每个节点上或在超级 JAR 中。

2. 在应用程序中设置集群的主服务器

在集群上运行应用程序的另一种简单方法是，在应用程序中指定主服务器的 Spark URL。和提交作业时一样，务请确保以下事项：

- 开发人员使用应用程序构建 JAR。
- 应用程序依赖的所有 JAR 存在于每个节点上或在超级 JAR 中(假设开发人员提交了超级 JAR)。

5.2.3　Scala 和 Python 的交互模式

前面的章节介绍了如何以编程方式或通过提交作业的方式与 Spark 进行交互。实际上，你还可采用第三种方式与 Spark 交互。你可在完全交互模式下运行 Spark，这允许你在 shell 中操作大数据。

除了使用 shell 之外，还可使用 Jupyter 和 Zeppelin 等笔记本，但是，这些工具的主要目标用户是数据科学家。

Spark 提供了两个 shell,分别接收 Scala、Python 和 R 命令。本节将讲解如何运行 Scala 和 Python shell(关于这些语言的详细用法不在本书的讨论范围之内)。

图 5.8 详细说明了在交互模式下使用 Spark 时的架构。这与图 5.7 中的集群模式类似。唯一的区别是启动工作会话的方式。

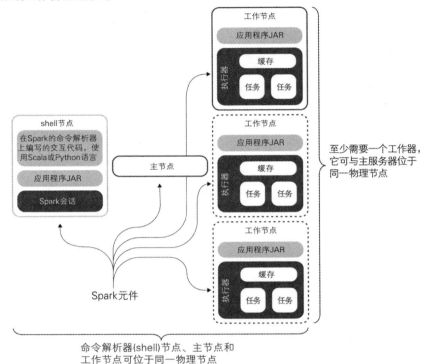

图 5.8 以交互模式运行时,Spark 堆栈类似于集群模式;唯一的区别在于启动工作会话的方式

1. Scala shell

Spark 提供了交互式的 Scala shell。它与其他任何 shell 一样,开发人员可在其中输入命令。下面介绍如何运行 shell,检查 Spark 的版本,并使用 Scala 运行估算 π 的应用程序。

要在本地模式下运行交互模式,请转到 Spark 的 bin 目录,运行以下命令:

```
$ ./spark-shell
```

如果拥有集群,那么可在命令行上使用--master <Master's URL>指定集群的主 URL。可在命令行上输入--help 参数,以查看帮助文件。

你可获得以下信息:

使用名为 sc 的 SparkContext
的实例初始化 shell

```
To adjust logging level use sc.setLogLevel(newLevel). For SparkR, use
⇥ setLogLevel(newLevel).
Spark context Web UI available at http://un.oplo.io:4040
Spark context available as 'sc'
```

```
⇒ (master = local[*],
⇒ app id = local-1534641339137).
Spark session available as 'spark'.
Welcome to
      ____              __
     / __/__  ___ _____/ /__
    _\ \/ _ \/ _ `/ __/  '_/
   /___/ .__/\_,_/_/ /_/\_\   version 2.3.1
      /_/

Using Scala version 2.11.8 (Java HotSpot(TM) 64-Bit Server VM, Java
   1.8.0_181)
Type in expressions to have them evaluated.
Type :help for more information.

scala>
```

在所有本地机器核心内，
以本地模式运行

Spark 会话的
实例 spark 可用

当然，要进一步了解 shell，你需要掌握 Scala，但是在本书的上下文中，这是完全不需要的，因此请参阅附录 J，了解更多相关信息。本节的其余部分将展示 Scala 的基本操作，你将发现它与 Java 的相似之处。如果你现在要离开(我可以理解)，那么请按下 Ctrl-D 退出 shell。

可尝试一些操作，如显示 Spark 版本：

```
scala> sc.version
res0: String = 2.3.1
```

或者：

```
scala> spark.sparkContext.version
res1: String = 2.3.1
```

计算 π 的近似值是本章的主题，因此在交互式 shell 中，可执行以下操作。可在解释器中输入以下 Scala 代码段：

```
import scala.math.random
val slices = 100
val n = (100000L * slices).toInt
val count = spark.sparkContext.parallelize(1 until n, slices).map { i =>
    val x = random * 2 - 1
    val y = random * 2 - 1
    if (x*x + y*y <= 1) 1 else 0
}.reduce(_ + _)
println(s"Pi is roughly ${4.0 * count / (n - 1)}")
```

映射操作：随机投掷飞镖，
检查它们是否落在圆圈中

还原操作：
对结果进行求和

如在 shell 中运行此代码段，将得到以下输出：

```
Welcome to
      ____              __
     / __/__  ___ _____/ /__
    _\ \/ _ \/ _ `/ __/  '_/
   /___/ .__/\_,_/_/ /_/\_\   version 2.3.1
      /_/

Using Scala version 2.11.8 (Java HotSpot(TM) 64-Bit Server VM, Java 1.8.0_181)
Type in expressions to have them evaluated.
Type :help for more information.
```

```
scala> import scala.math.random
import scala.math.random

scala> val slices = 100
slices: Int = 100

scala> val n = (100000L * slices).toInt
n: Int = 10000000

scala> val count = spark.sparkContext.parallelize(1 until n, slices).map { i =>
     |       val x = random * 2 - 1
     |       val y = random * 2 - 1
     |       if (x*x + y*y <= 1) 1 else 0
     | }.reduce(_ + _)
count: Int = 7854580

scala> println(s"Pi is roughly ${4.0 * count / (n - 1)}")
Pi is roughly 3.1418323141832314
```

如你所见，使用 Scala 语言与使用 Java 语言所运行的代码类似。在不需要深入研究语法的情况下，你必须确切理解上一节中 Java 应用程序的某些元件。你还可看到 MapReduce 操作。

如果想要进一步了解 Scala，请查看 Daniela Sfregola 撰写的《运用 Scala 编程》(*Get Programming with Scala*)一书(Manning，2017 年，www.manning.com / books / get-programming-with-scala)。

下面介绍 Python 的 shell。

2. Python shell

Spark 还提供了交互式的 Python shell。它与其他任何 shell 一样，你可在其中输入命令。让我们看看如何运行 shell，检查 Spark 版本，并运行 Python 应用程序来估算 π。

要在本地模式下运行交互模式，请转到 Spark 的 bin 目录并运行以下命令：

```
$ ./pyspark
```

如果拥有集群，那么可在命令行上使用--master <Master's URL>指定集群的主 URL。可在命令行上输入--help 参数，以查看帮助文件。

你可获得以下信息：

```
Python 2.7.15rc1 (default, Apr 15 2018, 21:51:34)     ◄——  在系统上，shell 使用的是 Python 2
[GCC 7.3.0] on linux2                                        版本，此处是 v2.7.15rc1
Type "help", "copyright", "credits" or "license" for more information.
2018-10-01 06:35:23 WARN NativeCodeLoader:62 - Unable to load
➥ native-hadoop library for your platform... using builtin-java classes
➥ where applicable
Setting default log level to "WARN".
To adjust logging level use sc.setLogLevel(newLevel). For SparkR, use
➥ setLogLevel(newLevel).
Welcome to
      ____              __
     / __/__  ___ _____/ /__
    _\ \/ _ \/ _ `/ __/  '_/
   /___/ .__/\_,_/_/ /_/\_\   version 2.3.1
      /_/
```

```
Using Python version 2.7.15rc1 (default, Apr 15 2018 21:51:34)
SparkSession available as 'spark'.
>>>
```

◄── Spark 会话的实例
spark 可用

如要退出 shell，可使用 Ctrl-D 或调用 quit()。如果你倾向于使用 Python v3，那么在启动 PySpark shell 之前，应将 PYSPARK_PYTHON 的环境变量设置为 python3：

```
$ export PYSPARK_PYTHON=python3
$ ./pyspark
```

你将得到以下信息：

现在，在系统上，shell 使用
Python 3 版本。此处是 v3.6.5

```
Python 3.6.5 (default, Apr 1 2018, 05:46:30) ◄──
[GCC 7.3.0] on linux
Type "help", "copyright", "credits" or "license" for more information.
2018-10-01 06:40:22 WARN NativeCodeLoader:62 - Unable to load
➥ native-hadoop library for your platform... using builtin-java classes
➥ where applicable
Setting default log level to "WARN".
To adjust logging level use sc.setLogLevel(newLevel). For SparkR, use
➥ setLogLevel(newLevel).
Welcome to
      ____              __
     / __/__  ___ _____/ /__
    _\ \/ _ \/ _ `/ __/  '_/
   /___/ .__/\_,_/_/ /_/\_\   version 2.3.1
      /_/

Using Python version 3.6.5 (default, Apr 1 2018 05:46:30)
SparkSession available as 'spark'.
>>>
```

本章的其余部分将涉及 Python v3，因此你需要了解一点关于 Python 的知识。可通过以下命令显示 Spark 的版本：

```
>>> spark.version
'2.3.1'
```

如要使用 Python 语言计算 π 的近似值，可通过以下方式完成：

```
import sys
from random import random
from operator import add
from pyspark.sql import SparkSession

spark = SparkSession\
  .builder\
  .appName("PythonPi")\
  .getOrCreate()
n = 100000

def throwDarts(_): ◄──
  x = random() * 2 - 1
  y = random() * 2 - 1
  return 1 if x ** 2 + y ** 2 <= 1 else 0
```

在映射过程中使用
throwDarts 函数

Python 强制使用缩进的
方式来分隔块，该操作在
throwDarts 方法中完成

```
count = spark.sparkContext.parallelize(range(1, n + 1),
↳ 1).map(throwDarts).reduce(add)
print("Pi is roughly %f" % (4.0 * count / n))
spark.stop()
```

小型应用程序首先会投掷所有飞镖。如在 shell 中输入代码，将看到 shell 的表现如下：

```
>>> import sys
>>> from random import random
>>> from operator import add
>>> from pyspark.sql import SparkSession
>>>
>>> spark = SparkSession\
...     .builder\
...     .appName("PythonPi")\
...     .getOrCreate()
>>> n = 100000
>>> def throwDarts(_):
...     x = random() * 2 - 1
...     y = random() * 2 - 1
...     return 1 if x ** 2 + y ** 2 <= 1 else 0
...
>>> count = spark.sparkContext.parallelize(range(1, n + 1),
↳ 1).map(throwDarts).reduce(add)
>>> print("Pi is roughly %f" % (4.0 * count / n))
Pi is roughly 3.138000
>>> spark.stop()
>>>
```

如想进一步了解 Python，请参阅 Naomi Ceder 撰写的《Python 快速入门》(*The Quick Python Book*)一书(Manning，2018 年)，现在是第三版(www.manning.com/books/the- quick-python-book-third-edition)。

5.3   小结

- 不提取数据，Spark 也可工作；它可生成自己的数据。
- Spark 支持三种执行模式：本地模式、集群模式和交互模式。
- 本地模式允许开发人员立即开始 Spark 的开发。
- 集群模式用于生产。
- 开发人员可将作业提交给 Spark 或连接到主服务器。
- main()方法写在驱动器应用程序中。
- 主节点知道所有的工作器。
- 工作器是执行任务的地方。
- Sparks 使用集群模式，将应用程序 JAR 分发给各个工作节点。
- 在分布式系统中，MapReduce 是处理大数据的常用方法。Hadoop 是其最受欢迎的实现。Spark 掩盖了其复杂性。
- 持续集成持续交付(CICD)是一种敏捷方法，鼓励高频率的集成和交付。

- Java 8 中引入的 lambda 函数使开发人员可拥有类范畴以外的函数。
- 超级 JAR 将应用程序中的所有类(包括依赖类)包含在单个文件中。
- Maven 可自动构建超级 JAR。
- Maven 可在部署源代码的同时部署 JAR 文件。
- Spark 的映射(map)和还原(reduce)操作可使用类或 lambda 函数。
- Spark 提供了 Web 界面来分析作业和应用程序的执行情况。
- 交互模式允许你在 shell 中直接输入 Scala、Python 或 R 命令。借助于 Jupyter 或 Zeppelin 等笔记本软件，也可实现交互。
- 可通过将飞镖投掷到板上，测量圆圈内和圆圈外的飞镖的比率，来估计 π。

第 *6* 章

部署简单的应用程序

本章内容涵盖

- 部署 Spark 应用程序
- 在 Spark 集群环境中定义关键组件的作用
- 在集群上运行应用程序
- 使用 Spark 计算 π 的近似值
- 分析执行日志

前面的章节介绍了什么是 Apache Spark 以及如何构建简单的应用程序；希望你已理解了一些关键概念，如数据帧和惰性。本章的讲解将承接上一章的内容：第 5 章带你构建了应用程序，本章将教你部署此应用程序。虽然你在学习本章之前并非一定要先阅读第 5 章，但我强烈建议你这样做。

在本章中，可将代码的编写放在一边，先弄明白如何与 Spark 交互，并进行产品的部署。你可能会问："为什么本书这么早就开始谈论部署？部署难道不是最后介绍的吗？"

大约 20 年前，当时我正使用 Visual Basic 3(VB3)构建应用程序，在项目快要结束时，我会运行 Visual Basic 安装向导，此向导能协助构建 3.5 英寸的软盘。在那时，我的编程宝典为 25 章篇幅的《Microsoft Visual Basic 3.0 程序员指南》(*Microsoft Visual Basic 3.0 Programmer's Guide*)，这本书直到第 25 章才开始介绍部署。

如今，你的商店可能正在运行(或即将运行)DevOps。你可能听过持续集成持续交付(Continuous Integration and Continuous Delivery，CICD)之类的术语。现在，在开发进程中，部署发生得比以前早得多。在我的上一个项目中，团队使用 Spark 实现数据管道的原型；CICD 构成了原型实现的全部。部署变得相当重要。关键是要理解部署有何约束，因此我鼓励你在项目中尽早部署。

持续集成持续部署

CICD 或 CI/CD 指的是持续集成持续交付的组合实践。

持续集成(Continuous Integration，CI)是将所有开发人员的工作定期复制到共享主线的实践。这种操作一天可能要进行几次。Grady Booch(UML 的联合创始人、IBM 员工、Turing 讲师等)在 1991 年的软件工程方法中创造了 CI 这个术语。极限编程(Extreme Programming，XP)采用了 CI 的概念，并提倡每天进行多次集成。

CI 的主要目标是防止在集成过程中出现问题。在以测试为驱动的开发(Test-driven Development，

TDD)情境下，CI 旨在与所编写的自动化单元测试结合使用。最初，人们认为这是指在将代码提交到主线之前，开发人员在本地环境中运行并通过所有单元测试。这有助于防止一个开发人员所进行的工作破坏另一个开发人员的代码。人们最近对此概念进行了细化，并引入了构建服务器(build server)，这些服务器会定期(甚至在每次提交代码后)自动运行单元测试，并将结果报告给开发人员。

持续交付(Continuous Delivery，CD)允许团队在短周期内开发软件，确保在任何时候都可以可靠地发布软件。它旨在以较快的速度、较高的频率来构建、测试和发布软件。这种方法允许开发人员对生产中的应用程序进行较多的增量更新，因而有助于降低成本、减少时间和降低交付变更的风险。简单、可重复的部署过程对于持续交付相当重要。

人们有时会将持续交付与持续部署相混淆。在持续部署中，对已通过一系列测试的产品的任何改变都将自动部署到产品中。相反，在持续交付的情况下，虽然软件应该在任何时候都可以可靠发布，但是出于商业原因，通常由人们来决定何时发布。

以上两种定义均摘自 Wikipedia。

因此，与我在 1994 年使用 VB3 进行工作时不同，现在你要从第 6 章起就开始了解部署。但是，不必担心：传统还是会受到尊重，高级部署(包括管理集群、资源、共享文件等)的相关知识依然要到第 18 章才会介绍。

首先来看一个示例，该示例中的数据在 Spark 内部，由 Spark 生成，这样就不需要提取数据了。在集群中提取数据的操作比创建自生成的数据集的操作要复杂一些。

然后，你将了解如下三种与 Spark 交互的方式：

- 本地模式(通过前面几章的示例，你应该已经熟悉了该模式)
- 集群模式(多台计算机或多个节点)
- 交互模式(通过 shell)

你将为实验设置环境，还将了解在将计算资源分配给若干节点的博弈过程中会出现哪些约束。你有必要现在就积累这种经验，这样在计划部署应用程序时，你就会有较好的意识。最终，你可在集群上运行应用程序。

实验：本章中的示例与第 5 章相关联，它们共享同一个存储库。可在 GitHub 上找到这些示例，网址为 https://github.com/jgperrin/net.jgp.books.spark.ch05。

6.1 示例之外：组件的作用

上一章介绍了如何使用类和 lambda 函数，以及如何使用 Spark 计算 π 的近似值。虽然你运行了此应用程序，但是并没有真正看到发生在基础架构中的事情，也就不会考虑到架构中每个组件的作用。

组件是封装了一组相关功能的逻辑表示。在物理层面，组件可以是程序包、Web 服务或其他形式。识别组件的一大好处是可比较轻松地识别其接口，这是与之通信的方式。

本章的引言中谈到了与 Spark 交互的三种方式。但无论 Spark 是以本地、集群，还是以交互模式运行，它都会使用同一组组件。

每个组件都有其独特的作用。必须了解每个组件的运行，这样才能比较轻松地调试或优化流程。

你可以先快速浏览组件及其之间的交互，然后深入了解更多细节。

6.1.1　快速浏览组件及其之间的交互

本节将高度概述 Spark 架构中的每个组件，包括它们之间的链接。基于第 5 章估算 π 的示例应用程序的流程，图 6.1 将组件放置在架构图中。

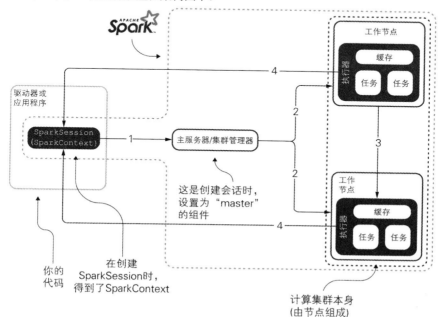

图 6.1　Spark 组件及其之间的交互。数字表示网络发起调用最有可能的顺序

从应用程序的角度来看，所要建立的唯一连接是通过在主服务器/集群管理器中创建会话实现的，如图 6.1 中的链接 1 所示。表 6.1 描述了这些链接。"关注程度"列解释了为什么应该在 Spark 架构中关注这一特定项：当保护、调试或部署 Spark 时，这非常有用。

表 6.1　Spark 组件之间的链接

链接	起点	终点	关注程度
1	驱动器	集群管理器/主服务器	必须关注此链接，应用程序使用此方式连接主服务器或集群管理器
2	集群管理器/主服务器	执行器	本链接建立了工作器与主服务器之间的连接。工作器初始化连接，但是数据是从主服务器传递到工作器的。如果这个链接断开了，集群管理器将不能与执行器进行通信
3	执行器	执行器	执行器之间的内在链接；开发人员不会对此有太多的关注
4	执行器	驱动器	执行器需要能够回到驱动器，这意味着驱动器不能放在防火墙后(这是新手尝试将第一个应用程序连接到云中的集群时会犯的错误)。如果执行器不能与驱动器通信，就不能将数据发送回来

代码清单 6.1 涉及第 5 章介绍的应用程序,即计算 π 的程序。本章虽然不再解释这个应用程序的作用,但会解释它如何使用(触发)组件。虽然这段代码运行在驱动器节点上,但可控制其他节点,生成活动。代码清单 6.1 上的链接数字与图 6.1 中的数字一一对应。

实验:这是第 5 章中的 lab#200。可从 GitHub 上获得此代码,网址为 https://github.com/jgperrin/net.jgp.books.spark.ch05。

代码清单 6.1　计算 π 的近似值

```java
package net.jgp.books.spark.ch05.lab200_pi_compute_cluster;
...
public class PiComputeClusterApp implements Serializable {
...
  private final class DartMapper
      implements MapFunction<Row, Integer> {
...
  }

  private final class DartReducer implements ReduceFunction<Integer> {
...
  }

  public static void main(String[] args) {
    PiComputeClusterApp app = new PiComputeClusterApp();
    app.start(10);
  }

  private void start(int slices) {
    int numberOfThrows = 100000 * slices;
...
    SparkSession spark = SparkSession
        .builder()
        .appName("JavaSparkPi on a cluster")          链接 1: 会话驻留在
        .master("spark://un:7077")                     集群管理器上
        .config("spark.executor.memory", "4g")
        .getOrCreate();
...
    List<Integer> l = new ArrayList<>(numberOfThrows);
    for (int i = 0; i < numberOfThrows; i++) {
      l.add(i);
    }
    Dataset<Row> incrementalDf = spark        链接 2: 在执行器中
        .createDataset(l, Encoders.INT())     创建第一个数据帧
        .toDF();
...
    Dataset<Integer> dartsDs = incrementalDf         此步骤已被添加到位于
        .map(new DartMapper(), Encoders.INT());      集群管理器中的 DAG
...
    int dartsInCircle = dartsDs.reduce(new DartReducer());◄──── 链接 4: 将还原
...                                                              (reduce)操作的结果
    System.out.println("Pi is roughly " +                       返回给应用程序
⮡ 4.0 * dartsInCircle / numberOfThrows);
    spark.stop();
  }
}
```

Spark 应用程序在集群上作为独立进程运行。应用程序(也称为驱动程序)中的 SparkSession 对象协调进程。不管是在本地模式中，还是拥有 10 000 个节点，应用程序都有唯一的 SparkSession。生成会话时将创建 SparkSession，如下所示：

```
SparkSession spark = SparkSession.builder()
    .appName("An app")
    .master("local[*]")
    .getOrCreate();
```

你会得到一个上下文，即 SparkContext 作为会话的一部分。在 v2 之前，上下文是你与 Spark 交流的唯一方法。开发人员通常不需要与 SparkContext 进行交互，但是当需要交互时(如第 17 章中所述，访问基础架构信息，创建累加器等)，访问它的方式如下：

```
SparkContext sc = spark.sparkContext();
System.out.println("Running Spark v" + sc.version());
```

从根本上说，集群管理器将资源分配给应用程序。但是，为了在集群上运行，SparkSession 能连接到不同类型的集群管理器。这由基础架构师、企业架构师或"万事通"专家决定，开发人员在此处别无选择。第 18 章将讨论更多的集群管理器选项，包括 YARN、Mesos 和 Kubernetes。

一旦连接成功，Spark 将会获取集群节点上的执行程序，即 JVM 进程。JVM 运行计算并存储应用程序的数据。图 6.2 详细说明了集群管理器如何获取资源。

接下来，不需要在每个节点上都部署应用程序，集群管理器会将应用程序代码发送给执行器。最终，SparkSession 将任务发送给执行器，让执行器执行。

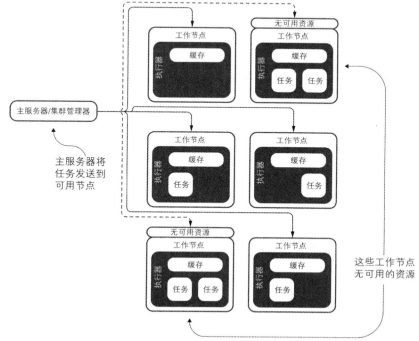

图 6.2　集群管理器的作用之一是查找工作节点中的资源

6.1.2　Spark 架构的故障排除技巧

如 6.1.1 节中所述，Spark 的架构可能看起来与众不同，但是我希望，它仍然易于理解。至少对数据工程师和软件工程师来说，要理解它，应该不会太困难(当然，如要理解性能调优，则需要更深入的知识)。本节将研究 Spark 架构的详细信息及其约束。

如果 Spark 处理操作时耗时过长，或者说，永远不会返回结果，这意味着出现了典型的错误。如果在部署后出现了一些错误，请考虑以下几点：

- 导出数据时，即使操作不向应用程序返回结果，也必须确保执行器可与驱动器对话。"与驱动器对话"意指驱动器不应被防火墙隔离、不应在另一个网络上、不应暴露多个 IP 地址等。当应用程序在本地(例如，在开发阶段)运行并试图与远程的集群连接时，这类通信问题就时有发生。在程序运行的整个过程中，驱动器必须监听并接收来自执行器的传入连接(请参阅附录 K "应用程序配置"部分的 spark.driver.port)。
- 每个应用程序都有其执行器进程，此进程在整个应用程序运行期间保持活跃，并在多个线程中运行任务。不论在调度方面(每个驱动器调度自己的任务)，还是在执行器方面(来自不同应用程序的任务在不同的 JVM 中运行)，都可将应用程序相互隔离，这是很有益处的。但这也意味着，在数据未写进外部存储系统之前，在不同的 Spark 应用程序(如 SparkSession 或 SparkContext 实例)之间，数据是不能共享的。
- 只要 Spark 能获得执行器进程，且进程之间能互相通信，Spark 就不知道底层的集群管理器。因此，Spark 可在支持其他应用程序的集群管理器上运行，如 Mesos 或 YARN(请参阅第 18 章)。
- 当驱动器在集群上调度任务时，最好在同一局域网内运行任务，将同一任务分配给在物理位置上邻近的工作节点。这样做的原因在于：进程(process)频繁通过网络交流，当工作节点比较靠近时，可减少网络延迟。使用云服务时，应懂得如何将任务分配给物理位置上邻近的节点，但这不是一件容易的事情。如果计划在云上运行 Spark，请与云运营商联系，确保机器在物理上彼此靠近。

附录 R 列出了一些常见问题及其解决方案，并说明了在何处寻求帮助。

6.1.3　知识拓展

6.1 节介绍了 Spark 的架构，这是部署的基本要求。可以想象，关于部署，你还有更多的内容需要了解。

本书的内封中列出了在你执行应用程序时，驱动器日志中的一些术语。若想深入了解，可阅读 Spark 的文档，该文档位于 https://spark.apache.org/docs/latest/cluster-overview.html。

6.2　构建集群

6.1 节介绍了如何构建无数据提取的应用程序，讲解了与 Spark 交互的三种方式，并探讨了不同的组件及其之间的链接。

掌握以上知识后，你应该有强烈的欲望进行下一个任务：将应用程序部署在真正的集群上。本节将介绍如何进行下列操作：

- 构建集群
- 设置环境
- 部署应用程序(通过构建超级 JAR 或使用 Git 和 Maven)
- 运行应用程序
- 分析执行日志

6.2.1　如何构建集群

虽然我已意识到，如果要在家或在办公室设置分布式环境，这并不容易，但是众所周知，Spark 是在分布式环境中工作的。本节将描述几种选择。根据时间和预算，你可选择其中一些比较实际的方法。本节将描述如何使用 4 个节点进行部署，但是如果你愿意，也可使用单个节点。强烈建议你至少使用 2 个节点，这样有利于你理解网络问题，并掌握如何分享数据，如何配置，以及应用程序和 JAR 之间如何互相转换。

那么，在集群上工作，有哪些选择呢？在家构建分布式环境，有以下选择。

- 最简单的方法可能是使用云：从云运营商(如 Amazon EC2、IBM Cloud、OVH 或 Azure)处获得 2 个或 3 个虚拟机。请注意，此选择的成本可能难以估算。目前，因为 Amazon EMR 有一些限制(第 18 章将介绍有关此内容的更多信息)，所以不建议使用 Amazon EMR。在这个实验中，不需要大型的服务器；只要目标服务器有大于 8G 的内存和 32G 的磁盘即可，CPU 对该实验的影响不大。
- 第二种选择是在家中安装一台相对较大的、类似于服务器的机器，在此机器上，可安装虚拟机或容器。这种选择与第一种选择对每台机器的要求相同；这意味着，如果你计划使用 4 个节点，那么物理机器至少要有 32G 的 RAM。可使用 Docker 或 VirtualBox 免费完成此选择。*提示：青少年用于 Fortnite 的游戏机可能是运行 Spark 的不错选择，可使用 GPU 运行一些有用的代码，如在 Spark 上运行 Tensorflow。*
- 第三种选择是用家中所有的旧机器构建一个集群，但是 RAM 少于 8 GB 的计算机除外。这不包括 Atari 800XL、Commodore 64、ZX81 和其他一些产品。
- 最后，你可按照自己的方式进行操作，从头开始构建 4 个节点。我的集群名为 CLEGO，可在 http://jgp.net/clego 的博客上找到操作方法(以及我如此命名的理由)。

在本章中，硬件是为分布式处理而设计的，因此这里将使用 CLEGO 的 4 个节点。图 6.3 显示了此实验所使用的架构。

即使没有多个节点，也依然可遵循此操作流程，在单个节点 un 上执行操作。

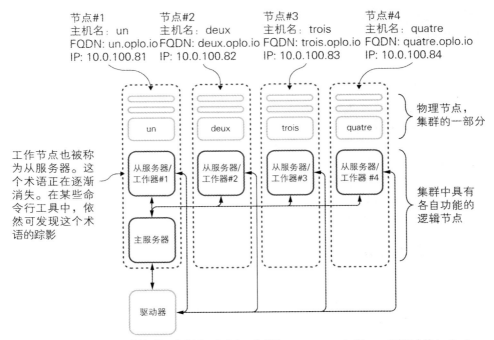

图 6.3　本实验中用于部署的架构：将使用 4 个节点。主机为 un、deux、trois 和 quatre(法语中的 1、2、3、4)。FQDN 代表完全限定的域名

6.2.2　设置环境

现在，你已经定义了环境，需要执行以下操作：

- 安装 Spark。
- 配置并运行 Spark。
- 下载/上传应用程序。
- 运行应用程序。

需要在每个节点上安装 Spark(相关的详细信息，请参阅附录 K)，安装过程非常简单。不必在每个节点上都安装应用程序。本章的其余部分，假定你在/opt/apache-spark 目录中安装了 Spark。

在主节点(本例中为 un)上，转到/opt/apache-spark/sbin。运行主服务器：

```
$ ./start-master.sh
```

记住，虽然主服务器不必做太多工作，但是它总是需要工作器。要运行第一个工作器，请输入以下命令：

```
$ ./start-slave.sh spark://un:7077
```

在这种情况下，工作器与主服务器运行在同一物理节点上。

配置网络的注意事项：在构建集群时，网络起着关键作用。每个节点都应该能与其他节点交流。请检查所需的端口是否可访问，确定其未被其他任务占用；通常，这些端口为 7077、8080 和 4040。这些端口仅在内部开放，未开放给互联网。可使用 ping、telnet(使用 telnet<host> <port>命令)进行检查。在任何命令中，请勿使用 localhost 作为主机名。

和往常一样，首先启动主服务器，其次是工作器。为了确定一切正常，需要打开浏览器，转到 http://un:8080/。这个网络界面由 Spark 提供；不必开启 Web 服务器，或将 Web 服务器与 Spark 链接。确保 8080 端口未运行任何任务，并且未修改相应的配置。结果如图 6.4 所示。

工作器正在运行，
并已在主服务器注册

图 6.4　主节点只有一个工作器，没有正在运行或已完成的应用程序

当你运行更多的应用程序时，此界面会自行填充，你能发现更多与应用程序及其执行等相关的信息。6.4.1 节将介绍如何访问应用程序的日志。

现在转到下一个节点(本示例中为 deux)。转到/opt/apache-spark/sbin。不必启动另一个主服务器，但需要启动第 2 个工作器：

```
$ ./start-slave.sh spark://un:7077
```

此时可刷新浏览器。图 6.5 详细说明了结果。

由于有 4 个节点，这里将对第 3 和第 4 个节点重复此操作。同样，主服务器运行在第 1 个节点上。最后，浏览器的界面应如图 6.6 所示。

现在，你已经有了一个工作集群，它由 1 个主服务器和 4 个已注册的工作器组成，它将随时待命，执行任务。物理集群使用了 4 个节点。

第1个工作器依然
在运行，并已在主
服务器注册

第2个工作器出
现了，且也已在
主服务器注册

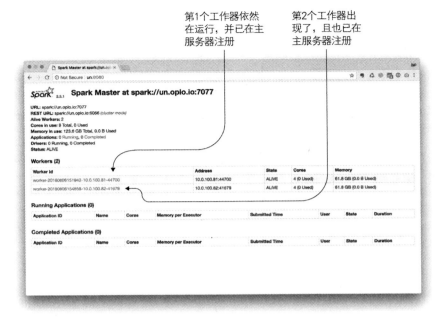

图 6.5　Spark 仪表板现在显示了前 2 个工作器

第1个工作器向
主服务器注册

第2个工作器向
主服务器注册

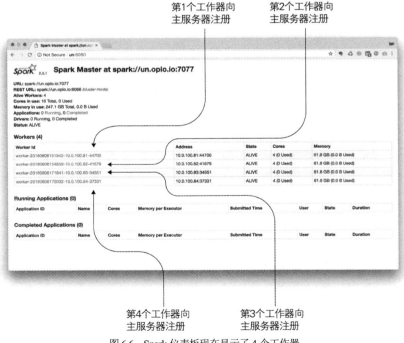

第4个工作器向
主服务器注册

第3个工作器向
主服务器注册

图 6.6　Spark 仪表板现在显示了 4 个工作器

6.3　构建应用程序，在集群上运行

本实验已经快要结束了。你已经部署了 Spark，构建了集群。我相信，你已经迫不及待地想要在集群上部署估算 π 的程序代码，以了解其性能。

但是，请你缓一缓——首先我们需要将代码部署到集群。要部署应用程序，有以下几种选择。

- 将代码和所有的依赖库打包为超级 JAR。
- 将应用程序(app)打包为 JAR，确保每个工作器节点都拥有所有的依赖库(不推荐)。
- 从源代码控制库中克隆(clone)/拉取(pull)源代码。

Spark 能将代码部署到工作器上：这是一个相当酷的功能。只需要部署代码一次，Spark 就会自动将代码复制到各个工作节点上。

是选择使用超级 JAR，还是从 Git 下载并在本地重建，这可能是由组织中负责部署/基础架构的部门决定的。这是由"不在生产服务器上进行编译"之类的安全策略驱动的。

> **数据是什么？**
>
> 如果需要在每个节点上部署应用程序，Spark 将从主节点复制代码，完成部署任务。但是，Spark 不确保所有执行器都可访问该数据。请记住，在本章所描述的过程中，Spark 自动生成计算 π 所需数据的数据帧，因此不必部署任何数据。当使用外部数据时，所有工作器也需要访问数据。Hadoop 分布式文件系统(Hadoop Distributed File System，HDFS)是一种较普遍的选择，能以复制方式共享数据。为了部署数据，可使用以下方式。
>
> - 所有工作器均可访问共享的驱动器，例如，服务器消息块/公用互联网文件系统(Server Message Block/Common Internet File System，SMB/CIFS)、网络文件系统(Network File System，NFS)等。强烈建议每个工作器都使用相同的挂载点。
> - 文件共享服务，如 Nextcloud/ownCloud、Box、Dropbox 或其他任何服务。数据将自动复制到每个工作器上。此解决方案限制了数据传输：数据仅复制一次。此处与共享驱动器一样，强烈建议每个工作器都使用相同的挂载点。
> - 分布式文件系统，如 HDFS。
>
> 第 18 章将更详细地介绍这些技术。

6.3.1　构建应用程序的超级 JAR

在部署过程中，一种选择是将应用程序打包为超级 JAR。正如第 5 章所述，超级 JAR 是包含应用程序所需所有类的归档文件，不论类路径上有多少 JAR。超级 JAR 包含应用程序的大部分(甚至全部)依赖库。这样，后勤工作就得到了简化，因为你只需要处理一个 JAR。下面使用 Maven 构建超级 JAR。

要构建超级 JAR，需要使用 Maven Shade 构建插件。可在网页 http://maven.apache.org/plugins/maven-shade-plugin/index.html 中阅读其完整文档。

打开项目的 pom.xml 文件。找到"构建/插件"部分，然后添加以下代码清单的内容。

代码清单 6.2　使用 Shade 插件通过 Maven 构建超级 JAR

```
<build>
  <plugins>
...
  <plugin>
    <groupId>org.apache.maven.plugins</groupId>          插件的定义
    <artifactId>maven-shade-plugin</artifactId>
    <version>3.1.1</version>
    <executions>
      <execution>
        <phase>package</phase>              在打包期间(调用 mvn
        <goals>                             包时)将执行 Shade
          <goal>shade</goal>
        </goals>
        <configuration>
          <minimizeJAR>true</minimizeJAR>           删除项目不使用的所有类,
          <artifactSet>                             减小 JAR 的大小
  排除 ──▶  <excludes>
            <exclude>org.apache.spark</exclude>
            <exclude>org.apache.hadoop</exclude>
...
            <exclude>junit:junit</exclude>
            <exclude>jmock:*</exclude>
            <exclude>*:xml-apis</exclude>
            <exclude>log4j:log4j:jar:</exclude>
          </excludes>
        </artifactSet>                                       允许超级 JAR
        <shadedArtifactAttached>true</shadedArtifactAttached>  名称附上后缀
        <shadedClassifierName>uber</shadedClassifierName>
      </configuration>                                   将后缀添加到所
    </execution>                                         生成的超级 JAR
  </executions>
  </plugin>
  </plugins>
</build>
```

在此,关键是要排除不需要的库,开发人员并不希望携带所有依赖库。如果没有排除项,所有的依赖库都将会传给超级 JAR,其中包括所有的 Spark 类和构件。这些类和构件确实是所需的,但它们已经包含在 Spark 中,且在目标系统中已经可用了。如果将它们绑定在超级 JAR 中,超级 JAR 将会变得非常大,这样就可能产生库之间的冲突。

Spark 随附了 220 多个库,因此不必在超级 JAR 中引入目标系统上已经可用的依赖库。可根据包名称指定依赖库,如下面的 Hadoop 排除库所示:

```
<exclude>org.apache.hadoop</exclude>
```

或按构件(使用通配符)指定库,如用于测试的模拟库所示:

```
<exclude>jmock:*</exclude>
```

测试虽然至关重要,但在部署时,不必使用这些库。

代码清单 6.2 给出了一个有关排除库的摘录。第 5 章 GitHub 存储库中的 pom.xml 具有十分详尽的排除库列表,在项目中,可将此列表用作基础。

在项目目录(pom.xml 所在的目录)中，可通过调用以下命令来构建超级 JAR：

```
$ mvn package
```

结果在目标目录中：

```
$ ls -l target
…
-rw-r--r-- … 748218 … spark-chapter05-1.0.0-SNAPSHOT-uber.JAR
-rw-r--r-- … 25308 … spark-chapter05-1.0.0-SNAPSHOT.JAR
```

尽管超级 JAR 要大得多(大约 750KB，而不是 25KB)，但是，请尝试暂时删除排除库和 minimizeJAR 参数，看看这些参数对超级 JAR 的大小是否有影响。

6.3.2　使用 Git 和 Maven 构建应用程序

在部署应用程序时，另一种选择是将源代码转移到本地并重新编译。因为可在服务器上调整参数，然后将代码推回(push)到源代码控制中，所以我得承认这是我最喜欢的方法。

在生产系统上，安全专家可能会禁止执行此操作(可随意执行此操作的日子可能已经一去不复返了)。但在开发环境中，我强烈支持这样做。

可在测试环境中调用此操作，这取决于公司在 DevOps 方面的成熟度。如果你完全掌握了 CICD 流程，则可在开发服务器上编译，不必在本地重新编译。如果部署依然涉及众多手动过程，或 CICD 流程过于繁杂，则可使用本地编译，这将大有益处。

附录 H 提供了一些重要的技巧，教你使用 Maven 简化生活。

访问源代码控制服务器： 要将代码部署到目标系统，需要目标系统有权访问源代码存储库，在某些情况下，这可能比较棘手。我从事的项目通过 Active Directory/LDAP 来识别源控制系统的用户，因此你不能在开发服务器上暴露登录名和密码。值得庆幸的是，Bitbucket 之类的产品支持公钥和私钥。

这种情况下，代码可在 GitHub 上免费获得，因此可轻松地提取源代码。在节点上，你希望运行驱动器应用程序。在此，该节点为 un。不必在每个节点上都运行应用程序。输入以下内容：

```
$ git clone https://github.com/jgperrin/
↪ net.jgp.books.spark.ch05.git
remote: Counting objects: 296, done.
remote: Compressing objects: 100% (125/125), done.
remote: Total 296 (delta 72), reused 261 (delta 37), pack-reused 0
Receiving objects: 100% (296/296), 38.04 KiB | 998.00 KiB/s, done.
Resolving deltas: 100% (72/72), done.
$ cd net.jgp.books.spark.ch05
```

现在，通过简单地调用 mvn install，可编译和安装构件。请注意，在第一次调用此命令时，由于 Maven 要下载所有依赖库，此过程可能要花点时间：

```
$ mvn install
[INFO] Scanning for projects...
[INFO]
[INFO] ------------------------------------------------------------
[INFO] Building spark-chapter05 1.0.0-SNAPSHOT
[INFO] ------------------------------------------------------------
```

```
Downloading from central:
   https://repo.maven.apache.org/maven2/org/apache/maven/plugins/
➥ maven-resources-plugin/2.6/maven-resources-plugin-2.6.pom
...
Downloaded from central:
   https://repo.maven.apache.org/maven2/org/codehaus/plexus/
➥ plexus-utils/3.0.5/plexus-utils-3.0.5.JAR (230 kB at 2.9 MB/s)
[INFO] Installing /home/jgp/net.jgp.books.spark.ch05/target/
➥ spark-chapter05-1.0.0-SNAPSHOT.JAR to                          生成并安装
➥ /home/jgp/.m2/repository/net/jgp/books/spark-chapter05/        应用程序 JAR
➥ 1.0.0-SNAPSHOT/spark-chapter05-1.0.0-SNAPSHOT.JAR  ◄──
[INFO] Installing /home/jgp/net.jgp.books.spark.ch05/pom.xml to
➥ /home/jgp/.m2/repository/net/jgp/books/spark-chapter05/
➥ 1.0.0-SNAPSHOT/spark-chapter05-1.0.0-SNAPSHOT.pom
[INFO] Installing /home/jgp/net.jgp.books.spark.ch05/target/
➥ spark-chapter05-1.0.0-SNAPSHOT-sources.JAR to                  生成并安装应用
➥ /home/jgp/.m2/repository/net/jgp/books/spark-chapter05/        程序的源代码
➥ 1.0.0-SNAPSHOT/spark-chapter05-1.0.0-SNAPSHOT-sources.JAR  ◄──
[INFO] -------------------------------------------------------------
[INFO] BUILD SUCCESS
[INFO] -------------------------------------------------------------
[INFO] Total time: 52.643 s
[INFO] Finished at: 2018-08-19T14:39:29-04:00
[INFO] Final Memory: 50M/1234M
[INFO] -------------------------------------------------------------
```

注意，你已构建并安装了包含源代码的软件包。在此，我在 un 上使用的是我的个人账户，但是，你可使用普通账户或与所有用户共享 Maven 存储库。可在本地 Maven 存储库中查看：

```
$ ls -1 ~/.m2/repository/net/jgp/books/spark-chapter05/1.0.0-SNAPSHOT/
...
spark-chapter05-1.0.0-SNAPSHOT-sources.JAR
spark-chapter05-1.0.0-SNAPSHOT-uber.JAR
spark-chapter05-1.0.0-SNAPSHOT.JAR
spark-chapter05-1.0.0-SNAPSHOT.pom
```

真的要部署源代码吗

我经常听一些人说："疯了吗？为什么要部署源代码？这是最宝贵的资产了。"我会辩驳说，最宝贵的资产可能不是源代码，而是数据。但这不是重点。

在我的职业生涯中，我几乎一直在使用源代码控制软件：并行版本系统(Concurrent Versions System，CVS)、Apache Subversion(SVN)、Git，甚至 Microsoft Visual SourceSafe。然而，正如链条理论所说的，最弱的一环决定了整个流程的强度。最弱的一环通常是坐在椅子上敲打键盘的人。有许多次，尽管使用了流程、规则和自动化，但我和团队还是无法恢复与已部署版本相匹配的源代码：未设置标签、未创建分支、未构建归档文件等。

正如墨菲定律所言，你总是会遇到丢失应用程序源代码的生产问题。虽然这可能不完全符合墨菲定律，但你应该明白其中的要领。

因此，对于这些人的问题，我的回答是："谁在乎？" 因为在生产系统宕机的紧急情况下，需要优先确保团队可访问正确的资产，若部署匹配的源代码，可确保部分实现此目标。Maven 可确保所部署的应用程序具有相应的源代码，如代码清单 6.3 所示。

你可轻松地指示 Maven 自动打包源代码。

代码清单 6.3　确保 Maven 与应用程序一起部署源代码

```
<build>
  <plugins>
…
    <plugin>
      <groupId>org.apache.maven.plugins</groupId>
      <artifactId>maven-source-plugin</artifactId>        插件的定义
      <version>3.0.1</version>
      <executions>
        <execution>
          <id>attach-sources</id>
          <phase>verify</phase>
          <goals>
            <goal>jar-no-fork</goal>  ◄──────        打包过程
          </goals>                                    无分叉
        </execution>
      </executions>
    </plugin>
  </plugins>
</build>
```

现在，你有了 JAR 文件，可在集群上运行它了。

6.4　在集群上运行应用程序

终于到这一步了。在学习了 Spark 工作原理的所有关键概念，掌握了如何与其交互，构建了所有这些 JAR 并深入研究了 Maven 之后，最终，可在集群上运行你的应用程序了。这并不是玩笑！

第 6.3 节中构建了可执行的两个构件：

- 提交给 Spark 的超级 JAR
- 来自已编译的源代码的 JAR

下面部署并执行应用程序。具体的执行方式取决于构建应用程序的方式。

6.4.1　提交超级 JAR

第一种选择是，通过 spark-submit 运行所构建的超级 JAR。这是你在 6.3.1 节中准备的超级 JAR。除了 JAR 之外，你不需要其他任何东西。

将超级 JAR 上传到服务器：

```
$ cd /opt/apache-spark/bin
```

然后，将应用程序提交给主服务器：

```
$ ./spark-submit \
 --class net.jgp.books. spark.ch05.lab210.
➥ piComputeClusterSubmitJob.PiComputeClusterSubmitJobApp \
 --master "spark://un:7077" \
```

```
<path to>/spark-chapter05-1.0.0-SNAPSHOT.JAR
```

Spark 在日志中事无巨细地记录了所有事件，你可从中看到以下消息：

```
…
About to throw 100000 darts, ready? Stay away from the target!
…
2018-08-20 11:52:14 INFO SparkContext:54 - Added JAR
    file:/home/jgp/.m2/repository/net/jgp/books/spark-chapter05/
➡ 1.0.0-SNAPSHOT/spark-chapter05-1.0.0-SNAPSHOT.JAR at
    spark://un.oplo.io:42805/JARs/spark-chapter05-1.0.0-SNAPSHOT.JAR
➡ with timestamp 1534780334746
…
2018-08-20 11:52:14 INFO StandaloneAppClient$ClientEndpoint:54 - Executor
➡ added: app-20180820115214-0006/2 on
➡ worker-20180819144804-10.0.100.83-44763 (10.0.100.83:44763)
➡ with 4 core(s)
…
Initial dataframe built in 3005 ms
Throwing darts done in 49 ms
…
Analyzing result in 2248 ms
Pi is roughly 3.14448
…
```

Spark 使得 JAR
可供工作器下载

已成功创建
执行器

6.4.2　运行应用程序

运行应用程序的第二种选择是，直接通过 Maven 运行应用程序。可在完成第 6.3.2 节本地编译后，继续进行这个操作。

通过以下命令转到源代码目录：

```
$ cd ~/net.jgp.books.spark.ch05
```

然后运行以下命令：

```
$ mvn clean install exec:exec
[INFO] Scanning for projects...
…
[INFO] --- exec-maven-plugin:1.6.0:exec (default-cli) @ spark-chapter05 ---
About to throw 100000 darts, ready? Stay away from the target!
Session initialized in 1744 ms
Initial dataframe built in 3078 ms
Throwing darts done in 23 ms
Analyzing result in 2438 ms
Pi is roughly 3.14124
…
[INFO] BUILD SUCCESS
…
```

Maven 将清理、
重新编译、执行代码

你已通过以上两种方式成功执行了应用程序。下面看看后台发生了什么事情。

6.4.3　分析 Spark 的用户界面

第 6.2 节中，在构建集群时，可看到 Spark 具有用户界面。可通过主节点的 8080 端口(默认端口)访问用户界面。现在，你已经运行了第一个应用程序，可回顾一下这些视图，其中显示了集群和应用程序的状态(包括正在运行的和已经完成的)。

转到主服务器的 Web 界面(本示例中为 http://un:8080)。运行一些测试后，界面如图 6.7 所示。

在你刷新屏幕时，应用程序将移到 Completed Applications 部分。如果点击该链接，则可访问有关执行的详细信息，包括标准输出和标准错误输出。如果查看日志文件，如图 6.8 所示，你将发现有关应用程序执行的更多信息。

图 6.7　Spark 的用户界面显示应用程序正在运行并呈现出了集群的状态

图 6.8　分析工作器节点的日志，获得宝贵的调试信息

此处，可见执行器与主服务器的连接已成功，执行器开始工作。

6.5　小结

- Spark 支持三种执行模式：本地模式、集群模式和交互模式。
- 本地模式允许开发人员快速进行 Spark 开发。
- 在生产中使用集群模式。
- 可将作业提交给 Spark 或连接到主服务器。
- 驱动器应用程序就是 main()方法所在的位置。
- 主节点拥有所有工作器的信息。
- 工作器执行作业。
- 在集群模式中，Spark 将应用程序 JAR 分发给每个工作器节点。
- CICD(持续集成持续交付)是鼓励频繁集成频繁交付的敏捷方法。
- Spark 提供 Web 界面以分析作业和应用程序的执行情况。
- 我以 VB3 开发人员的身份开始职业生涯。

数 据 提 取

　　数据提取(ingestion)是将数据放入系统(putting the data into the system)的美称。这个英文词的读音听起来与 digestion(消化)的读音有点类似，乍一看，可能会吓到你。在这一点上，我与你意见一致。

　　虽然这部分包含的内容不多，只有 4 章，但你不要因为内容少而被迷惑。这些章节实实在在地解释了 Spark 如何提取数据，并将文件转化为流数据，这些内容对于你入门大数据至关重要。如图 Ⅱ.1 所示，这些主题表示对应章节的重点内容。

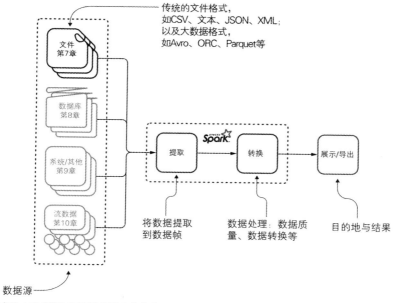

图Ⅱ.1　接下来的 4 章将详细阐释数据提取的整个过程，从阐述如何提取文件开始，进而介绍数据库、系统和流数据

　　第 7 章重点介绍如何提取文件。这些文件不仅可以是 CSV、文本、JSON 和 XML 等众所周知的文件类型，还包括新一代针对大数据而出现的文件格式。你将了解为什么需要特定于大数据的文件格式，并学习关于 Avro、ORC 和 Parquet 的更多信息。每种文件格式都有各自的示例。

　　第 8 章介绍如何从数据库中提取数据(无论数据库是否得到 Spark 的支持)。该章还将展示如何从 Elasticsearch 提取数据，并提供大量示例来详细说明这些过程。

第 9 章讨论如何提取其他数据格式。数据并非总是存在于文件和数据库中。该章将讨论寻找数据源的一些便利之所，以及如何构建自己的数据源。其中的示例将展示如何提取照片中包含的所有数据。

第 10 章重点介绍流数据。在简要学习了什么是流数据之后，你可施展"雄才大略"，从两个流(而非一个流)中提取数据。该章中的示例将使用流数据生成器，这些生成器是专为你提供的。

第 *7* 章

从文件中提取数据

本章内容涵盖

- 解析器的常见行为
- 从 CSV、JSON、XML 和文本文件中提取数据
- 理解单行 JSON 记录和多行 JSON 记录的区别
- 理解人们对特定于大数据的文件格式的需求

提取数据是大数据处理的第一步。无论是在本地模式下，还是在集群模式下，都必须在 Spark 实例中加载数据。众所周知，数据暂存于 Spark 中，这意味着当你关闭 Spark 时，这些数据将全部消失。本章将介绍如何从标准文件(包括 CSV、JSON、XML 和文本)中导入数据。

本章在讲解了解析器的各种常见行为之后，将使用虚构的数据集和来自公开数据平台的数据集，详细说明特定用例。我已经跃跃欲试，准备开始使用这些数据集进行分析了。如屏幕上所展示的数据，请开始思考："如果将这个数据集与另一个数据集合并，会发生什么？如果开始聚合这些字段，那么会发生什么？"第 11～15 章以及第 17 章将介绍如何执行这些操作，但是首先我们需要将所有这些数据放入 Spark 中！

本章的示例基于 Spark v3.0。随着时间的推移，需要执行的操作也在演变，尤其是在处理 CSV 文件时。

在本章中，学会如何提取文件之后，你可在开发中，参考与本章相关的附录 L 中关于数据提取选项的内容，这样就可非常便利地在同一位置找到开发所需的所有格式和选项，加快开发速度。

本章按以下顺序介绍每种格式。

- 描述待提取文件。
- 详细说明应用程序结果的预期输出。
- 对应用程序进行详细讲解，让你准确了解如何使用和微调解析器。

CSV 或 JSON 已不再适用于大数据，因此我们在大数据的世界使用了新的文件格式。后续章节将探讨这些新流行的文件格式(如 Avro、ORC、Parquet 和 Copybook)。

图 7.1 详细说明了你在学习数据提取时将经历的各个阶段，目前你处在第 7 章。

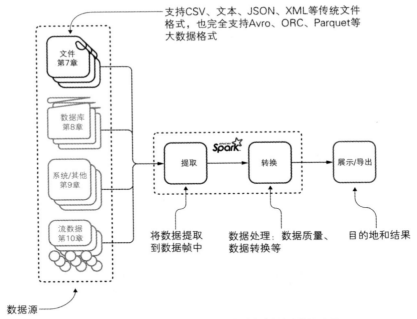

图 7.1　数据提取的各个阶段，第 7 章重点介绍如何提取文件

　　实验： 本章的所有示例都可在 GitHub 上找到，网址为 https://github.com/jgperrin/net.jgp.books. spark.ch07。附录 L 提供关于数据提取的参考内容。

7.1　解析器的常见行为

　　解析器是将数据从非结构化元素(如文件)转换为内部结构(在 Spark 的情况下，为数据帧)的工具。这里使用的所有解析器都具有类似的行为。

- 输入解析器的是文件，可通过文件路径定位文件。在读取文件时，可在文件路径中使用正则表达式，因此，若在文件路径中指定 a*，可提取所有以 a 开头的文件。
- 选项不区分大小写，因此 multiline 和 multiLine 相同。

　　使用不同的方式实现解析器时，会得到不同的行为，因此，在使用第三方提取库(请参见第 9 章)时，可能不会得到相同的行为。如果待提取的文件格式是特定的，则可构建自定义的数据源(将在第 9 章中进行说明)；但是，在构建组件时，请牢记这些通用行为。

7.2　从 CSV 中提取数据(比较复杂)

　　CSV 格式(逗号分隔值)可能是最流行的数据交换格式。[1]CSV 历史悠久，应用广泛，因此在核

1　更多相关信息，请参见 Wikipedia 的 CSV 页面，网址为 https://en.wikipedia.org/wiki/Comma- separated_values。在 "历史" 小节中，你将了解到，CSV 已经存在很长一段时间了。

心结构上，CSV 有多种变化：分隔符并非总是逗号，有些记录可能跨越多行，有多种方法转义分隔符，以及其他的许多富有创造性的方法。因此，当客户告诉开发人员："我将发送 CSV 文件给你。"开发人员肯定会同意，然后慢慢地开始不知所措。

但是，非常幸运的是，在提取 CSV 文件时，Spark 提供了多种选项。CSV 的提取相当容易，模式推断(schema inference)是一种相当强大的功能。

你在第 1 章和第 2 章中已经接触到了 CSV 文件的提取，因此，在此处你可查看带有更多选项的高级示例。这些示例详细说明了 CSV 文件在实际应用中的复杂性。你首先要查看待提取的文件，理解其规格；然后查看结果；最后构建微型应用程序，获得结果。在你学习如何提取每种文件格式的过程中，都将重复此模式。

实验：这是实验#200。你将要学习的示例是 net.jgp.books.spark.ch07.lab200_csv_ingestion.ComplexCsvToDataframeApp。

图 7.2 详细说明了实现过程。

代码清单 7.1 显示了 CSV 文件的摘录，包含两条记录和一个表头。请注意：如今 CSV 已经成了通用术语，因此，C 代表的是字符，而不只是逗号；我们可找到各种 CSV 文件，其值可由分号、制表符、管道(|)等分隔。对于纯粹主义者而言，首字母缩写可能很重要 [1]，但是对于 Spark 而言，所有这些分隔符(逗号、分号、制表符、管道等)都属于同一类别。

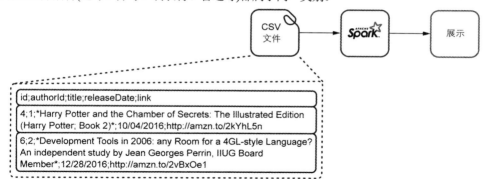

图 7.2　Spark 使用非默认选项，提取类似 CSV 的复杂文件。在提取文件后，数据将位于数据帧中，在此用
　　　例中，数据帧可显示记录和模式(schema)，Spark 可推断出模式

下面对代码清单 7.1 进行一些说明。

- 在文件中，使用分号而不是逗号，分隔各个值。
- 段落结尾符号(¶)是我手动添加以显示每行结尾的；这些符号不存在于原文件中。
- 如果查看 ID 为 4 的记录，你将看到标题中有分号，这将会破坏解析，因此使用星号将这个字段标识出来。请牢记，这个示例旨在说明 Spark 的某些功能。
- 如果查看 ID 为 6 的记录，你将看到标题分为两行：在 Language?之后和 An 之前有回车符。

1　译者注：即 C 仅代表 Comma。

代码清单 7.1　复杂的 CSV 文件(books.csv 的摘要)

```
id;authorId;title;releaseDate;link ¶
4;1;*Harry Potter and the Chamber of Secrets: The Illustrated Edition (Harr
➥ y Potter; Book 2)*;10/04/2016;http://amzn.to/2kYhL5n ¶
6;2;*Development Tools in 2006: any Room for a 4GL-style Language? ¶
An independent study by Jean Georges Perrin, IIUG Board Member*;12/28/2016;
➥ http://amzn.to/2vBxOe1 ¶
```

7.2.1　预期输出

下面的代码清单 7.2 显示了可能的预期输出。由于长记录确实不容易阅读，这里添加了段落标记来标明新行。

代码清单 7.2　提取复杂 CSV 文件后的预期输出

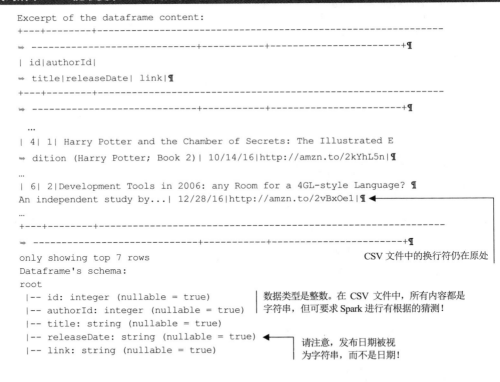

```
Excerpt of the dataframe content:
+---+--------+------------------------------------------------------------
➥ -----------------------------+----------+----------------------+¶
| id|authorId|
➥ title|releaseDate| link|¶
+---+--------+------------------------------------------------------------
➥ -----------------------------+----------+----------------------+¶
 ...
| 4| 1| Harry Potter and the Chamber of Secrets: The Illustrated E
➥ dition (Harry Potter; Book 2)| 10/14/16|http://amzn.to/2kYhL5n|¶
...
| 6| 2|Development Tools in 2006: any Room for a 4GL-style Language? ¶
An independent study by...| 12/28/16|http://amzn.to/2vBxOe1|¶
...
+---+--------+------------------------------------------------------------
➥ -----------------------------+----------+----------------------+¶
only showing top 7 rows
Dataframe's schema:
root
 |-- id: integer (nullable = true)
 |-- authorId: integer (nullable = true)
 |-- title: string (nullable = true)
 |-- releaseDate: string (nullable = true)
 |-- link: string (nullable = true)
```

CSV 文件中的换行符仍在原处

数据类型是整数。在 CSV 文件中，所有内容都是字符串，但可要求 Spark 进行有根据的猜测！

请注意，发布日期被视为字符串，而不是日期！

7.2.2　代码

为了获得如代码清单 7.2 所示的结果，需要编写类似于代码清单 7.3 的代码。首先，获取一个会话；然后使用方法链接的方式，在同一调用中，配置和运行解析操作；最后，显示一些记录，并展示数据帧的模式(schema)。如果你对模式不熟悉，那么可阅读附录 E，获得关于模式的更多信息。

代码清单 7.3　ComplexCsvToDataframeApp.java：提取和显示复杂的 CSV 文件

```java
package net.jgp.books.spark.ch07.lab200_csv_ingestion;

import org.apache.spark.sql.Dataset;
import org.apache.spark.sql.Row;
import org.apache.spark.sql.SparkSession;

public class ComplexCsvToDataframeApp {

  public static void main(String[] args) {
    ComplexCsvToDataframeApp app = new ComplexCsvToDataframeApp();
    app.start();
  }

  private void start() {
    SparkSession spark = SparkSession.builder()
      .appName("Complex CSV to Dataframe")
      .master("local")
      .getOrCreate();

    Dataset<Row> df = spark.read().format("csv")
      .option("header", "true")
      .option("multiline", true)
      .option("sep", ";")
      .option("quote", "*")
      .option("dateFormat", "M/d/y")
      .option("inferSchema", true)
      .load("data/books.csv");

    System.out.println("Excerpt of the dataframe content:");
    df.show(7, 90);
    System.out.println("Dataframe's schema:");
    df.printSchema();
  }
}
```

待提取的格式为 CSV

某些记录分为多行；可使用字符串或布尔值，从而相对轻松地从配置文件中加载值

CSV 文件的第一行是表头行

值之间的分隔符为分号(;)

引号字符为星号(*)

日期格式与美国常用的月/日/年格式匹配

Spark 可推断(猜测)该模式

你可能已经猜到了，在配置解析器之前，需要了解文件的大致结构(分隔符、转义符等)。Spark 不可能推断出这些符号。此格式是 CSV 文件随附合同的一部分。大多数时候，我们无法获得清晰的格式说明，因此必须进行猜测。

模式推断功能简明且干练。但是，如你所见，模式推断功能不能推断出 releaseDate 列是一个日期。为了告诉 Spark 这是日期，可采用的一种方法就是指定模式。

7.3　使用已知模式提取 CSV

如上一节所述，CSV 的提取非常简单，且模式推断是一项强大的功能。但是，在知道 CSV 文件结构(或模式)的情况下，把要使用的模式告诉 Spark 以指定数据类型，对我们大有裨益。模式推断是一种很昂贵的操作，指定数据类型，我们才能更好地控制数据类型(有关数据类型列表以及关于数据提取的更多提示，请参见附录 L)。

实验：这是实验#300，你将要学习的示例为 net.jgp.books.spark.ch07.lab300_csv_ingestion_with_ schema.ComplexCsvToDataframeWith SchemaApp。

本示例与上一个示例类似：启动会话，定义模式，在该模式的帮助下解析文件。图 7.3 详细说明了此过程。

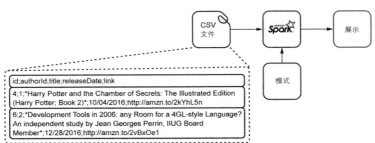

图 7.3　在模式的帮助下，Spark 提取了复杂的 CSV 文件。Spark 不必推断模式。提取数据后，Spark 显示了若干记录和模式

遗憾的是，对于列是否可以为 null(可空性)，我们无法进行指定。虽然这种选项是存在的，但解析器会忽略这种选项(代码清单 7.5 显示了这种选项)。接下来，我们将提取代码清单 7.1 所示的文件。

7.3.1　预期输出

预期输出如代码清单 7.2 所示。但是，我们使用了自定义的模式(与下面的代码清单 7.4 类似)，而非 Spark 推断出的模式。

代码清单 7.4　指定模式

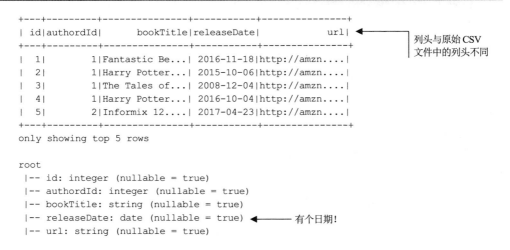

7.3.2　代码

代码清单 7.5 显示了如何构建模式，如何使用指定的模式提取 CSV 文件以及如何显示数据帧。

　　为了精简示例，我移除了一些导入项(它们与代码清单 7.3 中的导入项类似)，以及 main()方法。main 方法的唯一作用是创建实例，以及调用 start()方法(与此书中的许多示例以及代码清单 7.3 一样)。此处使用省略号(...)代替代码块。

代码清单 7.5　ComplexCsvToDataframeWithSchemaApp.java(摘要)

```java
package net.jgp.books.spark.ch07.lab300_csv_ingestion_with_schema;
…
import org.apache.spark.sql.types.DataTypes;
import org.apache.spark.sql.types.StructField;
import org.apache.spark.sql.types.StructType;

public class ComplexCsvToDataframeWithSchemaApp {
…

  private void start() {
    SparkSession spark = SparkSession.builder()
    .appName("Complex CSV with a schema to Dataframe")
    .master("local")
    .getOrCreate();

StructType schema = DataTypes.createStructType(new StructField[] {
    DataTypes.createStructField(
      "id",
    DataTypes.IntegerType,
      false),
      DataTypes.createStructField(
      "authordId",
    DataTypes.IntegerType,
      true),
    DataTypes.createStructField(
      "bookTitle",
      DataTypes.StringType,
      false),
    DataTypes.createStructField(
      "releaseDate",
      DataTypes.DateType,
      true),
    DataTypes.createStructField(
      "url",
      DataTypes.StringType,
      false) });
    Dataset<Row> df = spark.read().format("csv")
      .option("header", "true")
      .option("multiline", true)
      .option("sep", ";")
      .option("dateFormat", "MM/dd/yyyy")
      .option("quote", "*")
      .schema(schema)
      .load("data/books.csv");
  df.show(5, 15);
  df.printSchema();
  }
}
```

这是创建模式的一种方法。在此示例中，模式为 StructField 数组

字段名称；它将覆盖文件中的列名

该字段可为空吗？等价于：该字段可接收空值吗？

数据类型；带有解释说明的值列表，请参见代码清单 7.3

解析器忽略此值

告诉读取器使用自定义模式

如果解开方法(method)链，那么可看到 read()方法返回了 DataFrameReader 的实例。这是使用 option()方法、schema()方法以及 load()方法配置的对象。

如前所述，CSV 的多种变体令人目不暇接，因此 Spark 的选项数量同样让人吃惊——它们的数目持续增长。附录 L 列出了这些选项。

7.4　提取 JSON 文件

在过去的几年里，在面向 Web 服务的架构中，代表性状态传输法(Representational State Transfer，REST)取代了简单对象访问协议(Simple Object Access Protocol，SOAP)和 Web 服务描述语言(WSDL，使用 XML 编写)之后，JavaScript 对象表示格式(JavaScript Object Notation，JSON)在数据交换方面成了大家都喜欢的方法。

与 XML 相比，JSON 易于阅读，相对简洁，且约束更少。它支持嵌套构造，如数组和对象。可在 https://www.json.org 上找到有关 JSON 的更多信息。尽管如此，JSON 仍然非常冗长！

JSON 的子格式名为 JSON 行(JSON Lines)。JSON 行(http://jsonlines.org)使用一行存储一条记录，易于解析，增加了可读性。下面给出了从 JSON Lines 网站复制的一个小示例；如你所见，它支持 Unicode：

```
{"name": "Gilbert", "wins": [["straight", "7♣"], ["one pair", "10♥"]]}
{"name": "Alexa", "wins": [["two pair", "4♠"], ["two pair", "9♠"]]}
{"name": "May", "wins": []}
{"name": "Deloise", "wins": [["three of a kind", "5♣"]]}
```

在 Spark v2.2.0 之前，JSON Lines 是 Spark 可读取的唯一 JSON 格式。图 7.4 详细说明了 JSON 的提取。

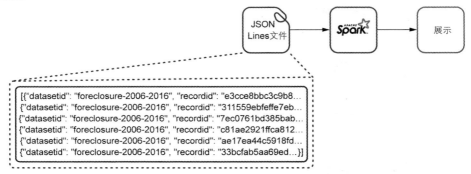

图 7.4　Spark 提取 JSON Lines 文件。采用 JSON 格式存储记录，但每行仅一条记录。提取后，Spark 显示了若干记录和模式

在本书中，首次 JSON 数据提取将使用北卡罗来纳州 Durham 市 2006—2016 年期间的止赎房屋数据集。你可从该城市最近更新的门户网站(https://live-durhamnc.opendata.arcgis.com/)免费下载此数据集。

实验：这是实验#400，你将要学习的示例是 net.jgp.books.spark.ch07.lab400_json_ingestion. JsonLinesToDataframeApp。数据来自 Open Durham，即北卡罗来纳州 Durham 的市县开放数据门户。本示例使用的数据来自使用 Opendatasoft 解决方案的前开放数据门户，此解决方案以 JSON Lines 的格式提供数据。

如图 7.4 所示，一行显示一条记录。下面的代码清单 7.6 显示了三条记录(前两条和最后一条记录)。

代码清单 7.6　止赎房屋数据：前两条记录和最后一条记录

```
[{"datasetid": "foreclosure-2006-2016", "recordid": "629979c85b1cc68c1d4ee8
➥ cc351050bfe3592c62", "fields": {"parcel_number": "110138", "geocode": [
➥ 36.0013755, -78.8922549], "address": "217 E CORPORATION ST", "year": "2
➥ 006"}, "geometry": {"type": "Point", "coordinates": [-78.8922549, 36.00
➥ 13755]}, "record_timestamp": "2017-03-06T12:41:48-05:00"},
{"datasetid": "foreclosure-2006-2016", "recordid": "e3cce8bbc3c9b804cbd87e2
➥ 67a6ff121285274e0", "fields": {"parcel_number": "110535", "geocode": [3
➥ 5.995797, -78.895396], "address": "401 N QUEEN ST", "year": "2006"}, "g
➥ eometry": {"type": "Point", "coordinates": [-78.895396, 35.995797]},
…
{"datasetid": "foreclosure-2006-2016", "recordid": "1d57ed470d533985d5a3c3d
➥ fb37c294eaa775ccf", "fields": {"parcel_number": "194912", "geocode": [3
➥ 5.955832, -78.742107], "address": "2516 COLEY RD", "year": "2016"}, "ge
➥ ometry": {"type": "Point", "coordinates": [-78.742107, 35.955832]}, "re
➥ cord_timestamp": "2017-03-06T12:41:48-05:00"}]
```

下面的代码清单 7.7 显示了缩进版本的第一条记录(通过 JSONLint [https://jsonlint.com/]和 Eclipse 打印得十分整齐美观)，我们可看到以下结构：字段名称、数组和嵌套结构。

代码清单 7.7　止赎房屋数据：整齐打印的第一条记录

```
[
  {
    "datasetid": "foreclosure-2006-2016",
    "recordid": "629979c85b1cc68c1d4ee8cc351050bfe3592c62",
    "fields": {
      "parcel_number": "110138",
      "geocode": [
        36.0013755,
        -78.8922549
      ],
      "address": "217 E CORPORATION ST",
      "year": "2006"
    },
    "geometry": {
      "type": "Point",
      "coordinates": [
        -78.8922549,
        36.0013755
      ]
    },
```

```
    "record_timestamp": "2017-03-06T12:41:48-05:00"
  }
…
]
```

7.4.1 预期输出

在提取 JSON Lines 文档后，数据帧数据的输出和模式如下面的代码清单 7.8 所示。

代码清单 7.8 显示止赎房屋记录和模式

```
+-------------+-------------+-------------+----------------+-------------+
|    datasetid|       fields|     geometry| record_timestamp|     recordid|
+-------------+-------------+-------------+----------------+-------------+
|foreclosur...|[217 E COR...|[WrappedAr...|    2017-03-06...| 629979c85b...|
|foreclosur...|[401 N QUE...|[WrappedAr...|    2017-03-06...| e3cce8bbc3...|
|foreclosur...|[403 N QUE...|[WrappedAr...|    2017-03-06...| 311559ebfe...|
|foreclosur...|[918 GILBE...|[WrappedAr...|    2017-03-06...| 7ec0761bd3...|
|foreclosur...|[721 LIBER...|[WrappedAr...|    2017-03-06...| c81ae2921f...|
+-------------+-------------+-------------+----------------+-------------+
only showing top 5 rows

root
 |-- datasetid: string (nullable = true)
 |-- fields: struct (nullable = true)
 |    |-- address: string (nullable = true)
 |    |-- geocode: array (nullable = true)
 |    |    |-- element: double (containsNull = true)
 |    |-- parcel_number: string (nullable = true)
 |    |-- year: string (nullable = true)
 |-- geometry: struct (nullable = true)
 |    |-- coordinates: array (nullable = true)
 |    |    |-- element: double (containsNull = true)
 |    |-- type: string (nullable = true)
 |-- record_timestamp: string (nullable = true)
 |-- recordid: string (nullable = true)
 |-- year: string (nullable = true)
```

fields 字段为
具有嵌套字段的结构

数据帧
可包含
数组

对于每个字段，如果
Spark 无法精确识别其
数据类型，则认定为字
符串

当看到此类数据时，我们肯定希望按年份查看止赎房屋的演变，或让每个事件显示在地图上，查看某些区域是否受到止赎房屋的较大影响(与此区域的平均收入相比)。这种想法很好——请释放内心的数据科学家精神！本书的第 II 部分将介绍数据转换。

7.4.2 代码

读取 JSON 的操作并不比提取 CSV 文件的操作复杂，如下面的代码清单 7.9 所示。

代码清单 7.9　JsonLinesToDataframeApp.java

```java
package net.jgp.books.spark.ch07.lab400_json_ingestion;

import org.apache.spark.sql.Dataset;
import org.apache.spark.sql.Row;
import org.apache.spark.sql.SparkSession;

public class JsonLinesToDataframeApp {

  public static void main(String[] args) {
    JsonLinesToDataframeApp app =
        new JsonLinesToDataframeApp();
    app.start();
  }
  private void start() {
    SparkSession spark = SparkSession.builder()
        .appName("JSON Lines to Dataframe")
        .master("local")
        .getOrCreate();

    Dataset<Row> df = spark.read().format("json")
        .load("data/durham-nc-foreclosure-2006-2016.json");

    df.show(5, 13);
    df.printSchema();
  }
}
```

如此而已！这是
提取 JSON 所需
要做的唯一更改

7.5　提取多行 JSON 文件

从 v2.2 开始，Spark 不再局限于提取 JSON Lines 格式，它已能提取更为复杂的 JSON 文件。本节将展示如何处理复杂的 JSON 文件。

这里将使用美国国务院领事事务局的旅行咨询数据，来演示如何提取复杂的 JSON 文件。

实验：这是实验#500。你将要学习的示例是 net.jgp.books.spark.ch07.lab500_json_multiline_ingestion. MultilineJsonToDataframeApp。

领事事务局基于 CKAN 运行开放数据门户。CKAN 是一个开源的开放数据门户网站；你可通过 https://ckan.org/ 了解有关 CKAN 的更多信息，也可访问事务局的门户网站 https://cadatacatalog. state.gov /。点击 Travel 链接，然后点击 countrytravelinfo 链接；最后单击 Go to Resource 按钮，下载文件。

图 7.5 详细说明了这个过程。

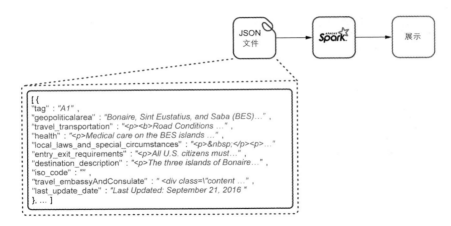

图7.5　Spark 提取一个 JSON 文件，在此文件中，记录分布在多行。提取文件后，Spark 显示了若干记录和模式

下面的代码清单 7.10 显示了此文件的摘录。出于可读性，这里缩短了冗长的描述。

代码清单 7.10　美国国务院旅行咨询摘要

```
[ {
  "tag" : "A1",
  "geopoliticalarea" : "Bonaire, Sint Eustatius, and Saba (BES) (Dutch Cari
➥ bbean)",
  "travel_transportation" : "<p><b>Road Conditions …",
  "health" : "<p>Medical care on the BES islands …",
  "local_laws_and_special_circumstances" : "<p> </p><p><b>…",
  "entry_exit_requirements" : "<p>All U.S. citizens must…",
  "destination_description" : "<p>The three islands of Bonaire…",
  "iso_code" : "",
  "travel_embassyAndConsulate" : " <div class=\"content …",
  "last_update_date" : "Last Updated: September 21, 2016 "
}, {
  "tag" : "A2",
  "geopoliticalarea" : "French Guiana",
  "travel_transportation" : "<p><b>Road Conditions and …",
  "local_laws_and_special_circumstances" : "<p><b>Criminal Penalties…",
  "safety_and_security" : "<p>French Guiana is an overseas department…",
  "entry_exit_requirements" : "<p>Visit the…",
  "destination_description" : "<p>French Guiana is an overseas…",
  "iso_code" : "GF",
  "travel_embassyAndConsulate" : " <div class=\"content…",
  "last_update_date" : "Last Updated: October 12, 2017 "
}, … ]
```

如你所见，这是相当基本的、带有对象数组的 JSON 文件。每个对象都有简单的键/值对。一些字段的内容包含 HTML 的富文本格式或非标准格式的日期(JSON 日期应与 RFC 3339 相匹配)，这使得信息的提取变得相对复杂。但我很确定，在日常项目中，你已经见过类似的例子了。

7.5.1　预期输出

在完成数据提取后，旅行咨询的预期输出如下面的代码清单 7.11 所示。为了在页面上显示数据，这里删除了一些列。

代码清单 7.11　美国国务院旅行咨询摘要

```
+--------------------+--------------------+--------------------+---…
|destination_description|entry_exit_requirements|   geopoliticalarea| …
+--------------------+--------------------+--------------------+---…
|   <p>The three isla...|   <p>All U.S. citiz...|Bonaire, Sint Eus...|<p>…
|   <p>French Guiana ...|   <p>Visit the ...|      French Guiana|<p>…
|   <p>See the Depart...|   <p><b>Passports a...|     St Barthelemy|<p>…
|   <p>Read the Depar...|   <p>Upon arrival i...|             Aruba|<p>…
|   <p>See the Depart...|   <p><b>Passports a...| Antigua and Barbuda|<p>…
+--------------------+--------------------+--------------------+---…
only showing top 5 rows


root
 |-- destination_description: string (nullable = true)
 |-- entry_exit_requirements: string (nullable = true)
 |-- geopoliticalarea: string (nullable = true)
 |-- health: string (nullable = true)
 |-- iso_code: string (nullable = true)
 |-- last_update_date: string (nullable = true)
 |-- local_laws_and_special_circumstances: string (nullable = true)
 |-- safety_and_security: string (nullable = true)
 |-- tag: string (nullable = true)
 |-- travel_embassyAndConsulate: string (nullable = true)
 |-- travel_transportation: string (nullable = true)
```

此日期不是真正的日期！第 12 章和第 14 章将讲解如何提高数据质量，届时，你将学习如何把非标准字段转换为日期

7.5.2　代码

下面的代码清单 7.12 显示了处理美国国务院旅行咨询摘要时所需的 Java 代码。

代码清单 7.12　MultilineJsonToDataframeApp.java

```java
package net.jgp.books.spark.ch07.lab500_json_multiline_ingestion;

import org.apache.spark.sql.Dataset;
import org.apache.spark.sql.Row;
import org.apache.spark.sql.SparkSession;

public class MultilineJsonToDataframeApp {

  public static void main(String[] args) {
    MultilineJsonToDataframeApp app =
        new MultilineJsonToDataframeApp();
    app.start();
  }
```

```java
private void start() {
  SparkSession spark = SparkSession.builder()
      .appName("Multiline JSON to Dataframe")
      .master("local")
      .getOrCreate();

  Dataset<Row> df = spark.read()
      .format("json")
      .option("multiline", true)      ← 处理多行
      .load("data/countrytravelinfo.json");      JSON 的关键!

  df.show(3);
  df.printSchema();
  }
}
```

如果你忘记了多行选项，则数据帧将由名为_corrupt_record 的单列组成：

```
+-------------------+
|    _corrupt_record|
+-------------------+
|              [ {|
|      "tag" : "A1",|
|  "geopoliticalar...|
+-------------------+
only showing top 3 rows
```

7.6 提取 XML 文件

本节将教你提取包含美国国家航空航天局(National Aeronautics and Space Administration，NASA)专利的可扩展标记语言(Extensible Markup Language，XML)文档，然后显示一些专利和数据帧的模式。请注意，在此上下文中，模式并非 XML 模式(或 XSD)，而是数据帧模式。几年前，在初次接触 XML 时，我真的以为它可成为数据交换的统一通用语言。XML 可被描述为：

- 结构化
- 可扩展
- 自我描述
- 通过文档类型定义(Document Type Definition，DTD)和 XML 模式定义(XML Schema Definition，XSD)嵌入验证规则
- W3 标准

可在 https://www.w3.org/XML/上阅读有关 XML 的更多信息。自 SGML 出现以来，XML 与 HTML 和其他标记语言非常类似：

```
<rootElement>
  <element attribute="attribute's value">
    Some payload in a text element
  </element>
  <element type="without sub nodes"/>
```

```
</rootElement>
```

遗憾的是，XML 比 JSON 冗长且难以阅读。尽管如此，XML 仍得到了广泛使用，Apache Spark 可较好地提取 XML。

实验：这是实验#600，你将要学习的示例是 net.jgp.books.spark.ch07.lab600_xml_ingestion. XmlToDataframeApp。

图 7.6 显示了 XML 文件的一部分，并详细说明了该过程。

此 XML 示例将教你提取 NASA 专利数据。NASA 在 https://data.nasa.gov 上提供了各种开放数据集。代码清单 7.13 显示了此文件的记录。

实验：可从 https://data.nasa.gov/Raw-Data/NASA-Patents/gquh-watm 下载 NASA 专利数据集。

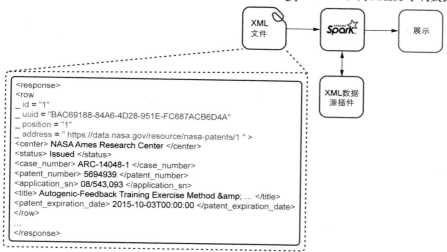

图 7.6　Spark 提取了包含 NASA 专利的 XML 文件。Spark 使用 Databricks 提供的外部插件来执行提取操作。然后，Spark 显示若干记录和数据帧模式(不要与 XML 模式混淆)

在 Mac OS X v10.12.6，我使用 Java 8 和 Databricks XML v0.4.1 解析器启动 Spark v2.2.0，运行此示例。数据集于 2018 年 1 月下载。

代码清单 7.13　NASA 专利(摘录)

```
<response>  ◄─── 专利清单的根元素
    <row  ◄───
        _id="1"  ─── 设计记录的元素(或标签)
        _uuid="BAC69188-84A6-4D28-951E-FC687ACB6D4A"          属性以下画
        _position="1"                                          线(_)作为
        _address="https://data.nasa.gov/resource/nasa-patents/1">  前缀
    <center>NASA Ames Research Center</center>
    <status>Issued</status>
    <case_number>ARC-14048-1</case_number>
    <patent_number>5694939</patent_number>
    <application_sn>08/543,093</application_sn>
    <title>Autogenic-Feedback Training Exercise Method &amp; System</title>
    <patent_expiration_date>2015-10-03T00:00:00</patent_expiration_date>
    </row>
```

```
...
</response>
```

7.6.1 预期输出

将 NASA 专利作为 XML 文档提取后，数据帧的数据输出和模式如代码清单 7.14 所示。你可以看到，属性以下画线作为前缀(在原始文档中，属性已经使用下画线作为前缀，因此现在有两个下画线)，并且以元素的名称作为列名。

代码清单 7.14 以数据帧表示的 NASA 专利

```
+-------------------+----+----------+--------------------+--------------+...
|          __address|__id|__position|              __uuid|application_sn|...
+-------------------+----+----------+--------------------+--------------+...
|https://data.nasa...| 407|       407|2311F785-C00F-422...|     13/033,085|...
|https://data.nasa...|   1|         1|BAC69188-84A6-4D2...|     08/543,093|...
|https://data.nasa...|   2|         2|23D6A5BD-26E2-42D...|     09/017,519|...
|https://data.nasa...|   3|         3|F8052701-E520-43A...|     10/874,003|...
|https://data.nasa...|   4|         4|20A4C4A9-EEB6-45D...|     09/652,299|...
+-------------------+----+----------+--------------------+--------------+...
only showing top 5 rows

root
 |-- __address: string (nullable = true)
 |-- __id: long (nullable = true)
 |-- __position: long (nullable = true)
 |-- __uuid: string (nullable = true)
 |-- application_sn: string (nullable = true)
 |-- case_number: string (nullable = true)
 |-- center: string (nullable = true)
 |-- patent_expiration_date: string (nullable = true)
 |-- patent_number: string (nullable = true)
 |-- status: string (nullable = true)
 |-- title: string (nullable = true)
```

7.6.2 代码

与往常一样，代码从 main()方法开始，调用 start()方法创建 Spark 会话。下面的代码清单 7.15 是提取 NASA XML 文件所需的 Java 代码，显示 5 条记录及其模式。

代码清单 7.15 XmlToDataframeApp.java

```java
package net.jgp.books.spark.ch07.lab600_xml_ingestion;

import org.apache.spark.sql.Dataset;
import org.apache.spark.sql.Row;
import org.apache.spark.sql.SparkSession;

public class XmlToDataframeApp {

  public static void main(String[] args) {
```

```
    XmlToDataframeApp app = new XmlToDataframeApp();
    app.start();
}

private void start() {
  SparkSession spark = SparkSession.builder()
    .appName("XML to Dataframe")
    .master("local")
    .getOrCreate();

  Dataset<Row> df = spark.read().format("xml")
    .option("rowTag", "row")
    .load("data/nasa-patents.xml");

  df.show(5);
  df.printSchema();
  }
}
```

指定 XML 为格式，
大小写无关紧要

指示 XML 文件中
记录的元素或标签

原始的 NASA 文档包含与记录同名的元素(即 row，将记录包装起来)，因此必须修改该文档。遗憾的是，到目前为止，Spark 无法为我们更改此元素的名称。原始结构如下：

```
<response>
  <row>
    <row _id="1" …>
      …
    </row>
    …
  </row>
</response>
```

如果 response 的第一个子节点是 rows(行)或 row 以外的任何名称，则不必将它删除或重命名。

因为解析器不是标准 Spark 发行版的一部分，所以必须将其添加到 pom.xml 文件中，如下面的代码清单 7.16 所述。为了提取 XML，这里将使用 Databricks(版本 0.7.0)中的 spark-xml_2.12(工件)。

代码清单 7.16　提取 XML 的 pom.xml(摘录)

```
…
<properties>
  …
  <scala.version>2.12</scala.version>
  <spark-xml.version>0.7.0</spark-xml.version>
</properties>

<dependencies>
…
  <dependency>
    <groupId>com.databricks</groupId>
    <artifactId>spark-xml_${scala.version}</artifactId>
    <version>${spark-xml.version}</version>
    <exclusions>
      <exclusion>
        <groupId>org.slf4j</groupId>
        <artifactId>slf4j-simple</artifactId>
      </exclusion>
```

构建 XML 的
Scala 版本

XML 解析器的版本

等效于
spark-xml_2.12

等效于 0.7.0

可选：这里将日志记录与其
他软件包分开，以更好地控
制所使用的日志记录

```
        </exclusions>
      </dependency>
  ...
  </dependencies>
...
```

可在 https://github.com/databricks/spark-xml 中找到关于 SparkXML 的更多详细信息。

7.7　提取文本文件

在企业应用程序中，尽管文本文件不那么受欢迎，但是人们仍在使用它们，因此我们会时不时地看到它们。深度学习和人工智能的日益普及也推动了自然语言处理(Natural Language Processing，NLP)的发展。本节不涉及任何自然语言处理，而仅介绍文本文件的提取。要了解有关 NLP 的更多信息，请参阅 Hobson Lane、Cole Howard 和 Hannes Max Hapke 撰写的《自然语言处理实战》(*Natural Language Processing in Action*)。

在实验#700 中，你将提取莎士比亚的《罗密欧与朱丽叶》(*Romeo and Juliet*)。Project Gutenberg (http://www.gutenberg.org)拥有大量数字格式的书籍和资源。

书籍的每行都成为数据帧的一条记录，没有按句子或单词分开。代码清单 7.17 显示了要处理的文件摘录。

实验：这是实验#700，你将要学习的示例是 net.jgp.books.spark.ch07.lab700_text_ingestion. TextToDataframeApp。可从以下链接下载《罗密欧与朱丽叶》：www.gutenberg.org/cache/epub/ 1777/pg1777.txt。

代码清单 7.17　Project Gutenberg 版本的《罗密欧与朱丽叶》摘要

```
This Etext file is presented by Project Gutenberg, in
cooperation with World Library, Inc., from their Library of the
Future and Shakespeare CDROMS. Project Gutenberg often releases
Etexts that are NOT placed in the Public Domain!!
...
ACT I. Scene I.
Verona. A public place.

Enter Sampson and Gregory (with swords and bucklers) of the house
of Capulet.

  Samp. Gregory, on my word, we'll not carry coals.
  Greg. No, for then we should be colliers.
  Samp. I mean, an we be in choler, we'll draw.
  Greg. Ay, while you live, draw your neck out of collar.
  Samp. I strike quickly, being moved.
  Greg. But thou art not quickly moved to strike.
  Samp. A dog of the house of Montague moves me.
  ...
```

7.7.1　预期输出

Spark 提取了《罗密欧与朱丽叶》，并将其转换为数据帧后，其前 5 行如下面的代码清单 7.18 所示。

代码清单 7.18　以数据帧表示的《罗密欧与朱丽叶》

```
+--------------------+
|               value|
+--------------------+
|                    |
|This Etext file i...|
|cooperation with ...|
|Future and Shakes...|
|Etexts that are N...|
…
root
 |-- value: string (nullable = true)
```

7.7.2　代码

下面的代码清单 7.19 显示了将《罗密欧与朱丽叶》转变为数据帧所需的 Java 代码。

代码清单 7.19　TextToDataframeApp.java

```java
package net.jgp.books.spark.ch07.lab700_text_ingestion;

import org.apache.spark.sql.Dataset;
import org.apache.spark.sql.Row;
import org.apache.spark.sql.SparkSession;

public class TextToDataframeApp {

  public static void main(String[] args) {
    TextToDataframeApp app = new TextToDataframeApp();
    app.start();
  }

  private void start() {
    SparkSession spark = SparkSession.builder()
      .appName("Text to Dataframe")
      .master("local")
      .getOrCreate();

    Dataset<Row> df = spark.read().format("text")     ◀──── 想要提取文本文件时，
      .load("data/romeo-juliet-pg1777.txt");                请指定"text"

    df.show(10);
    df.printSchema();
  }
}
```

文本与其他格式不同，Spark 没有设置文本的选项。

7.8　用于大数据的文件格式

大数据自带一套文件格式。如果你此前没见过 Avro、ORC 或 Parquet 文件，那么在学习 Spark 的过程中，你肯定看到过其中一种文件(甚至全部类型的文件)。在提取这些文件之前，有必要了解这些文件是什么。

我曾听开发人员说："为什么需要这么多的文件格式？" 本节将会回答这个问题，然后讨论这三种较新的格式。第 7.9 节将展示如何提取这些较新格式的数据。

7.8.1　传统文件格式的问题

在大数据的上下文中，你应该意识到了传统的文件格式(如文本、CSV、JSON 和 XML)的局限性。

在大多数大数据项目中，我们必须从某个地方(源)提取数据，而且必须将这些数据放到其他地方(目的地)。图 7.7 描述了此过程。

数据源可以是文件(在本章中所学的)、数据库(第 8 章)、复杂系统或 API(第 9 章)，甚至是流(第 10 章)。虽然我们能使用比文件更有效的方式访问所有这些资源，但是出于种种奇怪的原因，我们仍然必须处理文件及其烦人的生命周期。

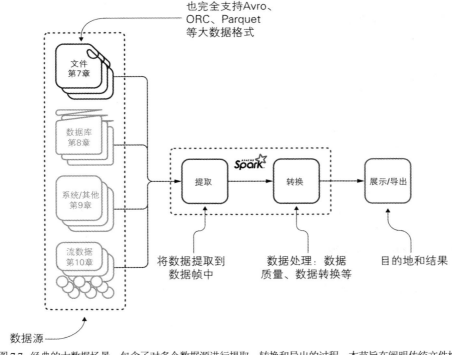

图 7.7　经典的大数据场景，包含了对多个数据源进行提取、转换和导出的过程。本节旨在阐明传统文件格式的局限性，以及在大数据环境下 Avro、ORC 和 Parquet 的优势

"那为什么不能只使用 JSON、XML 或 CSV 呢？" 原因如下：

- JSON 和 XML(某种程度上 CSV)不容易拆分。如果你希望工作节点仅读取文件的一部分，那么在此情形下，若能拆分数据，操作就容易多了。工作节点 1 将读取前 5000 条记录，工作节点 2 将读取接下来的 5000 条记录，以此类推。但是由于根元素的存在，XML 将需要一次次地从头来过，而这可能会破坏文档。因此，我们需要可拆分的大数据文件。
- CSV 无法像 JSON 或 XML 一样存储分层信息。
- 没有一种文件格式是设计用于合并元数据的。
- 这些格式都不支持简易地添加、删除或插入列(Spark 可为开发人员完成这些操作，你可能不需要这些操作)。
- 这些格式都很冗长(尤其是 JSON 和 XML)，这会急剧地扩大文件。

"好吧，为什么不使用 RDBMS 所采用的二进制格式呢？" 因为每个供应商都有自己的格式，所以你最终会得到无数种格式。其他格式，如 COBOL Copybook、Programming Language One(PL / I)或 IBM 的高级汇编程序(HLASM)，因为过于复杂，无法与 IBM 的大型机链接，所以无法通用。

出于以上种种原因，业界必须开发新格式。与过去一样，行业创建了丰富的格式。其中最受欢迎的是 Avro、ORC 和 Parquet 格式。

在大多数组织中，开发人员可能无法选择待处理的格式。格式的选择可能早已确定。一些文件格式可能继承了团队最初使用的 Hadoop 发行版的文件格式。但是，如果团队还未做出选择，则可参考以下各种大数据文件的简明定义，这有助于你有理有据地做出决定。

虽然开发人员可能还会不时地遇到其他文件格式，但是上面提到的文件格式是最受欢迎的。下面我们仔细观察每种文件格式。

7.8.2　Avro 是基于模式的序列化格式

Apache Avro 是数据序列化系统，以紧凑、快速的二进制数据格式提供丰富的数据结构。

与协议缓冲区(Protobuf)类似，Avro 是为远程过程调用(Remote Procedure Call，RPC)设计的，是用于传输可序列化数据的一种流行方法(由 Google 开发、开源)。要了解更多相关信息，请访问 https://developers.google.com/protocol-buffers/。Avro 支持动态修改模式(schema)。Avro 提供了一个用 JSON 编写的模式。Avro 文件是基于行的，因此与 CSV 类似，文件更容易拆分。

Avro 支持 Java、C、C++、C#、Go、Haskell、Perl、PHP、Python、Ruby 和 Scala。可在 https://avro.apache.org/docs/current/ 上找到关于 Avro 的参考信息。

7.8.3　ORC 是一种列式存储格式

Apache Optimized Row Columnar(ORC)及其前身 RCFile 是一种列式存储格式。ORC 符合 ACID 的原则(原子性、一致性、隔离性、持久性)。

除标准数据类型外，ORC 还支持复合类型，包括结构、列表、映射和联合。ORC 支持压缩，这可减小文件并减少网络传输时间(对于大数据来说，传输时间的减少总是有益的)。

Apache ORC 由 Hortonworks 支持，这意味着所有基于 Cloudera 的工具，如 Impala(存储在 Hadoop 集群中数据的 SQL 查询引擎)，可能不完全支持 ORC。随着 Hortonworks 和 Cloudera 的合并，我们

只有拭目以待，希望它们对这些文件格式能有所支持。

ORC 支持 Java 和 C++，可在 https://orc.apache.org/上找到关于 ORC 的参考知识。

7.8.4 Parquet 也是一种列式存储格式

与 ORC 类似，Apache Parquet 也是一种列式文件格式。Parquet 支持压缩，可在模式末尾添加列。Parquet 还支持复合类型，如列表和映射。

大数据从业者似乎最欢迎 Parquet 格式。Apache Parquet 由 Cloudera 与 Twitter 共同支持。因此，随着 Hortonworks 和 Cloudera 的合并，我们只有拭目以待，希望它们对这些文件格式能有所支持。不过，Parquet 似乎更受欢迎。

Parquet 支持 Java，可在 https://parquet.apache.org/上找到关于 Parquet 的参考信息。

7.8.5 比较 Avro、ORC 和 Parquet

虽然大数据文件格式增加了一层复杂性，但我希望你能明白这些大数据格式的必要性，以及它们之间的区别。ORC、Parquet 和 Avro 共享的特征如下：

- 它们都为二进制格式。
- 它们嵌入了模式。Avro 将 JSON 用于其模式，为其提供了最大的灵活性。
- 它们压缩数据。在压缩数据方面，Parquet 和 ORC 比 Avro 做得更好。

基于受欢迎程度，如果你有选择的余地，Parquet 可能是最好的选择。请记住，开发团队可能已经有了大数据文件格式的标准，即使这个标准不是 Parquet，但坚持这种选择，可能也是个好主意。

如果你对更多技术细节感兴趣，可阅读 Alex Woodie 的"Big Data File Formats Demystified"(http://mng.bz/2JBa)和 Kevin Hass 的"Hadoop File Formats: It's Not Just CSV Anymore"(http://mng.bz/7zAQ)。这两篇文章都是在 Hortonworks 和 Cloudera 合并之前撰写的。

7.9 提取 Avro、ORC 和 Parquet 文件

本章最后一节将展示如何提取 Avro、ORC 和 Parquet 文件。本章前面部分介绍了传统格式，包括 CSV、JSON、XML 和文本文件。你可能还记得，这些文件格式的构造相似。如你所料，大数据文件格式的提取过程也很相似。

所有示例都使用了来自 Apache 项目本身的样本数据文件。遗憾的是，与本书中使用的其他数据集相比，它们并不能如你所期望的那样，为你带来各种灵感。

7.9.1 提取 Avro

Spark 本身不支持 Avro，因此如果要提取 Avro 文件，就需要向项目中添加一个库。之后的过程与任何文件的提取一样，简单而直接。

实验：你将要研究的示例是 net.jgp.books.spark.ch07.lab910_avro_ingestion.AvroToDataframeApp。
样本文件来自 Apache Avro 项目本身。

下面的代码清单 7.20 显示了此示例的预期输出。

代码清单 7.20　AvroToDataframeApp.java 的输出

```
+-----------+-------------+----+
|    station|         time|temp|
+-----------+-------------+----+
|011990-99999|-619524000000|   0|
|011990-99999|-619506000000|  22|
|011990-99999|-619484400000| -11|
|012650-99999|-655531200000| 111|
|012650-99999|-655509600000|  78|
+-----------+-------------+----+

root
|-- station: string (nullable = true)
|-- time: long (nullable = true)
|-- temp: integer (nullable = true)
The dataframe has 5 rows.
```

从 Spark v2.4 开始，Avro 就成了 Apache 社区的一部分。在此版本之前，它由 Databricks(作为 XML 数据源)维护。我们仍然需要手动将依赖库添加到 pom.xml 文件中，其他库可通过 Maven Central 获得。可在 pom.xml 中添加库定义，如下所示：

```
...
  <properties>
    <scala.version>2.12</scala.version>
    <spark.version>3.0.0</spark.version>
...
  </properties>
  <dependencies>
    <dependency>
      <groupId>org.apache.spark</groupId>
      <artifactId>spark-avro_${scala.version}</artifactId>
      <version>${spark.version}</version>
    </dependency>
...
</dependencies>
```

解析结果如下：

```
<dependency>
  <groupId>org.apache.spark</groupId>
  <artifactId>spark-avro_2.12</artifactId>
  <version>3.0.0</version>
</dependency>
```

添加库后，可编写代码，如下面的代码清单 7.21 所示。

代码清单 7.21 AvroToDataframeApp.java

```
package net.jgp.books.spark.ch07.lab900_avro_ingestion;

import org.apache.spark.sql.Dataset;            不需要 import 任何特定的
import org.apache.spark.sql.Row;                库；Spark 将动态加载此库
import org.apache.spark.sql.SparkSession;

public class AvroToDataframeApp {
  public static void main(String[] args) {
    AvroToDataframeApp app = new AvroToDataframeApp();
    app.start();
  }

  private void start() {
    SparkSession spark = SparkSession.builder()
        .appName("Avro to Dataframe")
        .master("local")
        .getOrCreate();

    Dataset<Row> df = spark.read()              指定格式，没有
        .format("avro")          ◄──           可用的短代码
        .load("data/weather.avro");

    df.show(10);
    df.printSchema();
    System.out.println("The dataframe has " + df.count()
        + " rows.");
  }
}
```

要了解 Spark v2.4 之前 Spark 支持 Avro 的更多信息，可参考 https://github.com/databricks/spark-avro 上的 Databricks GitHub 存储库。

7.9.2 提取 ORC

提取 ORC 的过程非常简单而直接。Spark 所需的格式代码为 orc。在 Spark v2.4 之前的 Spark 版本中，如果未使用 Apache Hive，则还需要通过指定实现来配置会话。

实验：你将要研究的示例是 net.jgp.books.spark.ch07.lab920_orc_ingestion.OrcToDataframeApp。该样本文件来自 Apache ORC 项目本身。

下面的代码清单 7.22 显示了此示例的预期输出。

代码清单 7.22 OrcToDataframeApp.java 的输出

```
+-----+-----+-----+-------+-----+-----+-----+-----+-----+
|_col0|_col1|_col2|  _col3|_col4|_col5|_col6|_col7|_col8|
+-----+-----+-----+-------+-----+-----+-----+-----+-----+
|    1|    M|    M|Primary|  500| Good|    0|    0|    0|
|    2|    F|    M|Primary|  500| Good|    0|    0|    0|
...
|   10|    F|    U|Primary|  500| Good|    0|    0|    0|
+-----+-----+-----+-------+-----+-----+-----+-----+-----+
```

```
only showing top 10 rows

root
 |-- _col0: integer (nullable = true)
 |-- _col1: string (nullable = true)
 |-- _col2: string (nullable = true)
 |-- _col3: string (nullable = true)
 |-- _col4: integer (nullable = true)
 |-- _col5: string (nullable = true)
 |-- _col6: integer (nullable = true)
 |-- _col7: integer (nullable = true)
 |-- _col8: integer (nullable = true)

The dataframe has 1920800 rows.
```

下面的代码清单 7.23 提供了读取 ORC 文件的样本代码。

代码清单 7.23　OrcToDataframeApp.java

```java
package net.jgp.books.spark.ch07.lab910_orc_ingestion;

import org.apache.spark.sql.Dataset;
import org.apache.spark.sql.Row;
import org.apache.spark.sql.SparkSession;

public class OrcToDataframeApp {

  public static void main(String[] args) {
    OrcToDataframeApp app = new OrcToDataframeApp();
    app.start();
  }

  private void start() {
    SparkSession spark = SparkSession.builder()
        .appName("ORC to Dataframe")
        .config("spark.sql.orc.impl", "native")        ◀── 使用原生(native)实现而不是
        .master("local")                                     Hive 实现，访问 ORC 文件
        .getOrCreate();

    Dataset<Row> df = spark.read()        ◀── 用于 ORC
        .format("orc")                         的格式
        .load("data/demo-11-zlib.orc");   ◀── 来自 Apache ORC
                                               项目的标准文件
    df.show(10);
    df.printSchema();
    System.out.println("The dataframe has " + df.count() + " rows.");
  }
}
```

实现参数可以是 native 的值或 Hive 的值。原生实现意味着使用 Spark 随附的实现代码。这是从 Spark v2.4 开始所使用的默认值。

7.9.3 提取 Parquet

本节将探讨 Spark 如何提取 Parquet。Spark 可相对容易地以原生方式提取 Parquet 文件：无需其他库或配置。务请记住，Parquet 也是 Spark 和 Delta Lake 所使用的默认格式(详见第 17 章)。

实验：你将要学习的示例是 net.jgp.books.spark.ch07.lab930_parquet_ingestion.ParquetToDataframeApp。该样本文件来自 Apache Parquet Testing 项目本身，可从 https://github.com/apache/parquet-testing 获得。

下面的代码清单 7.24 显示了此示例的预期输出。

代码清单 7.24　ParquetToDataframeApp.java 的输出

```
+---+--------+-----------+------------+-------+----------+---------+…
| id|bool_col|tinyint_col|smallint_col|int_col|bigint_col|float_col|…
+---+--------+-----------+------------+-------+----------+---------+…
|  4|    true|          0|           0|      0|         0|      0.0|…
|  5|   false|          1|           1|      1|        10|      1.1|…
|  6|    true|          0|           0|      0|         0|      0.0|…
|  7|   false|          1|           1|      1|        10|      1.1|…
|  2|    true|          0|           0|      0|         0|      0.0|…
|  3|   false|          1|           1|      1|        10|      1.1|…
|  0|    true|          0|           0|      0|         0|      0.0|…
|  1|   false|          1|           1|      1|        10|      1.1|…
+---+--------+-----------+------------+-------+----------+---------+…

root
 |-- id: integer (nullable = true)
 |-- bool_col: boolean (nullable = true)
 |-- tinyint_col: integer (nullable = true)
 |-- smallint_col: integer (nullable = true)
 |-- int_col: integer (nullable = true)
 |-- bigint_col: long (nullable = true)
 |-- float_col: float (nullable = true)
 |-- double_col: double (nullable = true)
 |-- date_string_col: binary (nullable = true)
 |-- string_col: binary (nullable = true)
 |-- timestamp_col: timestamp (nullable = true)

The dataframe has 8 rows.
```

下面的代码清单 7.25 提供了读取 Parquet 文件的示例代码。

代码清单 7.25　ParquetToDataframeApp.java

```java
package net.jgp.books.spark.ch07.lab930_parquet_ingestion;

import org.apache.spark.sql.Dataset;
import org.apache.spark.sql.Row;
import org.apache.spark.sql.SparkSession;

public class ParquetToDataframeApp {
  public static void main(String[] args) {
    ParquetToDataframeApp app = new ParquetToDataframeApp();
    app.start();
```

```
  }

  private void start() {
    SparkSession spark = SparkSession.builder()
        .appName("Parquet to Dataframe")
        .master("local")
        .getOrCreate();

    Dataset<Row> df = spark.read()              用于读取 Parquet
        .format("parquet")                      的 Spark 代码
        .load("data/alltypes_plain.parquet");

    df.show(10);
    df.printSchema();
    System.out.println("The dataframe has " + df.count() + " rows.");
  }
}
```

7.9.4　用于提取 Avro、ORC 或 Parquet 的参考表格

表 7.1 总结了各种待提取文件类型的 Spark 格式代码。

表 7.1　各种文件格式的 Spark 格式代码

文件格式	代码	牢记事项
Avro (Spark v2.4 之前)	com.databricks.spark.avro	需要将 Spark-Avro 库添加到工程中
Avro (Spark v2.4 之后)	avro	
ORC	orc	确保指定了实现。推荐的选项是原生实现，如果你使用的是 Spark v2.4 之前的版本，那么在获取 Spark 会话时，使用.config('spark.sql.orc.impl', "native")进行设置
Parquet	parquet	没有额外操作，一次完成

7.10　小结

- 数据提取是大数据处理流程的关键步骤。
- 提取文件时，可使用正则表达式(regex)指定路径。
- 虽然 CSV 比它看起来复杂得多，但是 Spark 有丰富的选项集来调整解析器。
- JSON 以两种形式存在：名为 JSON Lines 的单行形式，以及多行 JSON。Spark 可提取这两种形式的 JSON(从 v2.2.0 开始)。
- 本章介绍的所有文件提取选项均不区分大小写。
- Spark 可直接提取 CSV、JSON 和文本格式。
- 要提取 XML，Spark 需要 Databricks 提供的插件。

- 提取各种文档的过程模式非常相似：简单地指定格式，然后进行读取。
- 包括 CSV、JSON 和 XML 在内的传统文件格式不太适用于大数据。
- 不把 JSON 和 XML 视为可拆分文件格式。
- Avro、ORC 和 Parquet 是流行的大数据文件格式。它们将数据和模式嵌入文件中，压缩数据。当涉及大数据时，相比于 CSV、JSON 和 XML，它们操作起来更简易、更有效。
- ORC 和 Parquet 文件为列格式。
- Avro 是基于行的格式，因此更适合流数据。

相比于 Avro，ORC 和 Parquet 能更有效地压缩数据。

第 8 章

从数据库中提取数据

本章内容涵盖

- 从关系数据库中提取数据
- 了解 Spark 和数据库通信过程中 dialect 的作用
- 提取数据之前，在 Spark 中构建高级查询，过滤数据库中的数据
- 了解与数据库的高级通信
- 从 Elasticsearch 中提取数据

在大数据和企业上下文中，要分析的数据源通常是关系数据库。了解如何通过整个表格或 SQL SELECT 语句从这些数据库中提取数据，意义重大。

本章将介绍一些从关系数据库中提取数据的方法。通过这些方法，你可一次性提取整个表格，或在提取数据之前要求数据库执行一些操作。这些操作可能包括在数据库级别过滤、连接或聚合数据，以最小化数据传输。

本章将介绍 Spark 支持哪些数据库。当使用 Spark 不支持的数据库时，需要自定义 dialect。dialect 被用于告知 Spark 如何与数据库通信。Spark 带有一些 dialect，在大部分情况下，甚至不必考虑它们。但是，为了应对特殊情况，应该学习如何构建 dialect。

最后，由于许多企业使用文档存储库和 NoSQL 数据库，本章还将讲解如何连接 Elasticsearch(这是本书所介绍的唯一的 NoSQL 数据库)，让你体验完整的数据提取场景。

本章将涉及 MySQL、IBM Informix 和 Elasticsearch 的使用。图 8.1 详细说明了数据提取过程的各个阶段，目前你处在第 8 章。

实验：本章中的示例可在 GitHub 上找到，网址为 https://github.com/jgperrin/net.jgp.books. spark.ch08。附录 F 提供了安装关系数据库的链接、技巧和帮助等。附录 L 提供了有关数据提取的参考信息。

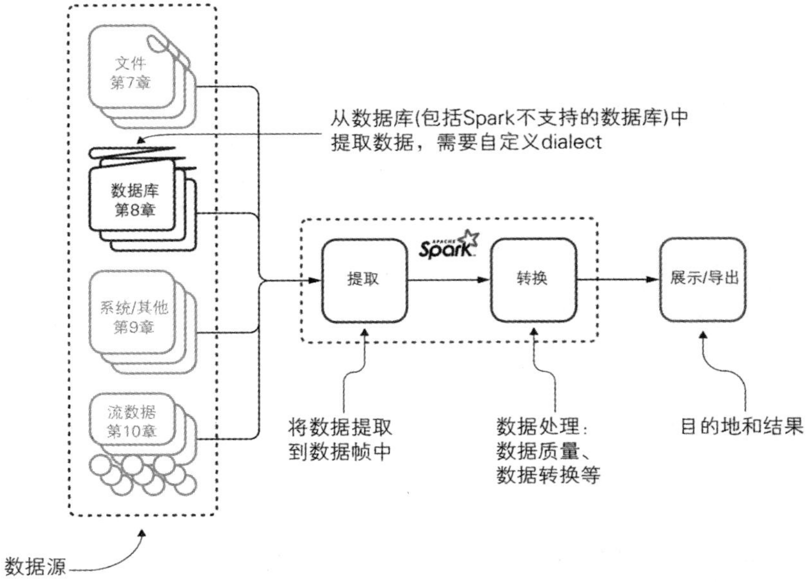

图 8.1 本章侧重于从数据库(无论该数据库是否得到 Spark 支持)中提取数据,并且需要使用自定义的 dialect

8.1 从关系数据库中提取数据

你也许知道,在任何企业中,关系数据库是交易数据存储的基石。在大多数情况下,交易一旦发生,肯定会在某个步骤涉及现存的关系数据库。

假设你已经拥有了包含电影演员的关系数据库,并希望按字母顺序显示它们。为此,我们要了解 Spark 建立数据库连接(以及损坏警报,如果你熟悉 JDBC,须知这与 JDBC 是一样的)所需的元素。然后,我们将初步了解样本数据库、其数据以及模式;运行样本数据库,查看输出;最后,深入研究代码。

8.1.1 数据库连接备忘录

Spark 需要一小列信息才能连接到数据库。Spark 使用 Java 数据库连接(JDBC)驱动程序直接连接到关系数据库。为了连接到数据库,Spark 需要如下信息:

- 在工作器类路径中的 JDBC 驱动程序(第 2 章介绍了工作器,基本上,工作器完成了所有工作,并且负责与 JDBC 驱动程序打交道)
- 链接的 URL
- 用户名
- 用户密码

驱动程序可能需要其他特定于驱动的信息。例如,Informix 需要 DELIMIDENT = Y,而 MySQL 服务器默认需要 SSL,因此,你可能需要指定 useSSL = false。

一般情况下,你需要给应用程序提供 JDBC 驱动程序。驱动程序的信息存储在 pom.xml 文件中:

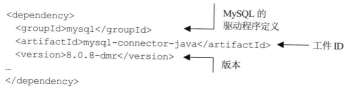

```
<dependency>
  <groupId>mysql</groupId>
  <artifactId>mysql-connector-java</artifactId>
  <version>8.0.8-dmr</version>
…
</dependency>
```

代码清单 8.3 将更详细地描述 pom.xml 文件。

8.1.2 了解示例中使用的数据

首次从数据库中提取数据时,可使用 MySQL 中的 Sakila 数据库。Sakila 是 MySQL 附带的标准样本数据库;有多个教程可供学习,你甚至可能使用它学会 MySQL。本节将描述 Sakila 数据库的作用、结构和数据。图 8.2 总结了我们对该数据库进行的操作。

Sakila 样本数据库旨在展示 DVD 租赁商店。你可能想知道 DVD 是什么,以及人们为什么要租用这样的东西。DVD 代表数字视频(或多功能)光盘。DVD 是直径为 12 厘米(约 5 英寸)的光盘,用于存储数字信息。在早期(1995 年),它用于存储数字格式的电影。人们可使用名为 DVD 播放器的设备播放购买或租用的 DVD,在电视上观看电影。

在美国,人们如果不想购买 DVD,可在小商店或 Blockbuster 这样的大型连锁店租借 DVD。这些商店需要人们检入/检出磁盘和其他工件(如 VHS 磁带,据我所知,这比 DVD 还要古老、模糊,这确实超出了本书的范围)。1997 年,一家创新公司——Netflix 开始通过邮件出租 DVD。

为了重现这个场景,我们可使用演示数据库,该数据库包含约 15 个表和一些视图(见图 8.2)。

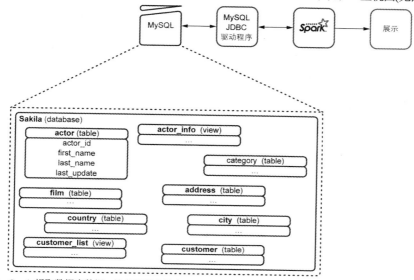

图 8.2 Spark 提取数据库数据,这些数据存储在 MySQL 实例中。与任何其他的 Java 应用程序类似,Spark 需要 JDBC 驱动程序。MySQL 存储名为 Sakila 的样本数据库,这个数据库包含 23 个表和视图。此处仅举出几个代表,如 actor(演员)、actor_info(演员信息)、category(类型)等。这里将重点介绍 actor 表

如图 8.2 所示，此项目将使用 actor 表，表 8.1 对 actor 进行了更详细的描述。注意，last_update 实现了变动数据捕获(CDC)。

表 8.1　在 MySQL 的 Sakila 数据库中定义的 actor 表

列	数据类型	属性	注释
actor_id	SMALLINT	主键,不为空,唯一,自动递增。在 MySQL 中，当插入新行时，具有自动递增(autoincrement)属性的整数将自动获得新值。Informix 和 PostgreSQL 使用 SERIAL 和 SERIAL8 数据类型，其他数据库使用存储过程或序列	演员的唯一标识符
first_name	VARCHAR(45)	不为空	演员的名字
last_name	VARCHAR(45)	不为空	演员的姓氏。如你所见，数据库的建模者不会考虑电影明星：Cher 或 Madonna
last_update	TIMESTAMP	不为空，CURRENT_TIMESTAMP ON UPDATE CURRENT_TIMESTAMP	每次更新时，自动更新时间戳。这是一种很好的实践：如果你正在使用和设计 RDBMS，可将此列集成到表格中，这样将允许实现 CDC

CDC

变动数据捕获(Change Data Capture，CDC)是一套软件设计模式，用于确定(和跟踪)已更改的数据，这样就可操作变动后的数据。跨时间捕获数据和保存数据状态是数据仓库的核心功能之一，因此，在数据仓库环境中，最常出现 CDC 解决方案；然而，CDC 可在任何数据库或数据存储库系统中使用。

尽管 Spark 不是为数据仓库而设计的,但是 CDC 技术可用于增量分析。总体而言，将 last_update 列作为时间戳(或类似时间戳)添加到表中，是一种好的做法。

以上信息改编自 Wikipedia。

8.1.3　预期输出

让我们看看预期的输出。下面的代码清单 8.1 显示了以编程方式所获得的结果：actor 表中的 5 个演员以及元数据。

代码清单 8.1　演员列表和元数据

```
+--------+----------+---------+-------------------+
|actor_id|first_name|last_name|        last_update|      ◄───  数据样本
+--------+----------+---------+-------------------+
|      92|   KIRSTEN|   AKROYD|2006-02-14 22:34:33|
|      58| CHRISTIAN|   AKROYD|2006-02-14 22:34:33|
|     182|    DEBBIE|   AKROYD|2006-02-14 22:34:33|
|     118|      CUBA|    ALLEN|2006-02-14 22:34:33|
|     145|       KIM|    ALLEN|2006-02-14 22:34:33|
+--------+----------+---------+-------------------+
only showing top 5 rows

root                        ◄───── 模式
 |-- actor_id: integer (nullable = false)
 |-- first_name: string (nullable = false)       数据类型直接从表格的类型
 |-- last_name: string (nullable = false)         转换为 Spark 的数据类型
 |-- last_update: timestamp (nullable = false)

The dataframe contains 200 record(s). ◄─────  计算数据帧中的记录数
```

> **当心错误**
>
> 你可能会看到类似于以下输出的错误信息：
>
> ```
> Exception in thread "main" java.sql.SQLException: No suitable driver
>   at java.sql.DriverManager.getDriver(DriverManager.java:315)
>   at org.apache.spark.sql.execution.datasources.jdbc.JDBCOptio
> ➥ ns$$anonfun$7.apply(JDBCOptions.scala:84)
> ```
>
> 如果出现以上信息，则说明类路径中缺少 JDBC 驱动程序，因此请检查 pom.xml。参见代码清单 8.2。

8.1.4　代码

让我们观察一下生成预期输出所需要的代码。你将看到，如想生成所期望的输出，你有三种选择，可选择最喜欢的一种。你还可学习如何将 JDBC 驱动程序添加到 pom.xml 文件的依赖库部分，从而加载 JDBC 驱动程序。

首先，使用数据帧的 col() 方法确定列，然后使用其 orderBy() 方法。第 3 章介绍了数据帧。第 11～13 章将涵盖关于数据转换和操作的更多知识。

最后可使用单行代码对输出进行排序：

```
df = df.orderBy(df.col("last_name"));
```

实验：这是实验#100。代码可在 GitHub 上获得，网址为 https://github.com/jgperrin/net.jgp. books.spark.ch08。此实验需要连接 MySQL 或 MariaDB。

下面的代码清单 8.2 显示了第一种选择。

代码清单 8.2 MySQLToDatasetApp.java

```java
package net.jgp.books.spark.ch08.lab100_mysql_ingestion;

import java.util.Properties;

import org.apache.spark.sql.Dataset;
import org.apache.spark.sql.Row;
import org.apache.spark.sql.SparkSession;

public class MySQLToDatasetApp {

  public static void main(String[] args) {
    MySQLToDatasetApp app = new MySQLToDatasetApp();
    app.start();
  }

  private void start() {
    SparkSession spark = SparkSession.builder()          ← 获取会话
        .appName(
            "MySQL to Dataframe using a JDBC Connection")
        .master("local")
        .getOrCreate();

    Properties props = new Properties();
    props.put("user", "root");                           ← 用户名属性——你可能不希望在生产系统使用根用户
    props.put("password", "Spark<3Java");                ← 密码属性
    props.put("useSSL", "false");                        ← 自定义属性——此处需要告诉 MySQL 在通信中不使用 SSL

    Dataset<Row> df = spark.read().jdbc(
        "jdbc:mysql://localhost:3306/sakila?serverTimezone=EST",  ← JDBC URL
        "actor",                                         ← 感兴趣的表
        props);                                          ← 刚刚定义的属性

    df = df.orderBy(df.col("last_name"));                ← 按姓氏排序

    df.show(5);
    df.printSchema();
    System.out.println("The dataframe contains " +
        df.count() + " record(s).");
  }
}
```

创建 Properties(属性)对象, 用于收集所需的属性

注意: 如果你已阅读第 7 章, 则会注意到, 无论提取的是文件还是数据库, 提取机制都相似。

密码: 我知道你懂, 你明白我知道你懂, 对吧? 小提示总是有用的: 不要在代码中硬编码密码; 任何人都可在几秒钟内从 JAR 文件中提取到密码(特别是变量名为 password 时)。在存储库中, 虽然实验#101 使用与代码清单 8.2(实验#100)相同的代码, 但它从环境变量处获取密码。

你还需要确保 Spark 能访问 JDBC 驱动程序, 如代码清单 8.3 所示。最简单的方法之一是在项目的 pom.xml 文件中列出所需的数据库驱动程序。

注意: 本章将使用 MySQL、Informix 和 Elasticsearch: 使用 MySQL 是因为它是一个完全受支持的数据库, 使用 Informix 是因为它需要 dialect, 使用 Elasticsearch 是因为它是 NoSQL 数据库。

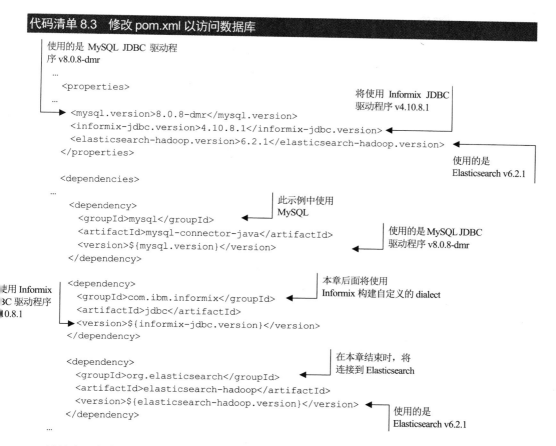

代码清单 8.3　修改 pom.xml 以访问数据库

请注意，在存储库中，我会尽可能使用最新版本，因此版本号可能略有不同。

8.1.5　可替代的代码

通常，对于同一操作，有多种编写代码的方式。下面介绍如何调整参数和 URL，以连接到数据库。代码清单 8.2 中使用了以下方法：

```
Properties props = new Properties();
props.put("user", "root");
props.put("password", "Spark<3Java");
props.put("useSSL", "false");

Dataset<Row> df = spark.read().jdbc(
    "jdbc:mysql://localhost:3306/sakila?serverTimezone=EST",
    "actor",
    props);
```

可使用以下两种选择中的一种替换此代码（可在本章 Github 存储库中的 MySQLToDatasetWithLongUrlApp.java 中找到完整的代码）。第一种选择是构建更长的 URL。在应用程序或带有 JDBC URL 生成器的平台中，你可能已经拥有了库，因此可简单地重用这个库。注意，需要为 Spark 阅读器对象提供一个空属性列表，使用 new Properties()实例化：

```
String jdbcUrl = "jdbc:mysql://localhost:3306/sakila"    ← 较长的 URL
    + "?user=root"
    + "&password=Spark<3Java"
    + "&useSSL=false"
    + "&serverTimezone=EST";
Dataset<Row> df = spark.read()                              仍然需要
    .jdbc(jdbcUrl, "actor", new Properties());  ←          空属性
```

第二种选择是只使用 option。如果从配置文件中读取属性，这可能会很有用。下面的代码片段显示了如何执行此操作：

```
Dataset<Row> df = spark.read()
    .option("url", "jdbc:mysql://localhost:3306/sakila")
    .option("dbtable", "actor")
    .option("user", "root")
    .option("password", "Spark<3Java")
    .option("useSSL", "false")
    .option("serverTimezone", "EST")
    .format("jdbc")
    .load();
```

可在本章 Github 存储库中的 **MySQLToDatasetWithOptionsApp.java** 中找到完整的代码。

请注意，此版本没有使用由 DataFrameReader 的实例 read()返回的对象的 jdbc()方法。此处使用的是 format()和 load()方法。如你所见，actor 表中仅包含名为 dbtable 的属性。这里使用的语法不带有偏向性，但你可能会遇到所有这些问题，让你感到有点困惑。如果团队正在进行项目，建议你给团队设置标准，因为项目极有可能需要从配置文件中读取这些参数。

请注意，属性不区分大小写，但是值由驱动程序解释，它们可能区分大小写。

下面介绍 Spark 如何使用自定义 dialect 来处理不受支持的数据库。

8.2 dialect 的作用

dialect 是 Spark 和数据库之间的转换块。本节将介绍 dialect 的作用、Spark 附带的 dialect，以及在哪种情况下必须编写自己的 dialect。

8.2.1 什么是 dialect

dialect 是一个小型软件组件，通常在单个类中实现，它桥接了 Apache Spark 和数据库；请参见图 8.3。

Spark 在导入并存储数据时，需要知道哪些数据库类型映射到某个 Spark 数据类型。例如，Informix 和 PostgreSQL 具有 SERIAL 类型，这是一种整数类型，当你在数据库中插入新值时，它会自动递增。唯一标识符的定义比较方便。但是，在使用 Tungsten 存储时，需要告诉 Spark 此数据类型是整数。Tungsten 是一种存储管理器，它绕过了 JVM 的存储机制，优化了对象的内存使用，提高了效率。

与数据库通信时，dialect 定义了 Spark 的行为。

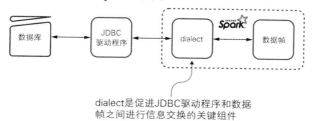

图 8.3　在 Spark 中，数据帧通过 dialect(充当补充驱动程序)与数据库进行通信

8.2.2　Spark 提供的 JDBC dialect

Spark 附带了一些数据库 dialect 作为标准发行版的一部分。这意味着你可直接连接到这些数据库。从 Spark v3.0.0 开始，这些 dialect 如下：

- IBM Db2
- Apache Derby
- MySQL
- Microsoft SQL Server
- Oracle
- PostgreSQL
- Teradata Database

如果你使用的数据库不在此列表中，则可查看 Spark Packages 网站，网址为 https://spark-packages.org/?q=tags%3A%22Data%20Sources%22，或编写/构建自己的 dialect。

8.2.3　构建自定义 dialect

如果你使用的关系数据库不在上面的列表中，那么在实现自定义 dialect 前，可能需要联系数据库供应商。如果供应商不提供 dialect，也不必惊慌。自定义 dialect 的实现相对容易；本节将教你如何自定义 dialect。虽然这里使用的示例是基于 IBM Informix 的，但是，我们可轻松地修改代码，使其符合所使用的数据库。此处不需要 Informix 的知识，尽管 Informix 是一个很优秀的 RDBMS。

此处选择 IBM Informix 的原因是，与其他语言相比，它没有自己的 dialect。尽管如此，Informix 仍充满活力，尤其是在物联网领域。

实验：这是实验#200。可通过 GitHub 链接 https://github.com/jgperrin/net.jgp.books.spark.ch08 获得代码。该实验需要 Informix 数据库，可从 https://www.ibm.com/products/informix 免费下载和使用 Developer Edition 的 Informix 数据库。

dialect 是一个类，扩展了 JdbcDialect，如代码清单 8.4 所示。canHandle()方法是 dialect 的入口点；这个方法充当过滤器，让 Spark 了解是否应使用此 dialect。它接收 JDBC URL 作为输入，可基于 URL 进行过滤。在这种情况下，可过滤 URL 的开头，查找 Informix JDBC 驱动程序的独特模式：informix-sqli。每个 JDBC 驱动程序在其 URL 都有唯一的签名。

getCatalystType()方法将 JDBC 类型转换为 Catalyst 类型。

代码清单 8.4　一种极简的 dialect, 允许 Spark 与数据库进行通信

```java
package net.jgp.books.spark.ch08.lab_200_informix_dialect;

import org.apache.spark.sql.jdbc.JdbcDialect;
import org.apache.spark.sql.types.DataType;
import org.apache.spark.sql.types.DataTypes;
import org.apache.spark.sql.types.MetadataBuilder;

import scala.Option;

public class InformixJdbcDialect extends JdbcDialect {
  private static final long serialVersionUID = -672901;


  @Override
  public boolean canHandle(String url) {
    return url.startsWith("jdbc:informix-sqli");
  }


  @Override
  public Option<DataType> getCatalystType(int sqlType,
      String typeName, int size, MetadataBuilder md) {
    if (typeName.toLowerCase().compareTo("serial") == 0) {
      return Option.apply(DataTypes.IntegerType);
    }
    if (typeName.toLowerCase().compareTo("calendar") == 0) {
      return Option.apply(DataTypes.BinaryType);
    }
...
    return Option.empty();
  }
}
```

JdbcDialect 是可序列化的, 因此该类有唯一的 ID

过滤器方法允许 Spark 知道在某个上下文中, 使用哪个驱动程序

Informix JDBC 驱动程序的签名是 Informix-sqli

将 SQL 类型转换为 Spark 类型

返回 Scala 类型的值

在此, Spark 不知道 SERIAL 数据类型是什么, 但是, 对于 Spark 来说, 它只是一个整数。在测试时, 不必担心 typeName 为 null

返回 Scala 类型的值

虽然这里本可使用 equalsIgnoreCase()或其他方式来比较字符串, 但是, 在与 Java 开发人员打交道的多年中, 我从未看到开发人员达成过共识。本书此处的任务不是定义合适的方法, 解决有关命名规范的永恒争论, 而是让你体验一下 dialect 的用法。

应确保驱动程序的签名足够具体。如果使用 return url.contains("informix")之类的签名, 这就太宽泛了。可在 sqli 之后添加冒号。此处本可使用 switch/case 语句编写此示例, 但我想留一点改进的空间。

返回类型是 Spark 期望的类型。众所周知, Spark 是用 Scala 编写的, 因此, 在某些方面, 需要返回 Scala 类型。在本示例中, 返回的 Scala 数据类型为一个空选项(对应代码为 option.empty())。

提醒一下, Catalyst 是 Spark 内置的优化引擎(请参见第 4 章)。

getCatalystType()方法接收 4 个参数:

- SQL 类型(sqlType)为整数, 如 java.sql.Types 中的定义(请参见 http://mng.bz/ 6wxR)。但是, 请注意, 一些复杂的数据类型可能不在此列表中, 如果你要将这些数据类型转换为 Spark 的数据类型, 那么必须查看它们在此方法中的表示方式。

- 类型名称(typeName)为字符串。在 SQL 中，这是所建表格的"真实名称"(即指示了数据类型)。此示例中使用了 SERIAL 数据类型，这是在 Informix 和 PostgreSQL 中会自动递增的整数。
- 数字、字符串和二进制类型的大小。此参数对于避免转换中出现的副作用大有裨益。
- 最后一个参数是元数据生成器，可使用它来扩充有关转换的信息(更多相关知识，请参见第 17 章)。

getCatalystType()方法返回的类型是以下之一。

http://mng.bz/omgD 上列出的数据类型：BinaryType、BooleanType、ByteType、CalendarIntervalType、DateType、DoubleType、FloatType、IntegerType、LongType、NullType、ShortType、StringType 或 TimestampType。

org.apache.spark.sql.types.DataType 的子类型可以是 ArrayType、HiveStringType、MapType、NullType、NumericType、ObjectType 或 StructType。

附录 L 比较详细地介绍了数据类型，描述了如何实现完整的 dialect(如从 Spark 类型到 SQL 类型的反向转换)，如何截断表格等内容。

8.3　高级查询和提取

有时，开发人员不希望将表中的所有数据复制到数据帧。数据传输是一种耗时，耗资源的操作，因此，如果知道不必使用某些数据，则不需要复制这些行。典型的用例是分析昨天的销售额，比较每月的销售额，等等。

本节将教你使用 SQL 查询语句，从关系数据库中提取数据，并避免不必要的数据传输。这个操作被称为过滤数据。你还将在学习提取数据的同时了解有关分区的知识。

8.3.1　使用 WHERE 子句进行过滤

在 SQL 中，过滤数据的一种方法是将 WHERE 子句用作 SELECT 语句的一部分。让我们看看如何在提取机制中集成此类子句。与提取全表格一样，在底层，Spark 仍使用 JDBC。

实验：这是实验#300，可通过 GitHub 链接 https://github.com/jgperrin/net.jgp.books.spark.ch08 获取代码。该实验需要 MySQL 或 MariaDB 数据库。

此语法类似于提取完整表格所用的语法。但是，dbtable 选项(如果使用 load()方法)或表格参数(如果使用 jdbc()方法)必须使用以下语法：

```
(<SQL select statement>) <table alias>
```

下面看一些示例。

(1) 廉价电影：

```
(SELECT * FROM film WHERE rental_rate = 0.99) film_alias
```

这将返回租金为 99 美分的所有电影。

(2) 特定电影：

```
(SELECT * FROM film WHERE (title LIKE "%ALIEN%"
⇒ OR title LIKE "%victory%" OR title LIKE "%agent%"
⇒ OR description LIKE "%action%") AND rental_rate>1
⇒ AND (rating="G" OR rating="PG")) film_alias
```

在此查询中，要查找标题包含 alien、victory 或 agent，或描述中包含 action，租金超过$1，并且评级为 G(一般观众)或 PG(建议有家长引导)的电影。请注意，因为使用了 LIKE 属性，所以大小写无关紧要：你将获得所有包含 alien、Alien 和 ALIEN 的电影。最后一个关键字(film_alias)只是别名。图 8.4 详细说明了这个过程。

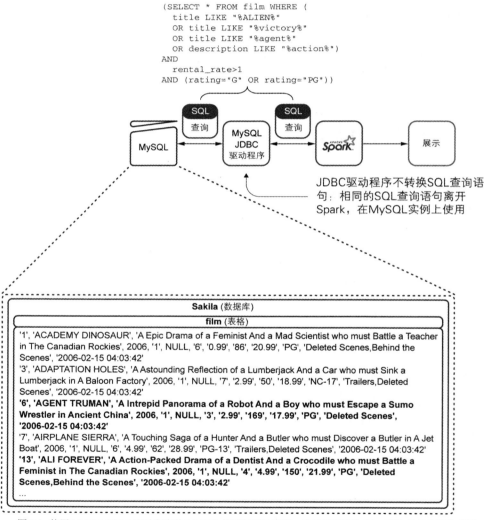

图 8.4 使用 MySQL JDBC 驱动程序从 MySQL 提取数据的过程。此处只对符合 SQL 查询的某些影片感兴趣，即粗体突出显示的影片

下面的代码清单 8.5 显示了所期望的输出，即图 8.4 中突出显示的记录。

代码清单 8.5　带有 WHERE 子句查询的期望输出

```
+-------+-------------+-------------------+------------+-----------+…
|film_id|        title|        description|release_year|language_id|…
+-------+-------------+-------------------+------------+-----------+…
|      6|  AGENT TRUMAN|A Intrepid Panora...|  2005-12-31|          1|…
|     13|   ALI FOREVER|A Action-Packed D...|  2005-12-31|          1|…
…
+-------+-------------+-------------------+------------+-----------+…
only showing top 5 rows

root
 |-- film_id: integer (nullable = true)
 |-- title: string (nullable = true)
 |-- description: string (nullable = true)
 |-- release_year: date (nullable = true)
 |-- language_id: integer (nullable = true)
 |-- original_language_id: integer (nullable = true)
 |-- rental_duration: integer (nullable = true)
 |-- rental_rate: decimal(4,2) (nullable = true)
 |-- length: integer (nullable = true)
 |-- replacement_cost: decimal(5,2) (nullable = true)
 |-- rating: string (nullable = true)
 |-- special_features: string (nullable = true)
 |-- last_update: timestamp (nullable = true)

The dataframe contains 16 record(s).
```

下面的代码清单 8.6 显示了通过 SQL 查询进行数据提取的代码。

代码清单 8.6　MySQLWithWhereClauseToDatasetApp.java

```java
package net.jgp.books.spark.ch08.lab300_advanced_queries;

import java.util.Properties;

import org.apache.spark.sql.Dataset;
import org.apache.spark.sql.Row;
import org.apache.spark.sql.SparkSession;

public class MySQLWithWhereClauseToDatasetApp {

  public static void main(String[] args) {
    MySQLWithWhereClauseToDatasetApp app =
      new MySQLWithWhereClauseToDatasetApp();
    app.start();
  }

  private void start() {
    SparkSession spark = SparkSession.builder()
      .appName(
        "MySQL with where clause to Dataframe using a JDBC Connection")
      .master("local")
```

```
      .getOrCreate();
    Properties props = new Properties();
    props.put("user", "root");
    props.put("password", "Spark<3Java");
    props.put("useSSL", "false");
    props.put("serverTimezone", "EST");

    String sqlQuery = "select * from film where "
        + "(title like \"%ALIEN%\" or title like \"%victory%\" "
        + "or title like \"%agent%\" or description like \"%action%\") "
        + "and rental_rate>1 "
        + "and (rating=\"G\" or rating=\"PG\")";

    Dataset<Row> df = spark.read().jdbc(
        "jdbc:mysql://localhost:3306/sakila",
        "(" + sqlQuery + ") film_alias",
        props);

    df.show(5);
    df.printSchema();
    System.out.println("The dataframe contains " + df
        .count() + " record(s).");
  }
}
```

可像构建任何其他字符串一样，构建 SQL 查询语句，同时，SQL 查询语句也可由配置文件、生成器等提供

SQL 查询

请遵守语法；SQL 查询位于括号之间，而表格别名位于末尾

请记住以下重要事项:

- 可在 select 语句中嵌套括号。
- 表格别名不能与数据库中的现有表格重名。

8.3.2 在数据库中连接数据

在 Spark 中提取数据之前，可使用相似的技术在数据库中连接数据。虽然 Spark 可连接两个数据帧之间的数据(请参见第 12 章和附录 M，了解更多相关信息)，但是出于性能和优化的考量，可能需要让数据库执行该操作。本节将教你如何在数据库层面执行数据连接，并提取连接的数据。

实验: 这是实验#310，可通过 GitHub 链接 https://github.com/jgperrin/net.jgp.books.spark.ch08 获取代码。该实验需要 MySQL 或 MariaDB 数据库。

运行的 SQL 语句如下:

```
SELECT actor.first_name, actor.last_name, film.title, film.description
FROM actor, film_actor, film
WHERE actor.actor_id = film_actor.actor_id
  AND film_actor.film_id = film.film_id
```

图 8.5 详细说明了此操作。

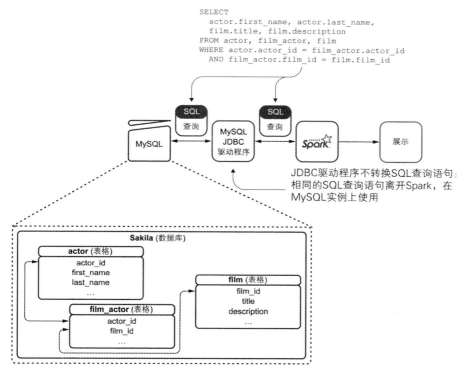

```
SELECT
  actor.first_name, actor.last_name,
  film.title, film.description
FROM actor, film_actor, film
WHERE actor.actor_id = film_actor.actor_id
  AND film_actor.film_id = film.film_id
```

图 8.5　数据库服务器在三个表之间执行连接操作之后，Spark 提取了存储在 MySQL 数据库中的数据

下面的代码清单 8.7 详细阐述了结果。注意，由于表被连接到了一起，数据帧包含了更多记录。

代码清单 8.7　在数据库层面执行数据连接，Spark 提取数据后所得到的输出

```
+----------+---------+-------------------+-------------------+
|first_name|last_name|              title|        description|
+----------+---------+-------------------+-------------------+
| PENELOPE|  GUINESS|    ACADEMY DINOSAUR|A Epic Drama of a...|
| PENELOPE|  GUINESS|ANACONDA CONFESSIONS|A Lacklusture Dis...|
| PENELOPE|  GUINESS|         ANGELS LIFE|A Thoughtful Disp...|
| PENELOPE|  GUINESS|BULWORTH COMMANDM...|A Amazing Display...|
| PENELOPE|  GUINESS|       CHEAPER CLYDE|A Emotional Chara...|
+----------+---------+-------------------+-------------------+
only showing top 5 rows

root
 |-- first_name: string (nullable = true)
 |-- last_name: string (nullable = true)
 |-- title: string (nullable = true)
 |-- description: string (nullable = true)

The dataframe contains 5462 record(s).
```

如你所料，下面的代码清单 8.8 所显示的代码类似于代码清单 8.6 中进行简单过滤的代码。此处删除了多余的代码行。

代码清单 8.8　MySQLWithJoinToDatasetApp.java(节选)

```java
package net.jgp.books.spark.ch08_lab310_sql_joins;
…
public class MySQLWithJoinToDatasetApp {
…
  private void start() {
…
    String sqlQuery =
      "select actor.first_name, actor.last_name, film.title, "
        + "film.description "
        + "from actor, film_actor, film "                              连接三个表的
        + "where actor.actor_id = film_actor.actor_id "                基本 SQL 查询
        + "and film_actor.film_id = film.film_id";

    Dataset<Row> df = spark.read().jdbc(                               除了别名之外，这与
      "jdbc:mysql://localhost:3306/sakila",                            代码清单 8.6 中的调
      "(" + sqlQuery + ") actor_film_alias",                          用相同
      props);
…
  }
}
```

如果在代码清单 8.7 的查询语句中使用 SELECT * FROM actor,film_actor...，那么 Spark 会被同名的列混淆，返回以下错误信息：Duplicate column name 'actor_id'。Spark 不会为我们创建完全限定的名称(<table>.<column>)；开发人员必须显式地命名列并使用其他名称。GitHub 提供了产生此异常的代码，网址为 http://mng.bz/KEOO。

　　注意: 此处所写的 SQL 语句会被直接发送到 MySQL。Spark 不会解释此语句，因此，如果编写特定于 Oracle SQL 的语句，此语句将无法与 PostgreSQL 一起使用(IBM Db2 理解 Oracle 语法，因此它可与 IBM Db2 一起使用)。

8.3.3　执行数据提取和分区

　　本节将带你快速浏览 Spark 的高级特征：从数据库中提取数据，自动将数据分配给分区。图 8.6 显示了提取 film 表后的数据帧，如代码清单 8.9 所示。

图 8.6　从 film 表中提取 1000 部影片后的数据帧。它们在同一分区中

图 8.7 详细说明了使用分区后,数据帧弹性分布式数据集(RDD)中的分区。你可能还记得,RDD 是数据帧数据存储的部分(请参见第 3 章)。代码清单 8.11 将详细介绍按分区提取数据的过程。

图 8.7　这个场景要求 Spark 将数据分成 10 个分区。我们依然只有一个数据帧和一个 RDD。虽然物理节点
　　　　未表示在图上,但是可将这些数据划分到多个节点上

实验: 这是实验#320。可通过 GitHub 链接 https://github.com/jgperrin/net.jgp.books.spark.ch08 获取代码。该实验需要 MySQL 或 MariaDB 数据库。

虽然下面的代码清单 8.9 与代码清单 8.2 相似,但是它将从 film 表中提取电影数据。

代码清单 8.9　MySQLToDatasetWithoutPartitionApp.java

```java
package net.jgp.books.spark.ch08.lab320_ingestion_partinioning;
…
public class MySQLToDatasetWithoutPartitionApp {
…
  private void start() {
…
    Properties props = new Properties();
    props.put("user", "root");
    props.put("password", "Spark<3Java");
    props.put("useSSL", "false");
    props.put("serverTimezone", "EST");

    Dataset<Row> df = spark.read().jdbc(        ←──── 提取 film 表
      "jdbc:mysql://localhost:3306/sakila",
      "film",
      props);

    df.show(5);
    df.printSchema();
    System.out.println("The dataframe contains " + df
      .count() + " record(s).");
    System.out.println("The dataframe is split over " + df.rdd()
      .getPartitions().length + " partition(s).");
  }
}
```

输出如下面的代码清单 8.10 所示。

代码清单 8.10　MySQLToDatasetWithoutPartitionApp.java 的输出

```
+-------+---------------+--------------------+------------+-----------+--...
|film_id|          title|         description|release_year|language_id|or...
+-------+---------------+--------------------+------------+-----------+--...
|      1|ACADEMY DINOSAUR|A Epic Drama of a...|  2005-12-31|          1|  ...
|      2|  ACE GOLDFINGER|A Astounding Epis...|  2005-12-31|          1|  ...
|      3|ADAPTATION HOLES|A Astounding Refl...|  2005-12-31|          1|  ...
|      4|AFFAIR PREJUDICE|A Fanciful Docume...|  2005-12-31|          1|  ...
|      5|     AFRICAN EGG|A Fast-Paced Docu...|  2005-12-31|          1|  ...
+-------+---------------+--------------------+------------+-----------+--...
only showing top 5 rows

root
 |-- film_id: integer (nullable = true)
 |-- title: string (nullable = true)
 |-- description: string (nullable = true)
 |-- release_year: date (nullable = true)
 |-- language_id: integer (nullable = true)
 |-- original_language_id: integer (nullable = true)
 |-- rental_duration: integer (nullable = true)
 |-- rental_rate: decimal(4,2) (nullable = true)
 |-- length: integer (nullable = true)
 |-- replacement_cost: decimal(5,2) (nullable = true)
 |-- rating: string (nullable = true)
 |-- special_features: string (nullable = true)
 |-- last_update: timestamp (nullable = true)

The dataframe contains 1000 record(s).
The dataframe is split over 1 partition(s).
```

请注意代码清单 8.10 输出的最后一行。数据在一个分区中。下面的代码清单 8.11 添加了分区代码。第 17 章将讨论更多关于分区的内容。

代码清单 8.11　MySQLToDatasetWithPartitionApp.java

```
package net.jgp.books.spark.ch08.lab320_ingestion_partinioning;
...
public class MySQLToDatasetWithPartitionApp {
...
    Properties props = new Properties();        ◀──── 设置数据库连接的属性
    props.put("user", "root");
    props.put("password", "Spark<3Java");
    props.put("useSSL", "false");
    props.put("serverTimezone", "EST");

    props.put("partitionColumn", "film_id");    ◀──── 要分区的列
    props.put("lowerBound", "1");               ◀──── 步幅的下限
    props.put("upperBound", "1000");            ◀──── 步幅的上限
    props.put("numPartitions", "10");           ◀──── 分区数

    Dataset<Row> df = spark.read().jdbc(        ◀──── 提取 film 表
      "jdbc:mysql://localhost:3306/sakila",
```

```
    "film",
    props);
…
```

本例中，数据被划分进 10 个分区，输出的最后一行如下：

```
…
The dataframe is split over 10 partition(s).
```

8.3.4 高级功能总结

前面几节介绍了如何更好地从 RDBMS 中提取数据。开发人员可能不会一直执行这些操作，因此附录 L 提供了参考表以便开发人员进行提取操作。

8.4 从 Elasticsearch 中提取数据

本节将介绍如何直接从 Elasticsearch 中提取数据。自 2010 年(我开始使用 Elasticsearch 的那一年)起，Elasticsearch 作为一种可扩展的文档存储和搜索引擎，变得越来越受欢迎。与 Elasticsearch 的双向通信可帮助 Spark 存储和检索复杂的文档。

虽然一些纯粹主义者认为 Elasticsearch 不是数据库，但它是一种令人难以置信的数据存储方式，因此在讨论从数据存储中提取数据时，本章主要探讨该存储方式。

注意：请参阅附录 N，获取有关安装 Elasticsearch 的帮助信息，并为正在使用的示例添加样本数据集。如果想知道关于此搜索引擎的更多知识，请参阅 Radu Gheorghe 等人编写的《Elasticsearch 实战》(*Elasticsearch in Action*，Manning 出版社，2015 年)，可通过 https://www.manning.com/books/elasticsearch-in-action 获得此书。

在首次对 Elasticsearch 进行数据提取之前，请先了解其架构。

8.4.1 数据流

图 8.8 演示了 Spark 和 Elasticsearch 之间的数据流。对于 Spark 而言，Elasticsearch 就像一个数据库，需要一个驱动程序，如 JDBC 驱动程序。

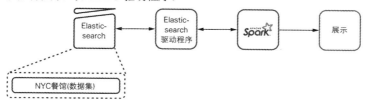

图 8.8 Elasticsearch 使用 Elastic 提供的驱动程序与 Spark 进行通信

你可能还记得代码清单 8.3 中的内容，我们修改了 pom.xml 文件。Elasticsearch 所需的代码摘要如下：

```
<dependency>
```

```
<groupId>org.elasticsearch</groupId>
<artifactId>elasticsearch-hadoop</artifactId>
<version>6.2.1</version>
</dependency>
```

此入口定义了 Elasticsearch 所需的、由 Elastic(Elasticsearch 背后的公司)提供的驱动程序，允许 Elasticsearch 与 Spark 以及 Hadoop 之间进行双向通信。

8.4.2 Spark 提取的 NYC 餐馆数据集

让我们看看所编写的代码能获得的结果。Elasticsearch 以 JSON 格式存储文档；因此，如果看到如代码清单 8.12 所示的嵌套结构，也不必感到惊奇。此输出中添加了计时函数，因此，你可直观地看到时间花在了何处。表 8.2 总结了所花费的时间。

实验：这是实验#400，可通过 GitHub 链接 https://github.com/jgperrin/net.jgp.books.spark.ch08 获取所需的代码。该实验需要 Elasticsearch。

表 8.2 提取 Elasticsearch 数据的时间

步骤	时间(毫秒)	总时间(毫秒)	描述
1	1524	1524	获取会话
2	1694	3218	连接到 Elasticsearch
3	10 450	13 668	获取一些记录，足够显示 10 条并推断模式
4	1	13 669	显示模式
5	33 710	47 379	获取其余记录
6	118	47 497	对存储记录的分区数目进行计数

注意：表 8.2 中使用的时间基于本地笔记本计算机(这也是 Spark 和 Elasticsearch 的优点之一：所有代码都可在笔记本计算机上运行)。虽然在不同的系统上所花费的时间可能会有显著差异，但是其比例应该不会有显著差异。

代码清单 8.12 Spark 从 Elasticsearch 提取 NYC 餐馆数据集的结果

```
Getting a session took: 1524 ms
Init communication and starting to get some results took: 1694 ms
+--------------------+--------------------+---------+--------+--------+---…
|              Action|             Address|     Boro|Building|  Camis |  …
+--------------------+--------------------+---------+--------+--------+---…
|Violations were c...|10405 METROPOLITA...|   QUEENS|   10405|40704305|[-7…
|Violations were c...|10405 METROPOLITA...|   QUEENS|   10405|40704305|[-7…
|Violations were c...|10405 METROPOLITA...|   QUEENS|   10405|40704305|[-7…
|Violations were c...|10405 METROPOLITA...|   QUEENS|   10405|40704305|[-7…
|Violations were c...|181 WEST 4 STREET...|MANHATTAN|     181|40704315|[-7…
|Violations were c...|181 WEST 4 STREET...|MANHATTAN|     181|40704315|[-7…
|Violations were c...|181 WEST 4 STREET...|MANHATTAN|     181|40704315|[-7…
|Violations were c...|181 WEST 4 STREET...|MANHATTAN|     181|40704315|[-7…
|Violations were c...|181 WEST 4 STREET...|MANHATTAN|     181|40704315|[-7…
```

```
|Violations were c...|1007 LEXINGTON AV...|MANHATTAN|    1007|40704453|[-7…
+-------------------+--------------------+---------+--------+--------+-------+---…
only showing top 10 rows

Showing a few records took: 10450 ms
root
 |-- Action: string (nullable = true)
 |-- Address: string (nullable = true)
 |-- Boro: string (nullable = true)
 |-- Building: string (nullable = true)
 |-- Camis: long (nullable = true)
 |-- Coord: array (nullable = true)
 |    |-- element: double (containsNull = true)
 |-- Critical_Flag: string (nullable = true)
 |-- Cuisine_Description: string (nullable = true)
 |-- Dba: string (nullable = true)
 |-- Grade: string (nullable = true)
 |-- Grade_Date: timestamp (nullable = true)
 |-- Inspection_Date: array (nullable = true)
 |    |-- element: timestamp (containsNull = true)
 |-- Inspection_Type: string (nullable = true)
 |-- Phone: string (nullable = true)
 |-- Record_Date: timestamp (nullable = true)
 |-- Score: double (nullable = true)
 |-- Street: string (nullable = true)
 |-- Violation_Code: string (nullable = true)
 |-- Violation_Description: string (nullable = true)
 |-- Zipcode: long (nullable = true)

Displaying the schema took: 1 ms
The dataframe contains 473039 record(s).
Counting the number of records took: 33710 ms
The dataframe is split over 5 partition(s).
Counting the # of partitions took: 118 ms
```

正如我们从计时数据中所得出的结论一样，在 Spark 推断出模式并显示出几行数据之前，它不需要将整个数据集存储在内存中。但是，当要求 Spark 统计记录数时，它需要将所有内容存储在内存中，因此需要 33 秒的时间来下载其余数据。

8.4.3　从 Elasticsearch 中提取 NYC 餐馆数据集的代码

下面的代码清单 8.13 将 Elasticsearch 中的 NYC 餐馆数据集提取到 Spark 中。

代码清单 8.13　ElasticsearchToDatasetApp.java

```java
package net.jgp.books.spark.ch08.lab400_es_ingestion;

import org.apache.spark.sql.Dataset;
import org.apache.spark.sql.Row;
import org.apache.spark.sql.SparkSession;

public class ElasticsearchToDatasetApp {

  public static void main(String[] args) {
```

```
        ElasticsearchToDatasetApp app =
            new ElasticsearchToDatasetApp();
        app.start();
    }

    private void start() {
        long t0 = System.currentTimeMillis();

        SparkSession spark = SparkSession.builder()
            .appName("Elasticsearch to Dataframe")
            .master("local")
            .getOrCreate();
        long t1 = System.currentTimeMillis();
        System.out.println("Getting a session took: " + (t1 - t0) + " ms");

        Dataset<Row> df = spark
            .read()
            .format("org.elasticsearch.spark.sql")

            .option("es.nodes", "localhost")
            .option("es.port", "9200")
            .option("es.query", "?q=*")
            .option("es.read.field.as.array.include", "Inspection_Date")
            .load("nyc_restaurants");

        long t2 = System.currentTimeMillis();
        System.out.println(
            "Init communication and starting to get some results took: "
            + (t2 - t1) + " ms");

        df.show(10);
        long t3 = System.currentTimeMillis();
        System.out.println("Showing a few records took: " + (t3 - t2) + " ms");
            #A

        df.printSchema();
        long t4 = System.currentTimeMillis();
        System.out.println("Displaying the schema took: " + (t4 - t3) + " ms");
            #A

        System.out.println("The dataframe contains " +
            df.count() + " record(s).");
        long t5 = System.currentTimeMillis();
        System.out.println("Counting the number of records took: " + (t5 - t4)
            + " ms"); #A

        System.out.println("The dataframe is split over " + df.rdd()
            .getPartitions().length + " partition(s).");
        long t6 = System.currentTimeMillis();
        System.out.println("Counting the # of partitions took: " + (t6 - t5)
            + " ms"); #A
    }
}
```

在主要步骤处引入计时功能，了解时间花在了何处

格式名称，可以是短名称，如 csv、jdbc，也可以是完整的类名(第 9 章中有更多相关讨论)

与任何数据提取一样，从 read()开始

在主要步骤处引入计时功能，了解时间花在了何处

Elasticsearch 端口(可选，一般使用 9200)

查询(此处如果想要全部数据，则可省略)

数据集名称

需要转换 Inspection_Date 字段

　　如你所见，从 Elasticsearch 中提取数据与从文件(第 7 章)和数据库中提取数据的原理相同。可在附录 L 中找到导入数据的选项列表。

8.5　小结

- 将 Spark 连接到数据库，需要 JDBC 驱动程序。
- 与使用 JDBC 一样，可使用属性或长 URL 连接到数据库。
- 可构建 dialect 以连接到不可用的数据源，这并非难事。
- Spark 附带了对 IBM Db2、Apache Derby、MySQL、Microsoft SQL Server、Oracle、PostgreSQL 和 Teradata 数据库的现成支持。
- 可使用(<select statement>)<table alias>语法代替表名来过滤正在提取的数据。
- 在将数据提取到 Spark 中前，可在数据库层面执行连接操作，也可在 Spark 中执行连接操作。
- 可将数据库中的数据自动分配到多个分区。
- 连接到 Elasticsearch 与连接到数据库一样容易。
- 与其他提取数据的操作一样，从 Elasticsearch 中提取数据的操作遵循相同的原理。
- Spark 以提取 JSON 文档的方式提取 Elasticsearch 中包含的 JSON 文档。

第9章

数据提取进阶：寻找数据源与
构建自定义数据源

本章内容涵盖
- 找到第三方数据源，进行数据提取
- 理解构建自己数据源的益处
- 构建自己的数据源
- 构建 JavaBean 数据源

在大多数用例中，我们必须从非传统数据源获取数据，然后在 Apache Spark 中使用数据。想象一下，如果数据位于企业资源规划(Enterprise Resource Planning，ERP)系统中，那么如果要通过 ERP 的 REST API 提取数据，该如何操作？当然，我们可创建独立的应用程序，将所有数据转储为 CSV 或 JSON 文件，并提取文件，但我们并不希望处理每个文件的生命周期。何时删除文件？谁有权使用数据？在某个时刻，磁盘满载了吗？一次需要所有数据吗？这些问题都是值得考虑的。

我们可能面临的另一个用例涉及特定格式数据的提取。

想象一下这个简单的场景……你在 Hillsborough 车间看到了一台计算机数控(Computer Numerical Control，CNC)路由器，它使用奇怪的格式输出状态报告。最近，你看到了 Duke 大学刚安装的 X 射线机生成的医学数字影像通信(DICOM)文件。当然，你可再次使用同样的方法，从这些文件中提取所需的数据，将它们存储为备用的 CSV 或 JSON 格式。但是此时，你仍然必须处理这些文件及其生命周期。有时，由于有可能会丢失大量的元数据，我们无法轻易地将这些数据转换为 CSV 或 JSON 格式。

如果我告诉你(或更准确地说，写给你)，我们可对 Spark 进行扩展，让它自然支持任何数据源，那么会发生什么情况？现在，你可构建与 ERP 进行自然对话的分析管道，从 CNC 路由器收集作业状态，并分析医学图像的元数据。尽管普通数据工程师可能不能理解这些数据，但是数据科学家却可发现 MedTech 设备的零件质量，与 ERP、CNC 和控制焊接的 X 射线机之间的相关性。

人们可使用多种数据格式。有时候，当数据格式比较复杂时，提取过程也变得更为复杂。这是本章要解决的问题。

首先，你可以看看 Spark Packages，在这个站点上，可找到扩展 Spark 的额外软件包。本章的第二部分将教你构建自定义数据源接口，所提供的支持示例涉及照片元数据的提取。你可能知道，所有数码照片都包含一个元数据块，使用 EXIF 格式描述照片。让我们读取照片的 EXIF 数据，准备就绪后就执行一些分析吧！

了解 EXIF

如你所知，相机拍摄照片并将其存储在闪存中。现在，想象一下，如果每个相机制造商都有自己的格式，这简直是一场噩梦。值得庆幸的是，除了高端相机上使用的制造商所称的原始格式(raw format)外，其他相机都将照片存储为联合图像专家组(Joint Photographic Experts Group，JPEG)格式。

JPEG(或 JPG，但绝对不是 JGP)可将元数据嵌入文件本身：照片拍摄的日期和时间(根据相机而定，因此，旅行时请不要忘记更改相机的时间)、尺寸、文字(如版权信息)、甚至是 GPS 坐标。这些附加信息块采用可交换图像文件格式(Exchangeable Image File Format，EXIF)存储。

要读取 JPEG 文件中的 EXIF，可使用来自 Drew Noakes 的名为 Metadata Extractor 的开源库(https://github.com/drewnoakes/metadata-extractor)。这个库易于使用，已插入实验室的 pom.xml 文件中，因此开发人员不必下载任何内容。想了解有关 EXIF 和元数据提取的更多信息，请参阅本章提供的库的 URL。

图 9.1 详细说明了数据提取过程的各个阶段，目前你处在第 9 章。

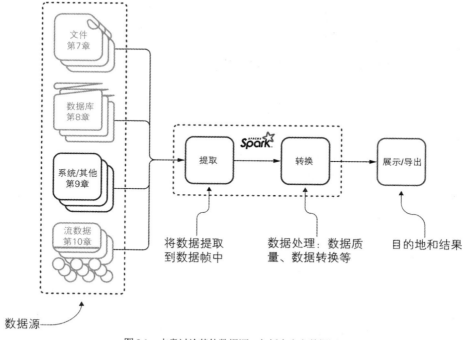

图 9.1 本章讨论其他数据源，包括自定义数据源

实验：本章示例可在 GitHub 上找到，网址为 https://github.com/jgperrin/net.jgp.books.spark.ch09。附录 L 提供了关于数据提取的参考信息。

9.1　什么是数据源

数据源给 Spark 提供数据。一旦 Spark 从该数据源提取了数据，就可开始所有传统的数据处理过程了，如数据转换、机器学习等。数据源可以是以下任意一种。

- 文件(CSV、JSON、XML 等，如第 7 章所述)
- 其他文件格式，包括 Avro、Parquet 和 ORC(如第 7 章中的定义)
- 关系数据库(如第 8 章所述)
- 非关系数据库，如 Elasticsearch(第 8 章中也有介绍)
- 其他数据提供程序：代表性状态传输(Representational State Transfer，REST)服务、不受支持的文件格式等

如你所知，Spark 使用数据帧存储数据与模式。负责读取和创建数据帧的"工具"为数据帧读取器。但是，读取器本身需要有与数据源通信的方式。图 9.2 详细说明了数据源和所涉及的组件。

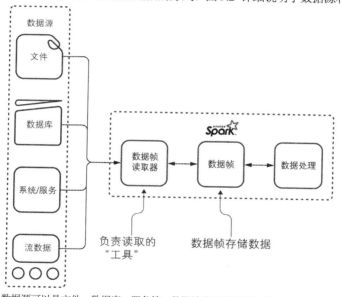

图 9.2　数据源可以是文件、数据库、服务等。数据帧读取器需要知道如何与数据源进行通信

9.2　直接连接数据源的好处

通常，在实施确定的解决方案之前，需要研究几种选择方案。本节将比较直接与数据源连接的方法，和将数据转储到文件中，然后提取文件的方法。如前几章所述，Spark 可从多种文件格式中提取数据。

但此处存在一个显而易见的问题：为什么要如此麻烦呢？我们可将 ERP 数据导出到 CSV 文件中，然后在 Spark 中提取数据。在最坏的情况下，可运行 Perl 或 Python 脚本来调整数据。

图 9.3 详细阐释了一种确实有效的选择方案(通过文件从 ERP 处获取数据);另一方面,图 9.4 详细说明了直接连接的方法。

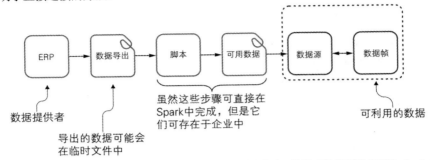

图 9.3 通过文件从 ERP 处获取数据的示例:导出数据,通过脚本清理数据,通过标准数据源(如 Spark 内置的 CSV 解析器)提取可用数据

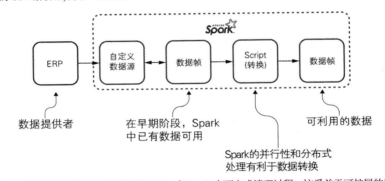

图 9.4 自定义数据源可直接连接到 ERP。在 Spark 中可完成清理过程,这受益于可扩展的架构

如直接连接到数据源,将有诸多好处,下面逐一介绍。首先,看一下此架构的组件:

● 数据提供者导出数据,生成临时文件。
● 数据质量脚本确保数据有效且可用。
● 按需提供的数据可用于优化海量数据传输。

9.2.1 临时文件

你不必处理数据提供者导出的文件。文件可能很大,会占用大量内存。如果文件的权限未设置完整,人们可能会窃取文件内容,在本地复制文件;在某些情况下,例如,受保护的健康信息(Protected Health Information,PHI)被窃取,数据管理员可能要承担法律责任。使用自定义数据源,可将所有数据存放在 Spark 中,以避免额外的存储或数据遭到窃听的情况。想象一下,假设有 2000 万条记录,每条记录大约 3000 个字节,将生成 55 GB 的文件,你需要通过脚本提取和转换这些文件。在磁盘上,这可能需要两到三倍的空间,然而,在 Spark 中,通过压缩,55 GB 的文件通常需要约44 GB 的存储空间。根据经验,在你提取数据时,数据会占用 80%的空间。Spark 会将数据存在内存中,当内存空间不够时,才使用磁盘。

9.2.2　数据质量脚本

脚本可用于清理数据、进行验证等；目的是在数据达到 Spark 之前，执行某种层次的数据质量检验动作。我们必须维护脚本，脚本有其生命周期。通常，这些脚本是用 Perl 或 Python 编写的，必须进行维护、部署等。Spark 的数据清理脚本具有以下优点：

- 受益于集群架构，执行速度更快。
- 使用与应用程序相同的数据帧 API，使维护更加容易。

9.2.3　按需提供数据

自定义数据源还可提供过滤选项，按需提供数据。此方法可优化数据传输，提高系统性能。在本章的实验中，可以看到这一点。

9.3　查找 Spark 软件包中的数据源

在寻找某物时，有个搜索入口点总是有用的。有时候，搜索入口点不是 Google。2014 年，Databricks 建立了 Spark Packages，即 Apache Spark 的第三方软件包的索引。并非所有软件包都是数据源；可在 https://spark-packages.org/ 中找到教程，包括法语版的教程。软件包以如下方式组织：

- 核心(Core)
- 数据源(Data Sources)
- 机器学习(Machine Learning)
- 流(Streaming)
- 图表(Graph)
- PySpark(连接 Spark 与 Python)
- 应用程序(Applications)
- 部署(Deployment)
- 示例(Examples)
- 工具(Tools)

如第 7 章中所述，一些包由第三方供应商编写，可能不遵循解析器的约定行为，如路径中的正则表达式，或不区分大小写的选项名称。因此，在使用它们时要小心。

社区站点　Spark Packages 为社区站点。如果你开发了一些能令社区感兴趣的内容，可在此站点分享示例、教程、软件包等。

9.4　构建自己的数据源

有时候，即使你拼尽全力，也未必能在互联网上找到将特定格式的数据提取到数据帧中的方法，Google 和 Spark Packages 也无法提供帮助。此时，你应该意识到需要构建自己的数据源。

本节将大致介绍构建数据源的所有步骤。首先，要了解所构建的内容，以及为何构建(益处)；最后，学习代码。我们使用 Java 代码创建所有类和资源，以连接数据源，并读取数据源。

聚焦数据源 API V1　尽管本书探讨的是 Apache Spark v3.x，但是本节及随后各节探讨的是 Data Source API v1。虽然 Spark 2.3 及更高版本包含此 API 的改进版本，名为数据源 API v2(也被称为 DSv2)，但我认为它还不够成熟，因此本书中不予以记录，而且 v1 版本的 API 依然受到支持，并未被标记为已淘汰版本。尽管如此,要成为一名优秀的管道工,就必须保证切换到新 API 的操作不会对已有代码造成太大的影响。

　　阅读第 7 章和第 8 章中关于数据提取的内容,也许有所帮助,但这里不硬性要求。

9.4.1　示例项目的范围

　　本节将重点探讨实验。我们将从照片中提取元数据,将数据存储在 bean 中,然后将 bean 变成数据帧。图 9.5 详细说明了此过程:数据源使用 Java 自省来发现 bean 的属性,从而构建数据帧。

　　本节将教你构建数据源,提取存储在本地磁盘上的照片元数据。元数据是数据中的数据:对于关系数据库表中的数据而言,元数据包括表名、索引名、列的数据类型等。在使用胶片摄影的黄金时代,对于打印在照片纸上的照片,有时候,你能很幸运地在照片背面看到一排照片的日期或序列号。但打印日期是打印照片的日期,并不是拍摄照片的日期。

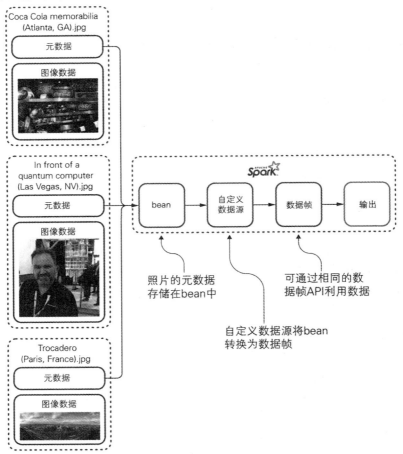

图 9.5　从图片中提取元数据,将元数据存储在 JavaBean 中,然后通过 Java 自省(也称为反射),使用 bean
　　　　数据源提供的程序从 bean 中提取数据,将数据放在数据帧中并显示结果

随着数码摄影的普及，查找、分类和记住照片拍摄地点等功能变得相对容易——但我的母亲还是想念流行纸质照片的那些逝去的日子，有时，我也是如此。

接下来，将提取的 EXIF 数据存储在 JavaBean(或 Plain Old Java Object，POJO)中。JavaBean 是用于接收键/值对列表的理想容器，其中键是预定义的。

JavaBean 是什么

我知道你懂 bean 是什么，你也明白我知道你懂，是吧？但是，在这个快节奏的世界，我有时候会忘记一些基本知识。

JavaBean 是将多个对象和原始类型封装到一个对象(bean)中的类。它可序列化，提供无参构造器，允许使用 getter 方法和 setter 方法访问对象的属性。名称中的 Bean 是一种惯用叫法，旨在创建 Java 的可重用软件组件(bean 听起来很像咖啡豆，因此实至名归)。

以上信息改编自 Wikipedia。

但是挑战不止于此：数据源将使用自省，通过类中的 getter，自动在数据帧中构建列。

什么是自省

自省是我最喜欢的 Java 功能之一：它允许运行中的 Java 应用程序进行自我检查，或称"内省"。例如，Java 应用程序可通过自省获取其所有成员的名称，将它们存储在列表中，显示它们。

一个好处是，你能看到类的所有 getter，以构建通用小巧的打印器。想象一下，将 POJO 或 JavaBean 提供给一个实用程序类，无论对象是什么，这个程序都可查看对象的属性，并打印出对象的所有属性。

你可在本章的实验中找到示例代码。请查看 net.jgp.books.spark.ch09.lab900_generic_pretty_printer.GenericPrettyPrinterApp。由于这不是本书的主题，此处不详细介绍该示例，但是，我为示例代码写了文档，它可以"自给自足"。

要了解更多信息，请在 http://mng.bz/nvad 上查阅 Glen McCluskey 的 "Using Java Reflection" 的简介。

前几章中使用了一些小示例进行演示。本章中的项目相对完整和复杂；虽然在未来的项目中，你可大量重用这些代码，但也必须处理更多具有不同重要程度的类。JavaBean 读取器的设计非常通用。

9.4.2　数据源 API 和选项

设置好场景之后，让我们看看如何使用新数据源。使用数据源与使用 CSV 或 JSON(见第 7 章)一样容易。该项目有 14 张照片。我们首先查看输出结果，然后深入研究代码的用法。在理解了所有这些内容之后，就可使用 API 了。

最终结果如下所示：

```
I have imported 14 photos.
root
 |-- Name: string (nullable = true)
 |-- Size: long (nullable = true)
 |-- Extension: string (nullable = true)
 |-- MimeType: string (nullable = true)
 |-- GeoY: float (nullable = true)
 |-- GeoZ: float (nullable = true)
 |-- Width: integer (nullable = true)
 |-- GeoX: float (nullable = true)
 |-- Date: timestamp (nullable = true)
 |-- Directory: string (nullable = true)
 |-- FileCreationDate: timestamp (nullable = true)
 |-- FileLastAccessDate: timestamp (nullable = true)
 |-- FileLastModifiedDate: timestamp (nullable = true)
 |-- Filename: string (nullable = false)
 |-- Height: integer (nullable = true)
```

元数据包含的照片属性，
你决定通过 JavaBean
公开这些属性

```
+--------------------+-------+---------+----------+----------+---------+--...
|                Name|   Size|Extension|  MimeType|      GeoY|     GeoZ| Wi...
+--------------------+-------+---------+----------+----------+---------+--...
|A pal of mine (Mi...|1851384|      jpg|image/jpeg| -93.24203|254.95032| 3...
|Coca Cola memorab...| 589607|      jpg|image/jpeg|      null|     null| 1...
|Ducks (Chapel Hil...|4218303|      jpg|image/jpeg|      null|     null| 5...
|Ginni Rometty at ...| 469460|      jpg|image/jpeg|      null|     null| 1...
|Godfrey House (Mi...| 511871|      jpg|image/jpeg|-93.239494|    233.0| 1...
+--------------------+-------+---------+----------+----------+---------+--...
```

数据帧包含来自实验室数
据目录中图片的 EXIF 信息

```
only showing top 5 rows
```

要生成此输出，需要编写类似于之前的数据提取示例的代码。在会话中调用读取器，然后指定
格式和选项，如下面的代码清单 9.1 所示。

代码清单 9.1　调用新数据源的应用程序代码

```java
package net.jgp.books.spark.ch09.lab400_photo_datasource;

import org.apache.spark.sql.Dataset;
import org.apache.spark.sql.Row;
import org.apache.spark.sql.SparkSession;

public class PhotoMetadataIngestionApp {
  public static void main(String[] args) {
    PhotoMetadataIngestionApp app = new PhotoMetadataIngestionApp();
    app.start();
  }

  private boolean start() {
    SparkSession spark = SparkSession.builder()
        .appName("EXIF to Dataset")
        .master("local").getOrCreate();
```

这些软件包与任何数据提取
所使用的软件包一样

← 创建 Spark 会话

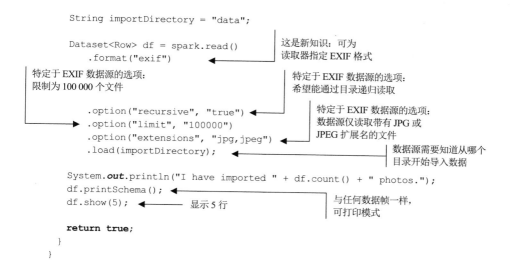

自定义数据源的使用方式与其他数据源的使用方式完全相同：使用 format() 方法指定格式，然后使用 option() 方法将所有选项指定为键/值(key/value)对。最后，通过传入路径或文件名调用 load() 方法，以启动该过程。这里使用的代码紧凑，易于阅读和维护。

现在，请思考如下问题：Spark 如何知道处理 EXIF 数据源的方法？这段代码在哪里？下一节将回答这些问题，并提供代码，详细描述实现过程。

9.5　幕后工作：构建数据源本身

现在，我们对数据源 API 及其关联的选项已略有了解。下面介绍幕后机制，并构建数据源。随后几节将解释以下代码：

- 注册文件和简称广告器文件，允许使用简称调用数据源，如代码清单 9.1 中的 exif。
- 数据源代码是数据及其关联模式之间的关系。
- buildScan() 和 schema() 方法之间的关系。

图 9.6 以图形的方式描述了该过程。此处将使用类似的插图详细说明此过程的每个步骤，使该过程更易于理解。

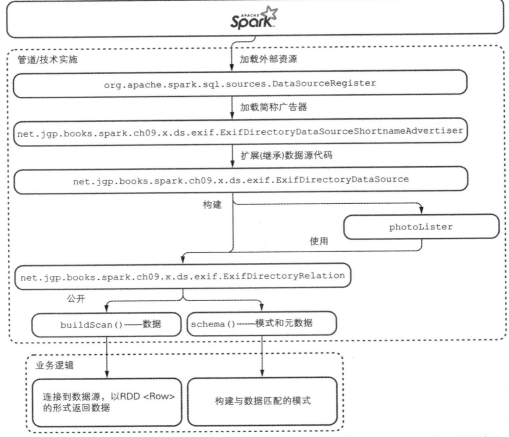

图 9.6 业务逻辑的流程，以及一些管道代码——编写简单的类来公布(advertise)数据源简称、数据源和关系

9.6 使用注册器文件和广告器类

上一节教你读取数据，将数据加载到数据帧中，并指定了一种格式：

```
Dataset<Row> df = spark.read()
    .format("exif")
    .load(importDirectory);
```

你需要告诉 Spark 如何处理这种格式。这是待编写的注册器类和广告器类的作用。

Spark 需要资源文件来告诉它如何处理简称(与完整的类名相反)。资源文件为 advertiser(在本示例中，简称为 exif)。这个文件包含需要注册的外部数据源的清单。这些类公布(advertise)简称，在此案例中，简称为 exif。这个文件包含发生加载过程的类名：net.jgp.books.spark.ch09.x.ds.exif. ExifDirectoryDataSourceShort-nameAdvertiser。这是在名为 org.apache.spark.sql.sources.DataSourceRegister 的资源文件中完成的，如图 9.7 所示。注册器文件必须位于项目的 resources/META-INF/services 目录中。

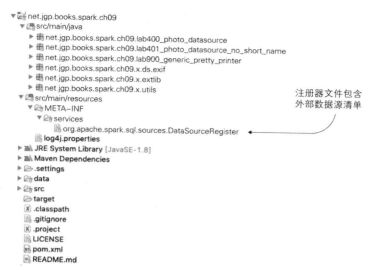

图 9.7　注册器文件的位置。注册器告诉 Spark 数据源的广告器在何处。广告器告诉 Spark 数据源的简称，
　　　　在此实验中，数据源简称为 exif

广告器类使用名为服务加载器(Service Loader)的标准 Java 机制，为应用程序提供服务。可在
http://mng.bz/vl0a 上了解有关此 Java 8 功能的更多信息。

图 9.8 表明我们处在扩展(继承)数据源代码这一步骤中。

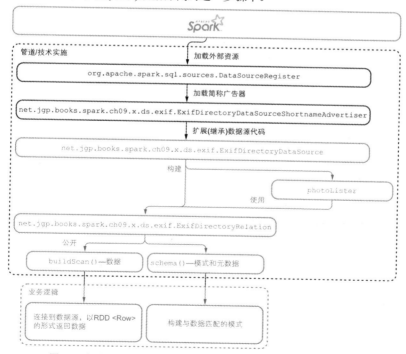

图 9.8　在此流程的这一步，你在数据源注册器和广告器类中定义简称

如前所述，广告器负责公布所调用数据源的简称。下面介绍广告器。

需要导入 DataSourceRegister
接口来实现广告器

```
package net.jgp.books.spark.ch09.x.ds.exif;

import org.apache.spark.sql.sources.DataSourceRegister;

public class ExifDirectoryDataSourceShortnameAdvertiser
    extends ExifDirectoryDataSource
    implements DataSourceRegister {

  @Override
  public String shortName() {
    return "exif";
  }
}
```

数据源代码位于此类中；
广告器扩展这个类

实现 shortName()方法，
返回希望使用的数据源
简称

请注意，简称是可选项：不需要公布简称。在应用程序中，调用 read()时，使用以下代码：

```
Dataset<Row> df = spark.read()
    .format("exif")
    .option("recursive", "true")
    .option("limit", "100000")
    .option("extensions", "jpg,jpeg")
    .load(importDirectory);
```

这等同于以下代码：

```
Dataset<Row> df = spark.read()
    .format("net.jgp.books.spark.ch09.x.ds.exif.
 ExifDirectoryDataSourceShortnameAdvertiser")
    .option("recursive", "true")
    .option("limit", "100000")
    .option("extensions", "jpg,jpeg")
    .load(importDirectory);
```

你得承认第一种形式更容易阅读，对吧？也可在存储库中获得第二个示例，网址为 net.jgp.books.spark.ch09.lab101_photo_datasource_no_short_name.PhotoMetadataIngestionNoShortName App。该示例对于调试非常有用。

9.7　理解数据和模式之间的关系

上一节介绍了如何使用 API，以及如何公布数据源的简称。现在，请观察数据与模式之间的关系，这正是数据源所构建的关系。首先，请查看数据源如何构建此关系对象，然后看一下构成关系的内容。

9.7.1　数据源构建关系

现在，我们来分析 ExifDirectoryDataSource。数据源有一个目标：创建关系。关系提供数据和模式，但是为了完成此目标，需要处理应用程序中定义的选项。

图 9.9 表明我们处在流程中的构建步骤。如你所料，可在 GitHub 存储库中找到可用代码。存储库中的代码具有额外的日志记录功能，本示例删除了这些功能，并将代码压缩，只显示其核心部分，以增强可读性。

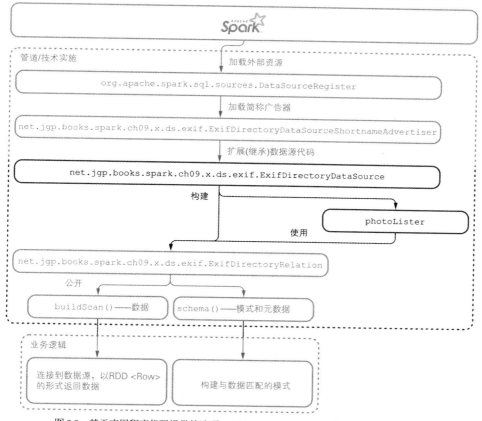

图 9.9　基于应用程序代码提供的选项，ExifDirectoryDataSource 构建关系和照片列表

下面从导入代码开始，逐块分析代码清单 9.2 中的代码。

代码清单 9.2　带有详细说明的数据源代码

```
package net.jgp.books.spark.ch09.x.ds.exif;

import static scala.collection.JavaConverters.mapAsJavaMapConverter;

import org.apache.spark.sql.SQLContext;
import org.apache.spark.sql.sources.BaseRelation;
import org.apache.spark.sql.sources.RelationProvider;
```

将 Scala 映射转换为 Java 映射的静态方法

需要的 Spark 软件包

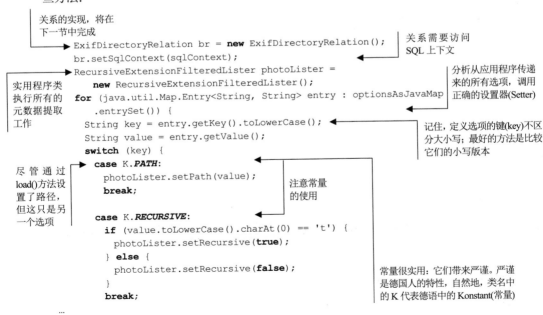

```
import net.jgp.books.spark.ch09.x.extlib.
➥ RecursiveExtensionFilteredLister;
import net.jgp.books.spark.ch09.x.utils.K;
import scala.collection.immutable.Map;
```

这个类实际为
我们列出了文件

我喜欢常量：常量带来严谨。严谨是德国
人的特性，K 代表德语中的 Konstant(常量)，
这是基本知识！

映射容器/集合，但
是使用 Scala 实现

附录 J 描述了关于 Scala 的更多相关信息。虽然你不需要学习 Scala，但此处使用 Scala 构建 Spark，因此开发人员必须与某些 Scala 对象进行交互。Scala 提供转换器，以实现两种语言数据结构之间的转换，减轻我们的工作负担。

在接触 Spark 的底层代码时，我们看不到使用 Java 和 Scala 类型提供双重实现的方法。这就是我们会看到 Scala 映射集合，但却要把它转换为 Java 映射，并使用熟悉的 Java 映射的原因：

```
public class ExifDirectoryDataSource implements RelationProvider {
  @Override
  public BaseRelation createRelation(
      SQLContext sqlContext,
      Map<String, String> params) {
    java.util.Map<String, String> optionsAsJavaMap =
      mapAsJavaMapConverter(params).asJava();
```

请注意包含参
数的 Scala 映射

现在，有了
Java 映射

因为这里使用 Java 编程并使用了 Java 集合，所以只需要将 Scala 映射转换为 Java 映射。附录 J 提供了有关 Scala，以及如何将 Scala 转换为 Java 的更多信息。

关系是一个弹性分布式数据集或 RDD(相关的更多信息，请参见第 3 章)、一种已知模式和其他一些方法：

关系的实现，将在
下一节中完成

关系需要访问
SQL 上下文

实用程序类
执行所有的
元数据提取
工作

分析从应用程序传递
来的所有选项，调用
正确的设置器(Setter)

```
ExifDirectoryRelation br = new ExifDirectoryRelation();
br.setSqlContext(sqlContext);
RecursiveExtensionFilteredLister photoLister =
    new RecursiveExtensionFilteredLister();
for (java.util.Map.Entry<String, String> entry : optionsAsJavaMap
    .entrySet()) {
  String key = entry.getKey().toLowerCase();
  String value = entry.getValue();
  switch (key) {
    case K.PATH:
      photoLister.setPath(value);
      break;

    case K.RECURSIVE:
      if (value.toLowerCase().charAt(0) == 't') {
        photoLister.setRecursive(true);
      } else {
        photoLister.setRecursive(false);
      }
      break;
    ...
  }
}
```

记住，定义选项的键(key)不区
分大小写；最好的方法是比较
它们的小写版本

尽管通过
load()方法设
置了路径，
但这只是另
一个选项

注意常量
的使用

常量很实用：它们带来严谨。严谨
是德国人的特性，自然地，类名中
的 K 代表德语中的 Konstant(常量)

```
    br.setPhotoLister(photoLister);
    return br;
  }
}
```

本章要介绍的下一个类是关系的实现，这个类名为 ExifDirectoryRelation。

photoLister 是 RecursiveExtensionFilteredLister 的一个实例，这是通用文件列表器，具有一些选项，包括按扩展名进行的筛选、对递归的支持，以及最大文件数等。这个类旨在基于参数提供文件列表；虽然读取文件的操作超出了本书的讨论范围，但是你可在 GitHub 中阅读带有注释的文件，网址为 http://mng.bz/4erQ。

此处仅分配从应用程序处获得的值，涉及的选项包括列表是否应支持递归、文件扩展名、最大文件数、初始路径。

9.7.2　关系内部

如上一节所述，关系链接了模式和数据。关系的主要目标是提供两个关键信息：

- 经由 schema()方法提供的数据模式，返回 StructType。
- 经由 buildScan()方法提供的数据，返回 RDD <Row>。

触发数据源时，Spark 将调用此代码。我的经验表明，首先调用的是 schema()方法，但这个顺序不是确定的，因此我无法假设在你的业务逻辑中，一个方法是在其他方法之前调用的。为了防止这种潜在问题的出现，可先缓存模式。图 9.10 详细说明了这部分的流程。

下面的代码清单 9.3 在 net.jgp.books.spark.ch09.x.dsif.ExifDirectoryRelation，其中使用了日志记录，但是为了可读性，此处未列出日志记录。这个类使用了大量的 Spark 依赖库。此处移除了此代码清单中的非 Spark 依赖库。

代码清单 9.3　ExifDirectoryRelation：与模式和数据的关系

```
package net.jgp.books.spark.ch09.x.ds.exif;
…
import org.apache.spark.api.java.JavaRDD;
import org.apache.spark.api.java.JavaSparkContext;
import org.apache.spark.rdd.RDD;
import org.apache.spark.sql.Row;
import org.apache.spark.sql.SQLContext;
import org.apache.spark.sql.sources.BaseRelation;
import org.apache.spark.sql.sources.TableScan;
import org.apache.spark.sql.types.StructType;
…
```

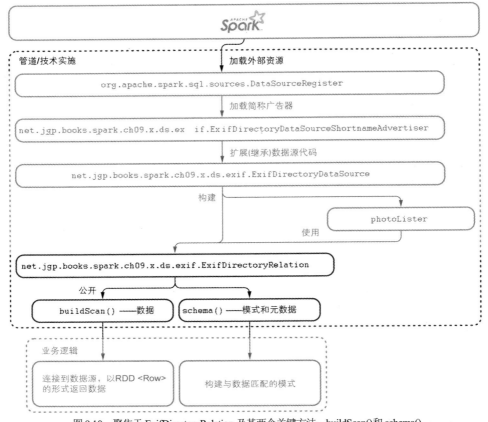

图 9.10 聚焦于 ExifDirectoryRelation 及其两个关键方法: buildScan() 和 schema()

如前所述, 此关系是(基本)关系: 它继承了 BaseRelation, 可被序列化(最终需要传递给工作器), 是一个 TableScan。虽然还有另一种 "Scan", 但是由于数据是用表格来表示的, 这里选择了这一种方法:

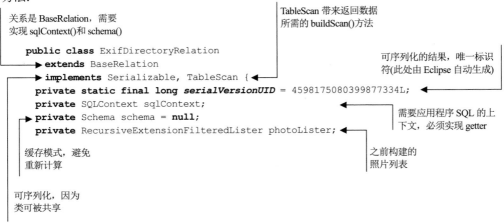

可使用简单的 getter 和 setter 获取和设置 SQL 上下文(SQL context)。为了在 buildScan()方法中创建 RDD，我们需要 SQL 上下文，而且 getter 是 BaseRelation 的约束条件。虽然这是 getter，但是它不以 get 开头(由父类强加)：

```java
@Override
public SQLContext sqlContext() {
  return this.sqlContext;
}

public void setSqlContext(SQLContext sqlContext) {
  this.sqlContext = sqlContext;
}
```

获取 SQL 上下文的方式不受父类的约束

schema()方法将模式作为 StructType 返回。StructType 的使用方法与使用预定模式提取 CSV 文件(请参见第 7 章)的方法相同。附录 L 列出了 Spark 支持的类型。

```java
@Override
public StructType schema() {
  if (schema == null) {
    schema = SparkBeanUtils.getSchemaFromBean(PhotoMetadata.class);
  }
  return schema.getSparkSchema();
}
```

此处使用的 Schema 对象是 Spark 模式的超集；因此，你在请求 Spark 所要求的特定信息

为了使这些方法更易于理解，此处将功能部分单独写在另一个名为 SparkBeanUtils 的类中。下一节将介绍 getSparkSchema()方法和 getRowFromBean()方法。

现在可以开始使用 buildScan()方法了，此方法旨在将数据作为 RDD 返回。记住，从根本上说，数据帧是带有模式的 RDD；有了模式，现在只需要数据了。注意代码中 lambda 表达式的使用。通过箭头标记(->)可轻松识别 lambda 表达式。如下所示：

```java
      .map(photo -> SparkBeanUtils.getRowFromBean(schema, photo));
```

```java
@Override
public RDD<Row> buildScan() {
  schema();

  List<PhotoMetadata> table = collectData();

  JavaSparkContext sparkContext =
    new JavaSparkContext(sqlContext.sparkContext());
  JavaRDD<Row> rowRDD = sparkContext.parallelize(table)
    .map(photo -> SparkBeanUtils.getRowFromBean(schema, photo));

  return rowRDD.rdd();
}
```

确保拥有最新的模式

collectData()的作用是使用所有照片的元数据构建一个列表

以并行方式构建 RDD

使用 lambda 函数，基于表格创建 JavaRDD <Row>

从 SQL 上下文中提取 Spark 上下文

我承认：我并不怎么支持使用 lambda 表达式。lambda 表达式令人难以阅读和理解，因此我很少使用它们。此处要对表格(每张照片)的每个元素调用 map()方法，因此 lambda 表达式的使用是合理的。

collectData()方法从列表器中获取所有文件，并遍历文件，以提取元数据：

```java
private List<PhotoMetadata> collectData() {
  List<File> photosToProcess = this.photoLister.getFiles();
  List<PhotoMetadata> list = new ArrayList<>();
  PhotoMetadata photo;

  for (File photoToProcess : photosToProcess) {
    photo = ExifUtils.processFromFilename(
        photoToProcess.getAbsolutePath());
    list.add(photo);
  }
  return list;
}
...
```

使用先前定义的选项，
构建所有文件的列表

循环遍历
所有照片

从文件中提
取元数据

将元数据添加到列表中，
循环结束后返回该列表

如你所见，这个方法只使用了简单的 Java 代码；不必使用特定的 Spark API。

9.8　使用 JavaBean 构建模式

讲解完构建数据源所需的所有管道工作后，本节将开始介绍如何通过自省，使用 JavaBean 构建模式。

数据源需要数据和模式。在 Spark 中，模式是 StructType 的实例。如果你从头开始构建模式，模式看起来如下所示(改编自第 7 章，基于模式提取 CSV 文件)：

```java
StructType schema = DataTypes.createStructType(new StructField[] {
    DataTypes.createStructField(
        "id",
        DataTypes.IntegerType,
        false),
    DataTypes.createStructField(
        "bookTitle",
        DataTypes.StringType,
        false),
    DataTypes.createStructField(
        "releaseDate",
        DataTypes.DateType,
        true) });
```

我们的目的是通过 Java 自省，直接使用 JavaBean 构建模式，如图 9.11 所示。

使用这个处理流程，可将任何 JavaBean 转换为数据帧。对于任何未来数据源，我们的目标都是获得 JavaBean 中的数据；实用程序类(SparkBeanUtils)负责构建正确的模式。这也意味着，如果要在 bean 中添加或删除列，实用程序类将自动这样做。

批注　Java 语言的批注提供了额外的对象元数据。本项目创建@SparkColumn 批注，针对如何将 JavaBean 转换为数据帧提供了提示。

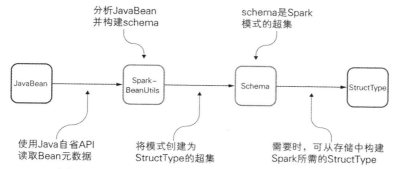

图 9.11　SparkBeanUtils 内省 JavaBean 并构建 Schema 实例，这是 Spark 所需的超集，可使用此超集构建所需的 StructType

你可查看用于提取 EXIF 的 JavaBean。这个类是来自 net.jgp.books.spark.ch09.x.extlib 包的 PhotoMetadata。为了清晰起见，这里只显示类的几个属性，移除了日志记录、setter 和其他导入的库。下面的代码清单 9.4 详细说明了此 POJO。

代码清单 9.4　PhotoMetadata：存储照片的属性

```java
package net.jgp.books.spark.ch09.x.extlib;
…
import net.jgp.books.spark.ch09.x.utils.SparkColumn;

public class PhotoMetadata implements Serializable {
…
  private Timestamp dateTaken;
  private String directory;
  private String filename;
  private Float geoX;
  private int width;

  @SparkColumn(name = "Date")
  public Timestamp getDateTaken() {
    return dateTaken;
  }

  public String getDirectory() {
    return directory;
  }

  @SparkColumn(nullable = false)
  public String getFilename() {
    return filename;
  }

  @SparkColumn(type = "float")
  public Float getGeoX() {
    return geoX;
  }

  public int getWidth() {
    return width;
  }
…
}
```

SparkColumn 批注，提示将 JavaBean 转换为数据帧

映射到 Spark 列的一些属性

使用批注，可指定列名；否则，将使用大写驼峰形式的属性名称(此处为 DateTaken)

不需要批注

强制将 nullable 属性设置为 false；在数据源 API 层次，文件名是必需的

虽然批注可强制使用某些数据类型，但是要小心数据类型的转换，Spark 不知道如何将某种数据类型转换为另一种数据类型。此处，强制数据类型的做法没有任何益处，只是为了说明如何操作

只要 Spark 知道如何处理它们，类型可以是对象或基元

用于构建和管理批注(@SparkColumn)的代码非常简单,并定义了默认值:

```
package net.jgp.books.spark.ch09.x.utils;

import java.lang.annotation.Retention;
import java.lang.annotation.RetentionPolicy;

@Retention(RetentionPolicy.RUNTIME)
public @interface SparkColumn {
  String name() default "";            ←——— 重写列名
  String type() default "";            ←——— 重写列类型——请记住,
  boolean nullable() default true;  ←       Spark 不会执行数据转换
}
                由于无法从 JavaBean 进行推断,
                此处设置了 nullable 的属性
```

构建自定义的批注 构建自定义批注的方法并不复杂。它涉及@interface(类似于接口)的编写。下一节将介绍如何将 JavaBean 转换为 Spark 模式,并开始构建数据帧的行。

9.9 使用实用程序构建数据帧的神奇方法

学习完如何构建应用程序,调用新数据源,构建所有管道,以及使用 JavaBean 构建 Spark 模式后,现在,你需要获取数据,并将其放置在数据帧中。

实用程序类负责构建模式和行。它做了一些神奇的工作:

● 将 JavaBean 转换为 Spark 模式。

● 基于值构建数据行。

通常情况下,建议尽可能地简化技术实现(如前面所述的管道代码)。此代码使用了 Spark 的许多底层接口,因此,如果接口发生改变,就必须对代码进行大改;如果将接口代码限制在最简单的范围内,更改代码产生的影响就比较小。对于真正的业务逻辑(繁重的工作),可调用服务或实用程序类来执行工作。

成为优秀的管道工 可将管道定义为软件图中两个或多个组件之间的连接,类似于水龙头连接水管的方式。根据经验,对于任何产品,如果你要与之接口,那么限制技术接口(这是无法控制的)的做法可屏蔽服务中的业务逻辑,因此有助于最大程度地减少代码更改所造成的影响。你可能会发现这与关注点分离(SoC)的设计原理有些相似之处。

图 9.12 显示了该流程的最后一步。

与本章先前的代码清单一样,这里删除了代码的一些导入语句、日志记录、额外的 case 语句、异常处理等,以提高可读性。但不必担心;你可在 GitHub 上找到完整的代码清单(带注释),网址为 http://mng.bz/Q094。

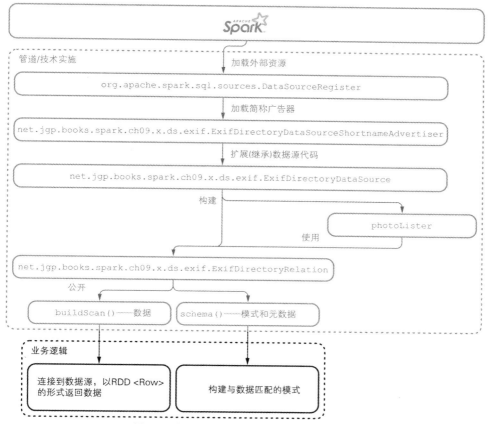

图 9.12　实用程序类为处理流程带来业务逻辑数据

代码清单 9.5　SparkBeanUtils：带来业务逻辑

```
package net.jgp.books.spark.ch09.x.utils;
import java.lang.reflect.InvocationTargetException;          用于自省的
import java.lang.reflect.Method;                             软件包
…
import org.apache.spark.sql.Row;
import org.apache.spark.sql.RowFactory;
import org.apache.spark.sql.types.DataType;                  构建行和模式的
import org.apache.spark.sql.types.DataTypes;                 Spark 软件包
import org.apache.spark.sql.types.StructField;
import org.apache.spark.sql.types.StructType;
```

buildColumnName()方法为模式和行构建列名。它挑出批注中的列名来完成此操作，如果没有批注，则通过删除方法名中的 get 来提取名称。如果构建列名的流程失败了，列将被命名为_c999，其中 999 是从_c0 开始的递增整数。此处基于 bean 给出了一个示例：

```
@SparkColumn(name = "Date")     ◄───────── 所得到的结果列名为 Date
public Timestamp getDateTaken() {
…
```

```
public Float getGeoX() {        ←────── 所得到的结果列名为 GeoX
...
```

方法如下：

```
public class SparkBeanUtils {
  private static int columnIndex = -1;        在使用前初始化为-1，
                                              此后要进行递增

  private static String buildColumnName(
      String columnName,
      String methodName) {
    if (columnName.length() > 0) {            如果方法少于 4 个字符(只有 3 个或
      return columnName;                      更少的字符)，那么即使方法以 get
    }                                         开头，也无法从中提取名称
    if (methodName.length() < 4) {  ◄──
      columnIndex++;
      return "_c" + columnIndex;
    }
    columnName = methodName.substring(3);  ◄──   从方法名中删除
    if (columnName.length() == 0) {              get 部分
      columnIndex++;
      return "_c" + columnIndex;
    }
    return columnName;
  }
}
```

getSchemaFromBean()方法接收了一个类 [1](它期望获得 JavaBean 或 POJO)，并使用 Java 自省提取类的元数据。它还读取可能添加到 bean 的批注：

```
                                            期望获得类，
                                            而不是对象
public static Schema getSchemaFromBean(Class<?> c) {  ◄──
  Schema schema = new Schema();
  List<StructField> sfl = new ArrayList<>();  ◄──── Spark 需要 StructField

  Method[] methods = c.getDeclaredMethods();  ◄──
                                                 将类的方法列表提取为
                                                 静态数组
```

现在，代码将遍历该类的每个方法。如果方法为 getter，那么它将提取信息，以构建模式：

```
for (int i = 0; i < methods.length; i++) {      检查方法是否为getter的简单方法；
  Method method = methods[i];                   如果不是，则跳到下一列
  if (!isGetter(method)) {  ◄──
    continue;
  }
                                            SchemaColumn 是一个简单的容
                                            器，用于存储无法添加到 Spark 模
  String methodName = method.getName();     式中(Spark 不需要)的额外信息
  SchemaColumn col = new SchemaColumn();  ◄──  (getter 方法的名称)
  col.setMethodName(methodName);

  String columnName;        数据帧各
  DataType dataType;        列的属性
  boolean nullable;
```

---

1 译者注：此处原文为 object(对象)，与后面的代码注解相冲突，故将之订正为"类"。

首先，检查方法是否有 SparkColumn 批注。上一节教你构建了此批注，它有助于确定属性。这不是强制性的：

```
SparkColumn sparkColumn = method.getAnnotation(SparkColumn.class);
if (sparkColumn == null) {
  log.debug("No annotation for method {}", methodName);
  columnName = "";                                          ← 从返回数据类型中
  dataType = getDataTypeFromReturnType(method);               提取列的数据类型
  nullable = true;
} else {
```

当 SparkColumn 批注可用时，应优先考虑它：

```
  columnName = sparkColumn.name();    ← 从批注中获取名称

  switch (sparkColumn.type().toLowerCase()) {    ← 从批注中获取数据类型
    case "stringtype":
    case "string":                               两种数据类型的 case 语句
      dataType = DataTypes.StringType;           示例，但其实还有很多
      break;
    case "integertype":
    case "integer":
    case "int":
    dataType = DataTypes.IntegerType;
    break;
...
    default:
      dataType = getDataTypeFromReturnType(method);    列的数据类型未明确表示，
  }                                                    因此从返回的数据类型中提取

  nullable = sparkColumn.nullable();    ← 根据批注，检查
}                                         是否需要该列
```

现在，有了构建最终列的元数据的所有元素，可将这些元素添加到模式对象上：

```
String finalColumnName = buildColumnName(columnName, methodName);
sfl.add(DataTypes.createStructField(    ← 创建 StructField 的 Spark 方法，
    finalColumnName, dataType, nullable));   这是字段/列的定义
col.setColumnName(finalColumnName);

schema.add(col);
}
```

最后，在返回之前，使用所有的 StructField 实例创建 StructType 模式，并将它存储在 Schema 中。任务圆满完成！

```
StructType sparkSchema = DataTypes.createStructType(sfl);
schema.setSparkSchema(sparkSchema);
return schema;
}
```

getDataTypeFromReturnType()是从 Java 数据类型返回 Spark 数据类型的简单方法：

```
private static DataType getDataTypeFromReturnType(Method method) {
  String typeName = method.getReturnType().getSimpleName().toLowerCase();
  switch (typeName) {
```

```
    case "int":
    case "integer":
      return DataTypes.IntegerType;
    case "string":
      return DataTypes.StringType;
…
    default:
      return DataTypes.BinaryType;
  }
}
```

isGetter()方法检查方法是否为 getter。getter 的定义和约束如下：

- 方法名应以单词 get 开头。
- 方法没有参数。
- 方法返回的类型不能为空。

检查方法是否确实是 getter：

```
private static boolean isGetter(Method method) {
  if (!method.getName().startsWith("get")) {
    return false;
  }
  if (method.getParameterTypes().length != 0) {
    return false;
  }
  if (void.class.equals(method.getReturnType())) {
    return false;
  }
    return true;
}
```

我意识到这是一个很长的类(class，双关语，暗指本章内容较长)，你刚刚学习了最后一个方法！此方法构建了 Spark Row(与你在 Dataset 构建数据帧所使用的 Row 以及 RDD 中的 Row 相同)。看到比较熟悉的类型绝对是一件好事，难道不是吗？

需要一个基本容器来存储
构成 Row 的所有值

获取 Spark 模式
中的字段列表

```
    public static Row getRowFromBean(Schema schema, Object bean) {
      List<Object> cells = new ArrayList<>();

      String[] fieldName = schema.getSparkSchema().fieldNames();
      for (int i = 0; i < fieldName.length; i++) {
        String methodName = schema.getMethodName(fieldName[i]);
        Method method;
        method = bean.getClass().getMethod(methodName);
        cells.add(method.invoke(bean));
      }

      Row row = RowFactory.create(cells.toArray());
      return row;
    }
  }
```

从模式中获取方法
名：这是需要 Schema
对象的原因

通过动态调用方法，将
每个值添加到单元格中

RowFactory 可帮助你将静态数组转换
为行(Row)！RowFactory 是 Spark 类

9.10　其他类

此项目构建了一个完整的新数据源，并对每个类进行了详尽的描述。但是，此处还使用了一些不需要详细介绍的其他类。表 9.1 详细描述了这些类及其包名，这些包是 net.jgp.books.spark.ch09 的子包。

表 9.1　数据源项目使用的其他辅助类

类	包	描述
Schema	.x.utils	存储 Spark 模式和额外信息的简单容器
SchemaColumn	.x.utils	存储关于列的额外元数据的对象
ExifUtils	.x.extlib	从每张照片中提取 EXIF 数据，并将所提取的数据存储在 PhotoMetadata JavaBean 中的实用程序函数
RecursiveExtensionFilteredLister	.x.extlib	可重用的通用文件列表器，支持按扩展名过滤、阈值(待收集文件的最大数目)、可选递归。不局限于照片

9.11　小结

本章绝对是最有难度的一章。本章涵盖如下内容。

- Spark Packages 网站提供了 Spark 的扩展包清单，可从 https://spark-packages.org/获得。
- 通过 Spark 直接连接到数据源的方法具有以下优点：不需要临时文件，可直接在 Spark 中编写数据质量控制/清理脚本，仅获取所需的数据，不必进行 JSON/CSV 转换。
- EXIF 是 JPEG 以及其他图形格式的扩展格式，用于存储图像的元数据。
- JavaBean 是包含属性和访问器方法的小型类。
- 自省允许运行中的 Java 应用程序进行自我检测，或"内省"，以便开发人员查找有关类的详细信息，包括方法的名称、字段等。
- 关于提取数据所使用的代码，新数据源与文件或数据库等通用数据源类似。
- 数据源需要提供与数据一样长的数据模式。
- 可通过简称(在资源文件和广告器类中定义)或完整类名来标识数据源。
- 在 Spark 中，使用 StructType 对象实现模式，它包含一个或多个 StructField 实例。
- 虽然 Java 和 Scala 所使用的数据结构和集合有所不同，但是存在转换方法。
- RowFactory 类提供了将静态数组转换为 Spark Row 的方法。

提取结构化流数据

本章内容涵盖
- 了解流数据
- 提取首个流数据
- 采集流数据中的各种数据源
- 构建接收两个流数据的应用程序
- 区分离散化流数据与结构化流数据

从数千米(或英尺,如果使用的是英制的)的高空俯瞰数据,聚焦于数据生成部分,你看到的是生成批量数据的系统,还是生成连续数据的系统?几年前,传送数据流(也称为流式数据)的系统还未流行,但是,现在流数据越来越受到关注,因此理解流数据是本章的重点。

下面列举几个数据生成的示例。

手机会定期发送信号给发射塔。如果是智能手机(基于本书的读者群,这是非常可能的),那么它还可用于查收邮件,做其他事情等。

穿梭于智能城市的公共汽车发送其 GPS 坐标。

当收银员使用扫描仪扫描物品时,超市结账柜台的收银机会生成数据。当消费者付款时,收银机会处理交易。

当汽车停到车库时,所收集的信息流将会被存储并发送给其他各种接收者,如制造商、保险公司或报告公司。

在美国,当患者进入医疗机构时,系统会生成包含原子信息的入院、出院和转院(Admissions, Discharges, and Transfers,ADT)消息。

商业喜欢流式数据;与隔夜进行的数据处理相比,流数据对当前正在发生的事情提供了更好的敏锐度。在我所居住的北卡罗来纳州(也许在美国的其他地区也这样),一旦政府宣布发生了灾难,人们就会赶往商店买牛奶、水和海绵面包(别问我他们买这些做什么)。在商业领域,实际上,如能获得关于在售商品的实时反馈,配送中心就能快速做出反应,为销售额最大的零售店提供更多此类商品。在此情景中,我讨论的不是灾难的发生,或是从灾难中恢复,而是流数据允许人们对市场需求快速做出反应的能力。在 2019 年,我们应将数据视为流,而不是待填满的筒仓。

本章将讨论流数据的概念,以及它与批量处理数据模式的区别;然后教你构建第一个流数据应用程序。

为了使流数据的模拟变得相对容易，本章的源代码存储库中添加了我所构建的流数据生成器，用于生成模拟流数据。你可根据自己的需求来调整此生成器。附录 O 描述了数据生成器的详细信息，但这不是本章的前提。尽管如此，本章的实验中将使用生成器。

从本章开始，示例和实验将更多地使用日志记录，而不是简单地将信息打印到屏幕上。日志记录简化了阅读，是一项行业标准，更符合我们在日常工作中的期望，而 println 是一种不良的开发实践。我们可对日志记录进行设置，从而将信息转储到控制台上，这样，开发人员就不必在旮旯角落中查找日志文件了。

本章还将带你尝试相对复杂的示例，即运用两条流数据进行实验。在本章结束时，你将学习结构化流数据(从 Apache Spark v2 开始)与离散化流数据(从 Apache Spark v1 开始)之间的区别。附录 P 提供了与流数据相关的其他资源。

图 10.1 详细说明了 Apache Spark 数据提取过程的各个阶段，目前你处在第 10 章。这真是一个好消息，这是关于数据提取的最后一章了。

实验：本章示例可在 GitHub 上找到，网址为 https://github.com/jgperrin/net.jgp.books.spark.ch10。附录 L 提供了有关数据提取的参考信息。附录 P 也提供了关于流数据的额外资源。

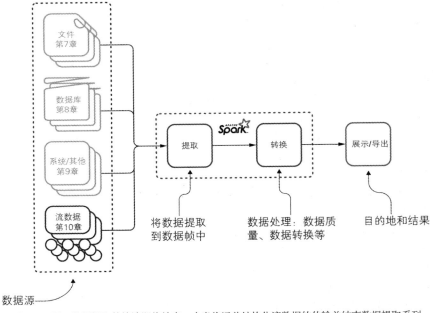

图 10.1 学习数据提取的旅途即将结束；本章将涵盖结构化流数据的传输并结束数据提取系列

10.1 什么是流数据

本节将教你如何在 Apache Spark 上下文中进行流数据的计算，为你提供必要的基础知识，以便你理解示例，将流数据集成到项目中。

基于流处理数据的想法并不新颖。但近年来，这种方法变得流行起来。在这个社会，没有人愿意等待，所有人都希望能立即得到结果。看医生时，患者希望在回家时能看到健康保险申请单已录入医疗服务提供者的网站。将冲动购买的电视机退还给 Costco 时，消费者希望立即在信用卡对账单上看到退还的货款。在结束 Lyft 的旅程时，驾驶者希望立即在线上看到 SkyMiles 的奖励。在数据不断加速的世界中，流数据无疑大有用武之地：没有人愿意等待隔夜的批数据处理。

使用流数据的另一个原因是，随着数据量的增加，将数据切成小块以减少高峰时间的负载，也是一个好主意。

总体来说，流数据的计算比传统的批数据计算更加自然，因为前者是基于流的。但这与开发人员所习惯的范式可能不同，因此，开发人员必须改变思维方式。图 10.2 说明了该系统。

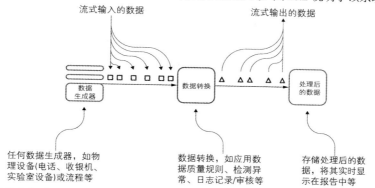

图 10.2 在这个典型的流数据场景中，生成数据，将数据作为原子元素发送，即时进行转换，最终处理后的数据格式可用于实时报告、存储等

流数据通常有两种形式：文件流数据和网络流数据。在文件流数据的场景中，文件被放在了目录(有时这也被称为登录区或暂存区，请参阅第 1 章)中，在文件进入目录时，Spark 读取了文件。在第二个场景(即网络流数据场景)中，通过网络发送数据。

Apache Spark 在较短的时间窗口中重新组合流数据，这被称为微批处理(microbatching)。

10.2 创建首个流数据

这里使用文件流数据来演示首个流数据的提取过程。文件是在文件夹中生成的。在文件生成时，Spark 就读取了这些文件。这种相对简单的场景不需要处理潜在的网络问题，可直接说明流数据的核心原理，即在数据可用时，立即消费数据。

在医疗保健行业中，文件流数据是常见用例。医院(提供者)将文件转储到 FTP 服务器上，然后由保险公司(付款人)提取文件。

在这种场景下，你可运行两个应用程序。启动应用程序的顺序与文件流数据无关。一个应用程序生成流数据(包含个人资料和记录)。另一个应用程序使用 Spark 消费生成的流数据。你可从数据生成器开始，然后构建消费者。图 10.3 详细说明了此流程。

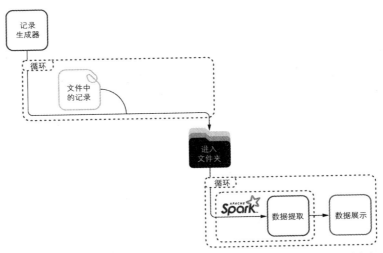

图 10.3　在此种流数据场景中，应用程序(生成器)生成记录文件，并将这些文件存放在文件夹中。Spark 应用程序(消费者)读取该文件夹的文件，并显示数据

10.2.1　生成文件流数据

为了模拟稳定的流数据，首先应启动记录生成器。本节将探讨生成器的输出，教你如何编译并运行生成器，然后简要阐释代码。

为了简化流程，本章的代码存储库中添加了记录生成器。记录生成器旨在创建文件，随机生成人们的资料：人们的姓、名、年龄、社会保险号(美国)。当然，这些都是虚构的数据，别妄想使用这些数据冒充任何人。

本节将带你运行生成器，但请不要对生成器进行过多的修改。附录 O 说明了如何基于构建生成器的简单 API 来修改生成器，或构建自己的生成器。

运行生成器时，RecordsInFilesGeneratorApp 的输出如下面的代码清单 10.1 所示。

代码清单 10.1　流数据生成器的输出

```
[INFO] Scanning for projects...
…
[INFO] --- exec-maven-plugin:1.6.0:java (write-file-in-stream) @
➥ sparkInAction-chapter10 ---
2020-11-13 12:14:12.496 -DEBUG --- [treamApp.main()]
➥ ure.getRecords(RecordStructure.java:131): Generated data:
Aubriella,Silas,Gillet,62,373-69-4505
Reese,Clayton,Kochan,2,130-00-2393
Trinity,Sloan,Vieth,107,202-34-4161            生成的记录
Daphne,Forrest,Huffman,77,250-50-6797
Emmett,Heath,Golston,41,133-17-2450
Alex,Orlando,Courtier,32,290-51-1937
Titan,Deborah,Mckissack,89,073-83-0162

2020-11-13 12:14:12.498 - INFO --- [treamApp.main()]
```

```
⮑ erUtils.write(RecordWriterUtils.java:21): Writing in: /var/folders/v7/
⮑ 3jv0[…]/T/streaming/in/contact_1542129252485.txt ◀
…
```
　　　　　　　　　　　　　　　　　　　　　　　　　　存储记录的临
　　　　　　　　　　　　　　　　　　　　　　　　　　时路径和文件

　　要在 Eclipse 这样的 IDE 中同时运行两个应用程序，其实并不容易。因此，这里使用 Maven 确保你可通过命令行运行所有实验。如果你不熟悉 Maven，请参阅附录 B，学习如何安装 Maven，并参阅附录 H，获得关于 Maven 的一些使用技巧。

　　一旦在本地克隆了存储库，就可转到存放项目的 pom.xml 文件的文件夹。在此示例中，命令如下所示：

```
$ cd /Users/jgp/Workspaces/Books/net.jgp.books.spark.ch10
```

　　接下来清理并编译数据生成应用程序。首先，不要修改此应用程序的代码，直接编译并运行即可。清理是为了确保不留下任何编译的工件(artifact)。在第一次编译时，不必清理，因为没有任何工件需要清理。编译仅构建应用程序：

```
$ mvn clean install
```

　　如果 Maven 开始下载多个软件包(它也许没有下载任何软件包)，那么，除非你需要基于所消耗的流数据量支付互联网服务的费用，否则请不要担心。然后，运行下面的命令：

```
$ mvn exec:java@generate-records-in-files
```

　　此命令将运行 pom.xml 文件中由 generate-records-in-files ID 定义的应用程序，代码清单 10.2 中显示了 pom.xml 节选。本章的示例依赖于 pom.xml 文件中的 ID 来识别不同的应用程序。当然，也可在 IDE 中运行所有的应用程序。

代码清单 10.2　pom.xml 节选

```
…
<build>
  <plugins>
   <plugin>
     <groupId>org.codehaus.mojo</groupId>
     <artifactId>exec-maven-plugin</artifactId>
     <version>1.6.0</version>
     <executions>
    <execution>                                    定义所调用 "块(block)"
      <id>generate-records-in-files</id> ◀        的唯一标识符
      <goals>
        <goal>java</goal>
      </goals>
      <configuration>
        <mainClass>net.jgp.books.spark.ch10.x.utils.streaming.
   ⮑ app.RecordsInFilesGeneratorApp</mainClass> ◀
      </configuration>                                    待执行的
    </execution>                                          应用程序
…
```

　　下面的代码清单 10.3 显示了生成器代码。附录 O 比较详细地介绍了生成器、生成器的 API 及其扩展。

代码清单 10.3 RecordsInFilesGeneratorApp.java

```
package net.jgp.books.spark.ch10.x.utils.streaming.app;

import net.jgp.books.spark.ch10.x.utils.streaming.lib.*;

public class RecordsInFilesGeneratorApp {
  public int streamDuration = 60;                          流数据的持续时间
  public int batchSize = 10;                               (以秒为单位)
  public int waitTime = 5;
                                                           两批记录之间的等待时间(以秒
                                                           为单位),这是个可变元素
  public static void main(String[] args) {
    RecordStructure rs = new RecordStructure("contact")
同时发送       .add("fname", FieldType.FIRST_NAME)
的最大记       .add("mname", FieldType.FIRST_NAME)          记录的结构: 名、中间名、
录数           .add("lname", FieldType.LAST_NAME)           姓氏、年龄以及 SSN
              .add("age", FieldType.AGE)
              .add("ssn", FieldType.SSN);

    RecordsInFilesGeneratorApp app = new RecordsInFilesGeneratorApp();
    app.start(rs);
  }

                                                                          streamDuration
  private void start(RecordStructure rs) {                                秒生成的记录
    long start = System.currentTimeMillis();
将在文件    while (start + streamDuration * 1000 > System.currentTimeMillis())
中生成多      int maxRecord = RecordGeneratorUtils.getRandomInt(batchSize) + 1;
达 batchSize  RecordWriterUtils.write(
的记录            rs.getRecordName() + "_" + System.currentTimeMillis() + ".txt",
                rs.getRecords(maxRecord, false);          将记录写到
      try {                                               文件中
        Thread.sleep(RecordGeneratorUtils.getRandomInt(waitTime * 1000)
            + waitTime * 1000 / 2);       随机等待
    …     } catch (InterruptedException e) {   时间
      }
    }
  }
}
```

可修改参数(streamDuration、batchSize 和 waitTime)和记录结构,以研究各种行为。

- streamDuration 定义流数据的持续时间(以秒为单位)。默认值为 60 秒(1 分钟)。
- batchSize 定义单个事件中的最大记录数,默认值为 10,这意味着你最多可获得生成器留下的 10 条记录。
- waitTime 是生成器在两个事件之间所等待的时间。这个值有一定的随机性:默认值为 5 毫秒,这意味着应用程序的等待时间在 2.5(= 5/2)~7.5(= 5×1.5)毫秒之间。

10.2.2 消费记录

现在,文件夹中放满了记录文件,可使用 Spark 提取这些文件了。可先查看记录的显示方式,然后深入研究代码。

实验：这是实验#200，可在 GitHub 上获取该实验，网址为 https://github.com/jgperrin/net.jgp.books.spark.ch10。应用程序为 net.jgp.books.spark.ch10.lab200_read_stream 包中的 ReadLinesFromFileStreamApp.java。

该实验比较简单：提取数据，将其存储在数据帧中(与先前所使用的数据帧相同)，然后在控制台上显示结果。图 10.4 详细说明了此过程。

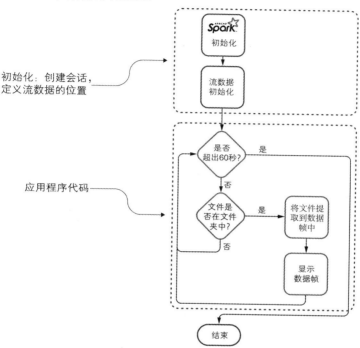

图 10.4 流数据的提取流程：初始化 Spark 和流数据后，在所提取的数据上，执行自定义的代码

应用程序的输出如下面的代码清单 10.4 所示。

代码清单 10.4 ReadLinesFromFileStreamApp 的输出

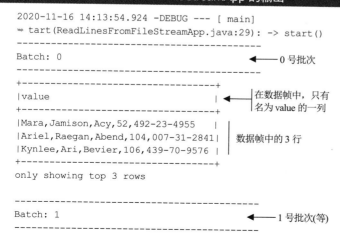

```
2020-11-16 14:13:54.924 -DEBUG --- [ main]
↳ tart(ReadLinesFromFileStreamApp.java:29): -> start()
----------------------------------------
Batch: 0                               ◀─── 0 号批次
----------------------------------------
+--------------------------------+
|value                           |      ◀── 在数据帧中，只有
+--------------------------------+         名为 value 的一列
|Mara,Jamison,Acy,52,492-23-4955 |
|Ariel,Raegan,Abend,104,007-31-2841|    数据帧中的 3 行
|Kynlee,Ari,Bevier,106,439-70-9576 |
+--------------------------------+
only showing top 3 rows


----------------------------------------
Batch: 1                               ◀─── 1 号批次(等)
----------------------------------------
```

```
+-------------------------------+
|value                          |
+-------------------------------+
|Conrad,Alex,Gutwein,34,998-04-4584|
|Aldo,Adam,Ballard,6,996-95-8983   |
+-------------------------------+
...
2020-11-16 14:14:59.648 -DEBUG --- [ main]
➡ tart(ReadLinesFromFileStreamApp.java:58): <- start()
```

要启动数据提取的应用程序,可直接在 IDE(本例中为 Eclipse)中或通过 Maven 运行它。在克隆项目的同一目录中,在另一个终端,运行以下命令:

```
$ cd /Users/jgp/Workspaces/Book/net.jgp.books.spark.ch10
$ mvn clean install
$ mvn exec:exec@lab200
```

注意,此处使用的是 exec:exec,而不是 exec:java。利用 exec:exec,Maven 会启动新的 JVM,以运行应用程序。这样就可把参数传递给 JVM。下面的代码清单 10.5 显示了 pom.xml 中负责执行应用程序的部分。

代码清单 10.5　执行实验#200:ReadLinesFromFileStreamApp 中的 pom.xml 部分

```
...
        <execution>
          <id>lab200</id>
          <configuration>
            <executable>java</executable>
            <arguments>
              <argument>-classpath</argument>
              <classpath />
              <argument>net.jgp.books.spark.ch10.lab200_read_stream.
➡ ReadLinesFromFileStreamApp</argument>
            </arguments>
          </configuration>
        </execution>
...
```

下面分析代码清单 10.6 中 net.jgp.books.spark.ch10.lab200_read_stream 包的 ReadLinesFromFile-StreamApp 应用程序的代码。虽然我明白,在源代码的开头添加大块导入库的做法并不会让人愉快,但是随着基础框架(此处为 Apache Spark)的各种演化,我想确保你使用的是正确的软件包。

从此处开始,本书将使用日志记录(logging,SLF4J 软件包),而不是 println 函数。日志记录是行业标准,而 println 可能会使一些人感到恐惧(例如,将你不希望用户看到的信息转储到控制台中)。本书在描述日志记录时,为了保持代码的清晰、整洁,不会在每个实验中都描述日志记录的初始化。但在代码存储库中,你将找到每个示例的日志记录的初始化。否则,代码就不能运行了,对吧?

无论你打算使用流数据传输,还是批数据处理,在创建 Spark 会话时两种方式没有区别。

建立会话后,可使用 readStream()方法向会话请求读取流数据。基于流数据的类型,这可能需要其他参数。此处将从目录(由 load()方法定义)中读取文本文件(由 format()方法指定)。注意:format()的参数是 Stringvalue,而非 Enum,但没有什么能阻止我们在某个地方使用小型的实用程序类(例如,与常量一起)。

到目前为止，一切都尚算容易吧？你只需要启动会话，并从流数据中读取数据，以构建数据帧。但是，在流式数据的情况下，数据未必存在，也未必能来。因此，应用程序需要等待数据的到来，犹如服务器等待请求的到来。可通过数据帧的 writeStream() 方法和 StreamingQuery 对象写入数据。

首先，在用作流数据的数据帧中，定义流数据查询对象。如图 10.5 所示，查询操作开始填写结果表格(result table)。随着数据的涌入，数据表格会慢慢增长。

要构建查询，需要指定以下内容：

- 输出模式(有关输出模式列表,请参阅附录 P)。本实验仅显示两次接收到的数据中更新的内容。

- 格式，基本上表示如何处理所收到的数据。本实验将数据显示到控制台上(而不是通过日志记录)。在文献中，当提到输出格式时，经常出现汇(sink)这个词。也可参考附录 P，了解不同的汇(sink)及其描述。

- 选项。在将数据显示在控制台中时，如将 truncate 设置为 false，这意味着记录不会在特定的长度处被截断，numRows 指定最多显示 3 条记录。在非流式数据(即批数据)模式中，与此对应的是在数据帧上调用 show(3，false) 的命令。

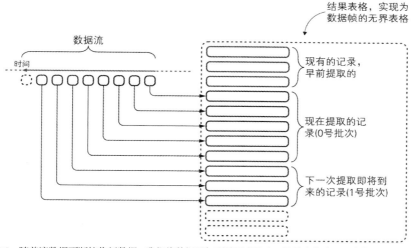

图 10.5　随着流数据不断接收新数据，我们将数据添加到结果表格中。结果表格为无界表格，可增长到与数据帧一样的尺寸(基于集群的物理容量)

在指定输出模式、格式和选项后，启动查询。

当然，现在应用程序需要等待数据进入。可通过查询的 awaitTermination() 方法实现等待操作。awaitTermination() 是一种阻塞方法，有无参数均可使用。如果没有参数，那么该方法将永远处在等待状态；如果有参数，则可指定该方法等待的时间长度。这些实验一直以 1 分钟作为等待时长。

现在，我们已经完成了从流数据中提取数据的首次演示。下一节将教你从流数据中提取出一个完整的记录，而不只是原始数据行。

代码清单 10.6　ReadLinesFromFileStreamApp.java

```
package net.jgp.books.spark.ch10.lab200_read_stream;

import java.util.concurrent.TimeoutException;
```

```
import org.apache.spark.sql.Dataset;
import org.apache.spark.sql.Row;
import org.apache.spark.sql.SparkSession;
import org.apache.spark.sql.streaming.OutputMode;
import org.apache.spark.sql.streaming.StreamingQuery;
import org.apache.spark.sql.streaming.StreamingQueryException;
import org.slf4j.Logger;
import org.slf4j.LoggerFactory;
import net.jgp.books.spark.ch10.x.utils.streaming.lib.StreamingUtils;
```

SLF4J 的日志导入

```
public class ReadLinesFromFileStreamApp {
  private static transient Logger log = LoggerFactory.getLogger(
    ReadLinesFromFileStreamApp.class);
```

日志记录器
的初始化

```
  public static void main(String[] args) {
    ReadRecordFromFileStreamApp app = new ReadRecordFromFileStreamApp();
    try {
      app.start();
    } catch (TimeoutException e) {
      log.error("A timeout exception has occured: {}", e.getMessage());
    }
  }

  private void start() {
    log.debug("-> start()");
```

在调试层次下，进入
start()方法的日志记录

```
    SparkSession spark = SparkSession.builder()
      .appName("Read lines over a file stream")
      .master("local")
      .getOrCreate();
```

与以前一样，
创建 Spark 会话

文件格式
为文本

```
    Dataset<Row> df = spark
      .readStream()
      .format("text")
      .load(StreamingUtils.getInputDirectory());
```

指定要从流数据
中读取的数据

这是待读
取的目录

附加到
输出

```
    StreamingQuery query = df
      .writeStream()
      .outputMode(OutputMode.Append())
      .format("console")
      .option("truncate", false)
      .option("numRows", 3)
      .start();
```

现在准备就绪，将
数据写入流数据中

输出到控制台

使用选项设定参数，记录不会
被截断，最多将显示 3 条记录

启动

```
    try {
      query.awaitTermination(60000);
    } catch (StreamingQueryException e) {
      log.error(
        "Exception while waiting for query to end {}.",
        e.getMessage(),
        e);
    }
```

等待数据到来，
时长为 1 分钟

```
    log.debug("<- start()");
  }
}
```

离开 start()方法
的日志消息

注意，在 Spark v3.0 的预览版 2 中，StreamingQuery 的 start()方法会抛出超时异常，我们需要对其进行管理。存储库的代码在相应的分支中采取对应的行为来管理异常。

10.2.3　获取记录，而非数据行

上一个示例演示了如何提取数据行，如 Conrad、Alex、Gutwein、34 998-04-4584。虽然这些数据存在于 Spark 中，但它们是原始数据，没有数据类型等，使用起来并不方便，因此必须重新解析数据。让我们使用模式，将这些原始数据行转换为记录。

实验：这是 net.jgp.books.spark.ch10.lab210_read_record_from_stream 数据包中的实验#210。此应用程序是 ReadRecordFromFileStreamApp。

下面的代码清单 10.7 显示了 ReadRecordFromFileStreamApp 的输出。输出的记录被清晰地隔开了。获得此结构化输出的方法相当容易。

代码清单 10.7　展示结构化记录的输出

```
...
----------------------------------------
Batch: 0
----------------------------------------
+---------+--------+------------+---+-----------+
|    fname|   mname|       lname|age|        ssn|
+---------+--------+------------+---+-----------+
|  Daniela|    Lara|     Clayton| 65|853-73-5075|
|     Niko|   Romeo|     Dunmore| 37|400-54-1312|
|   Austin|   Aliya|     Thierry| 44|988-42-0723|
|  Taliyah|  Caiden|       Hyson| 47|781-05-7373|
|  Roselyn|   Juelz|     Whidbee|102|463-55-3667|
|    Amani| Brendan|      Massey|110|576-90-3460|
...
```

可在 Eclipse(或在中意的 IDE)中直接执行实验，或在命令行中使用如下命令运行实验：

```
$ mvn clean compile install
$ mvn exec:exec@lab210
```

代码清单 10.8 所示的记录提取应用程序与代码清单 10.5 所示的原始数据行提取应用程序有些不同。我们必须告诉 Spark 要提取的是记录，并指定模式。

代码清单 10.8　ReadRecordFromFileStreamApp.java

```
...
SparkSession spark = SparkSession.builder()
    .appName("Read records from a file stream")
    .master("local")
    .getOrCreate();

StructType recordSchema = new StructType()    ◀──── 定义模式
    .add("fname", "string")
    .add("mname", "string")
    .add("lname", "string")
    .add("age", "integer")
```

```
               .add("ssn", "string");
     Dataset<Row> df = spark
       .readStream()
       .format("csv")          ◄──── 记录为一个 CSV 文件
       .schema(recordSchema)
       .load(StreamingUtils.getInputDirectory());
     StreamingQuery query = df
       .writeStream()
       .outputMode(OutputMode.Append())
       .format("console")
       .start();
```

指定
模式

该模式必须与用于生成器的模式相匹配，或者与系统上的实际模式相匹配(这是显而易见的)。

10.3 从网络流数据中提取数据

数据也可以以网络流数据的形式存在。与处理文件流数据一样(如前一节所述)，Spark 的结构化流式数据的方法也可轻松处理网络流数据。在本节中，你可设置网络系统，启动应用程序，并研究其代码。

实验：这是实验#300，可在 GitHub 上获取该实验，网址为 https://github.com/jgperrin/net.jgp. books.spark.ch10。此应用程序为 net.jgp.books.spark.ch10.lab300_read_network_stream 包中的 ReadLinesFromNetworkStreamApp。

本实验的应用程序接收流式数据，显示结果，如下面的代码清单 10.9 所示。在处理流程结束时，可看到少量有关查询状态的消息。

代码清单 10.9 ReadLinesFromNetworkStreamApp 的输出

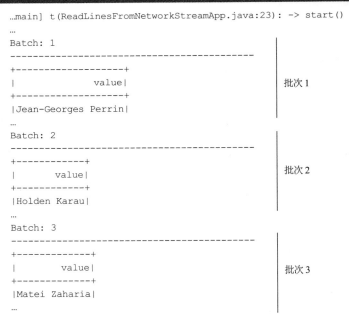

```
…main] t(ReadLinesFromNetworkStreamApp.java:23): -> start()
…
Batch: 1
-----------------------------------------
+------------------+
|             value|
+------------------+
|Jean-Georges Perrin|
…
Batch: 2
-----------------------------------------
+------------+
|       value|
+------------+
|Holden Karau|
…
Batch: 3
-----------------------------------------
+-------------+
|        value|
+-------------+
|Matei Zaharia|
…
```

批次 1

批次 2

批次 3

```
…main] t(ReadLinesFromNetworkStreamApp.java:53): Query status: {  ◄──── 状态
  "message" : "Waiting for data to arrive",
  "isDataAvailable" : false,
  "isTriggerActive" : false
}
…main] t(ReadLinesFromNetworkStreamApp.java:54): <- start()
```

如要构建网络流数据，需要使用名为 NetCat(或 nc)的小工具，这是所有 UNIX(包括 macOS)发行版自带的工具。如果你运行的是 Windows，并且 nc.exe 不是系统的一部分，请参考 https://nmap.org/ncat/。

nc 是用于处理 TCP 和 UDP 的多功能工具，通常被称为网络实用程序的瑞士军刀。为了简明起见，这里不介绍该工具的所有选项。可在端口 9999 启动 nc，以此作为服务器。

在启动其他任何功能之前，先启动 nc！为此，只需要输入以下内容：

```
$ nc -lk 9999
```

-l 选项指定 nc 监听，-k 表示可有多个连接。

nc 运行后，可启动 Spark 应用程序。一个常见的错误是在启动 nc 之前先启动 Spark。可使用 mvn exec:exec@lab300 运行程序。

在启动 Spark 应用程序后，可返回运行 nc 的终端，并在终端窗口中输入信息。如果要使用与代码清单 10.9 相同的显示方式，则必须输入 Jean-Georges Perrin、Holden Karau 和 Matei Zaharia(我相信你已经理解要点了)。下面的代码清单 10.10 显示了相关的代码。

代码清单 10.10   ReadLinesFromNetworkStreamApp.java

```java
package net.jgp.books.spark.ch10.lab300_read_network_stream;
…
public class ReadLinesFromNetworkStreamApp {
…
  public static void main(String[] args) {
    ReadLinesFromNetworkStreamApp app = new ReadLinesFromNetworkStreamApp();
    try {
      app.start();
    } catch (TimeoutException e) {
      log.error("A timeout exception has occured: {}", e.getMessage());
    }
  }
  private void start() throws TimeoutException {
…
    Dataset<Row> df = spark
      .readStream()                              格式是套接字，告诉 Spark
      .format("socket")                          在套接字处读取数据
      .option("host", "localhost")
      .option("port", 9999)        ◄──── 端口，本地端口
      .load();

    StreamingQuery query = df
      .writeStream()
      .outputMode(OutputMode.Append())
      .format("console")
      .start();
```

主机——此处为本地机器 ►

```
try {
  query.awaitTermination(60000);
} catch (StreamingQueryException e) {
  log.error(
    "Exception while waiting for query to end {}.",
    e.getMessage(),
    e);
}

log.debug("Query status: {}", query.status());   ◄──── 在结束任务后
log.debug("<- start()");                                所执行的代码
  }
}
...
```

如你所见，不必对本章的第一个示例(代码清单 10.5)进行太多修改；只需要指定格式、主机和端口。

10.4   处理多个流数据

当然，在现实生活中，绝不会如前一节所述，只有一条流数据进入。本节将教你如何消费同时进入的两条流数据。

实验：本实验为#400，使用 net.jgp.books.spark.ch10.lab400_read_records_from_multiple_streams 程序包中的 ReadRecordFromMultipleFileStreamApp。

本示例将消费来自两个目录的两条流数据。为简明起见，两条流数据包含相同的记录。同一处理器提取两条流数据，并处理每条记录。数据操作的目的是对儿童、青少年和老年人口进行简单的划分。图 10.6 说明了该过程。

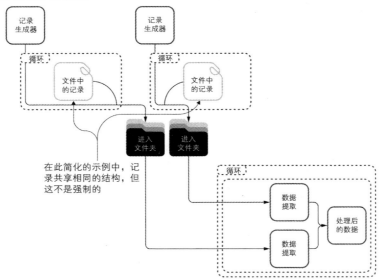

图 10.6   Spark 可一次从多条流数据中提取数据，并进行相同的数据处理

输出如下面的代码清单 10.11 所示。

代码清单 10.11　ReadRecordFromMultipleFileStreamApp 的输出

```
…    main] RecordFromMultipleFileStreamApp.java:25): -> start()
…    main] RecordFromMultipleFileStreamApp.java:70): Pass #1
…    main] RecordFromMultipleFileStreamApp.java:70): Pass #2
…task 158] s.AgeChecker.process(AgeChecker.java:43): On stream #2: Aminah
↪ is a senior, they are 92 yrs old.
…task 158] s.AgeChecker.process(AgeChecker.java:43): On stream #2: Brinley
↪ is a senior, they are 72 yrs old.
…task 158] s.AgeChecker.process(AgeChecker.java:43): On stream #2: Camila
↪ is a senior, they are 68 yrs old.
…task 159] s.AgeChecker.process(AgeChecker.java:43): On stream #2: Toby is
↪ a senior, they are 67 yrs old.
…task 161] s.AgeChecker.process(AgeChecker.java:38): On stream #1: Jaziel
↪ is a teen, they are 17 yrs old.
…task 161] s.AgeChecker.process(AgeChecker.java:43): On stream #1: Tatum is
↪ a senior, they are 73 yrs old.
…task 161] s.AgeChecker.process(AgeChecker.java:43): On stream #1: Hallie
↪ is a senior, they are 91 yrs old.
…task 161] s.AgeChecker.process(AgeChecker.java:43): On stream #1: Ellie is
↪ a senior, they are 74 yrs old.
…    main] RecordFromMultipleFileStreamApp.java:70): Pass #3
…
…    main] RecordFromMultipleFileStreamApp.java:70): Pass #7
…task 163] s.AgeChecker.process(AgeChecker.java:43): On stream #1: Alisa is
↪ a senior, they are 76 yrs old.
…task 163] s.AgeChecker.process(AgeChecker.java:43): On stream #1: Khaleesi
↪ is a senior, they are 93 yrs old.
…task 163] s.AgeChecker.process(AgeChecker.java:43): On stream #1: Grey is
↪ a senior, they are 65 yrs old.
…    main] RecordFromMultipleFileStreamApp.java:70): Pass #8
…
…    main] RecordFromMultipleFileStreamApp.java:82): <- start()
```

下面仔细观察一条日志记录，充分理解发生的事情。你可能意识到了 Log4j 的工作原理，但是由于每个人都对 Log4j 使用了一些自定义的操作，为了让你适应这里使用的格式，此处将日志记录的条目分成了几行：

```
2020-11-30 15:30:19.034    ◀──── 时间戳
线程
名称 ┌→ -DEBUG ---
     └ [er for task 158]            日志层次——此处，调试    类、方法、
     s.AgeChecker.process(AgeChecker.java:33): ◀─────    文件和行号
     On stream #2: Dimitri is a kid, they are 7 yrs old. ◀──── 消息
```

从代码清单 10.11 的输出中可以看到，多个线程同时处于活动状态，并行处理数据：名为 main 的线程是驱动器，任务 158、159、161 和 163 负责处理数据。不同的系统所得到的结果可能不同，但你仍然可对结果进行分析，看看 Spark 启动了多少条任务。不必控制线程数。

下面看一下代码清单 10.12 中的代码。

代码清单 10.12　ReadRecordFromMultipleFileStreamApp.java

```java
package net.jgp.books.spark.ch10.lab400_read_records_from_multiple_streams;

import org.apache.spark.sql.Dataset;
import org.apache.spark.sql.Row;
import org.apache.spark.sql.SparkSession;
import org.apache.spark.sql.streaming.OutputMode;
import org.apache.spark.sql.streaming.StreamingQuery;
import org.apache.spark.sql.types.StructType;
import org.slf4j.Logger;
import org.slf4j.LoggerFactory;

import net.jgp.books.spark.ch10.x.utils.streaming.lib.StreamingUtils;

public class ReadRecordFromMultipleFileStreamApp {
  private static transient Logger log = LoggerFactory.getLogger(
      ReadRecordFromMultipleFileStreamApp.class);

  public static void main(String[] args) {
    ReadRecordFromMultipleFileStreamApp app =
        new ReadRecordFromMultipleFileStreamApp();
    app.start();
  }
  private void start() {
    log.debug("-> start()");
```

创建 Spark 会话
```java
    SparkSession spark = SparkSession.builder()
        .appName("Read lines over a file stream")
        .master("local")
        .getOrCreate();
```

定义模式，供两条流数据共享
```java
    StructType recordSchema = new StructType()
        .add("fname", "string")
        .add("mname", "string")
        .add("lname", "string")
        .add("age", "integer")
        .add("ssn", "string");
```

第一个目录
```java
    String landingDirectoryStream1 = StreamingUtils.getInputDirectory();
    String landingDirectoryStream2 = "/tmp/dir2";
```
第二个目录——确保其存在, 且与生成器相匹配

定义第一条流数据
```java
    Dataset<Row> dfStream1 = spark
        .readStream()
        .format("csv")
        .schema(recordSchema)
        .load(landingDirectoryStream1);
```
定义第二条流数据
```java
    Dataset<Row> dfStream2 = spark
        .readStream()
        .format("csv")
        .schema(recordSchema)
        .load(landingDirectoryStream2);
```

```
StreamingQuery queryStream1 = dfStream1
    .writeStream()
    .outputMode(OutputMode.Append())
    .foreach(new AgeChecker(1))
    .start();

StreamingQuery queryStream2 = dfStream2
    .writeStream()
    .outputMode(OutputMode.Append())
    .foreach(new AgeChecker(2))
    .start();
```

记录将由同一写入器(名
为 AgeChecker 的类)处理

```
long startProcessing = System.currentTimeMillis();
int iterationCount = 0;
while (queryStream1.isActive() && queryStream2.isActive()) {
  iterationCount++;
  log.debug("Pass #{}", iterationCount);
  if (startProcessing + 60000 < System.currentTimeMillis()) {
    queryStream1.stop();
    queryStream2.stop();
  }
  try {
    Thread.sleep(2000);
  } catch (InterruptedException e) {
    // Simply ignored
  }
  log.debug("<- start()");
}
}
```

查询处于活动状
态时，进行循环

确保流程运行的
时长为 1 分钟

停止查询

当数据出现在两个目录中时，Spark 加载数据，请求 AgeChecker 类处理每一行数据。

下面的代码清单 10.13 显示了 AgeChecker 类。这是一个非常简单的类，继承了 ForeachWriter
<Row>。本实验要理解的关键方法是 process()，它接收数据帧的单行数据或记录，并进行处理。

代码清单 10.13　使用 AgeChecker.java 查看年龄

```
package net.jgp.books.spark.ch10.lab300_read_records_from_multiple_streams;

import org.apache.spark.sql.ForeachWriter;
import org.apache.spark.sql.Row;
import org.slf4j.Logger;
import org.slf4j.LoggerFactory;

public class AgeChecker extends ForeachWriter<Row> {
  private static final long serialVersionUID = 8383715100587612498L;
  private static Logger log = LoggerFactory.getLogger(AgeChecker.class);
  private int streamId = 0;

  public AgeChecker(int streamId) {
    this.streamId = streamId;
  }

  @Override
```

在此场景中，可保留标示数据来源于
哪一条流数据的简单标识符

```java
public void close(Throwable arg0) {    ◄──── 关闭写入器时，实现此
}                                              方法；在这里不适用

@Override
public boolean open(long arg0, long arg1) {  ◄──── 打开写入器时，实现此
  return true;                                       方法；在这里不适用
}
                              处理一行
@Override                     数据的方法
public void process(Row arg0) {  ◄────
  if (arg0.length() != 5) {          简单的数据质量检查，
    return;                          确保记录有 5 列
  }                                                    按年龄细分，然后
  int age = arg0.getInt(3);    ◄────                   记录细分数据
  if (age < 13) {
    log.debug("On stream #{}: {} is a kid, they are {} yrs old.",
        streamId,
        arg0.getString(0),
        age);
  } else if (age > 12 && age < 20) {
    log.debug("On stream #{}: {} is a teen, they are {} yrs old.",
        streamId,
        arg0.getString(0),
        age);
  } else if (age > 64) {
    log.debug("On stream #{}: {} is a senior, they are {} yrs old.",
        streamId,
        arg0.getString(0),
        age);
  }
 }
}
```

如要运行此应用程序，需要同时运行两台生成器。在两个独立的终端中，每个终端运行一台生成器。也可在 IDE 中运行两台生成器来运行应用程序，但是，建议在独立终端中运行生成器，如果在 IDE 中运行两台生成器，输出可能非常混乱，难以阅读。

在第一个终端中，运行以下命令：

```
$ mvn install exec:java@generate-records-in-files-alt-dir
```

在第二个终端窗口，运行与本章第 10.2.1 小节第一个示例中使用的生成器完全相同的生成器：

```
$ mvn install exec:java@generate-records-in-files
```

现在，启动 Spark 应用程序。启动应用程序的顺序无关紧要。但是，每个应用程序只会运行 1 分钟。还可通过 mvn clean exec:exec@lab400 运行本实验。

注意，与本章先前的示例相比，此示例不再使用 awaitTermination()(这是阻塞操作)。本示例使用循环来检查流数据是否处于活动状态(使用 isActive()方法进行检查)。

10.5　区分离散化流数据和结构化流数据

Spark 提供了两种流数据。本章介绍了结构化流数据。但是，Spark 最先开发的是另一种流数据，即离散流数据(或 DStream)。

简而言之，Spark v1.x 使用依赖于 RDD 的离散流数据。但现在，Spark v2.x 专注于数据帧(请参阅第 3 章)。让流数据 API 的演化也遵循数据帧的做法相当合理。这种转变大大提高了 Spark 的性能。

随着时间的流逝，结构化流数据的 API 也得到了增强，因此结构化流数据绝对是未来的发展方向。预计 DStream API 会在某个时候停滞或过时。

Spark v2.1.0 在 alpha 版本中引入了结构化流数据。自 Spark v2.2.0 起，业界认为结构化流数据可投入生产使用了。

有关离散化流数据的更多信息，请访问 http://mng.bz/XplE。有关结构化流数据的更多信息，请访问 http://mng.bz/yzje。

10.6　小结

- 无论你使用的是批处理模式还是流数据模式，启动 Spark 会话的操作都是一样的。
- 流数据处理与批数据处理是不同的范式。特别是在 Spark 中，可将流数据视为微批数据处理。
- 在 readStream()方法之后使用 start()方法，从而在数据帧上定义流数据。
- 可使用 format()指定提取格式，并通过 option()指定选项。
- 流数据查询对象 StreamingQuery 有助于查询流数据。
- 在查询中，数据的目的地称为汇(sink)。可使用 format()方法或 forEach()方法指定它。
- 流式数据存储在结果表中。
- 为了等待数据到来，可使用 awaitTermination()(这是一种阻塞方法)，也可使用 isActive()方法检查查询是否处于活动状态。
- 可同时读取多条流数据。
- forEach()方法需要一个自定义的编写器，允许以分布式方式处理记录。
- Spark v1.x 中使用的流数据，被称为离散化流数据。

第III部分

转 换 数 据

显然，Spark 的主要任务是转换数据，本书前两部分的内容并未深入探讨这方面的知识。现在是时候做一些繁重的数据提升工作了。

第 11 章将开始教你使用 SQL。SQL 不仅是事实上的处理数据的标准，还是所有数据工程师和数据科学家的通用语言。看起来，SQL 会一直存在，并且会持续很长一段时间。添加 SQL 支持的做法是 Spark 创建者的明智之举。该章将深入探讨 SQL 的工作原理。

第 12 章将教你如何进行数据转换。在了解了转换的概念之后，你将开始执行记录转换，并理解数据发现、数据映射、应用程序工程、执行和验收等经典流程。我相信，创新来自文化、科学和艺术的交叉互动。这个原则也适用于数据：通过连接数据集，我们将发现更多可深入揭示事实的数据。这是本章的重点。

第 12 章介绍单个记录，相似地，第 13 章在文档层面探讨数据转换，并教你创建嵌套文档。在所有数据转换过程中，静态函数将发挥重要作用。该章将介绍关于静态函数的更多知识。

第 14 章将教你使用自定义函数扩展 Spark。Spark 不是一个有限的系统；它可以扩展，可利用现有工作的成果。

数据聚集使我们能从宏观上观察数据，从而获得更全面的见解。第 15 章旨在教你使用现有和自定义的聚集函数。

第 *11* 章

使 用 SQL

本章内容涵盖
- 在 Spark 中使用 SQL
- 确定本地或全局视图
- 数据帧 API 和 SQL 的混合使用
- 删除数据帧中的记录

结构化查询语言(Structured Query Language,SQL)是处理数据的黄金标准。自 1974 年推出以来,它已经发展成为 ISO 标准(ISO/IEC 9075)。最新版本是 2016 年的 SQL。

SQL 作为一种提取和操作关系数据库数据的方式,已经存在很长时间了,并且可能永远存在下去。在上大学时,我清楚地记得自己曾问数据库教授:"你期望谁使用 SQL?作报告的秘书吗?"他的回答简单明了:"是的"。如果你的答案也是如此,我猜你可能是一位希望使用 Spark 的秘书。

几个月后,当我将 SQL 与 Oracle Pro*C(Pro*C 是一种嵌入式 SQL 编程语言,允许将 SQL 嵌入到 C 语言的应用程序中)结合起来使用时,我逐渐意识到 SQL 是一种强大的工具。尽管如今我们已拥有更多的新技术,如 Java 和 JDBC 等,我们依然感受到 SQL 强大的存在感。JDBC RecordSet 依旧充斥着 SQL。

由于 SQL 的流行和广泛使用,将 SQL 嵌入 Spark 的做法完全合理,在处理结构化和半结构化数据的情况下,尤为如此。本章将教你把 SQL 与 Spark 和 Java 结合起来使用。本章不详细介绍 SQL,即使你对 SQL 有点陌生,你依然能理解这些示例。

本章首先教你如何在 Spark 中操作 SELECT 语句,确定全局或局部视图的作用域,混合使用 SQL 和数据帧 API。此后,你将明白如何在不可变的上下文中 DROP / DELETE 数据。本章的末尾将分享一些外部资源来帮助你进一步理解本章的内容。

实验:本章中的示例可在 GitHub 上找到,网址为 https://github.com/jgperrin/net.jgp.books. spark.ch11。

11.1 使用 Spark SQL

本节将教你如何在应用程序中直接使用 SQL。Spark 的 SQL 基于标准的 SQL。可使用基本的

WHERE、ORDER BY 和 LIMIT 子句，执行简单的 SELECT 语句。

在关系数据库中，视图驻留在数据库中，应用程序代码调用了视图。在此案例中，视图是显示数据帧的逻辑构造。将 SQL 与 Spark 结合起来使用时，需要记住的技巧是，你得定义一个视图，此视图是要查询的元素。让我们开始学习示例吧。

此示例将教你对世界上的国家执行一些分析操作。为了帮助你学习此示例，本书提供了 1980—2010 年按地区(国家、大洲和某些国家的地区)划分的世界人口数据集。此数据集来自美国能源部，可从网络上下载，网址为 https://openei.org/doe-opendata/dataset/population-by-country-1980-2010 或 https://catalog.data.gov/dataset/population-by-country-1980-2010。

数据文件为 Populationbycountry19802010millions.csv，可在本章项目的数据目录中找到这个文件。它由第一条未命名的列和另外 31 列(1980—2010 年每年一列)组成。人口数以百万为单位。下面的代码清单 11.1 显示了文件前 15 行的摘要。

代码清单 11.1　包含世界人口 CSV 数据集的摘要

```
,1980,1981,1982,1983,1984,1985,1986,1987,1988,1989,1990,1991,1992,…
North America,320.27638,324.44694,328.62014,332.72487,336.72143,34…
Bermuda,0.05473,0.05491,0.05517,0.05551,0.05585,0.05618,0.05651,0…
Canada,24.5933,24.9,25.2019,25.4563,25.7018,25.9416,26.2038,26.549…
Greenland,0.05021,0.05103,0.05166,0.05211,0.05263,0.05315,0.05364,…
Mexico,68.34748,69.96926,71.6409,73.36288,75.08014,76.76723,78.442…
Saint Pierre and Miquelon,0.00599,0.00601,0.00605,0.00607,0.00611,…
United States,227.22468,229.46571,231.66446,233.79199,235.8249,237…
Central & South America,293.05856,299.43033,305.95253,312.51136,31…
Antarctica,NA,NA,NA,NA,NA,NA,NA,NA,NA,NA,NA,NA,NA,NA,NA,NA,NA,N…
Antigua and Barbuda,0.06855,0.06826,0.06801,0.06562,0.06447,0.0644…
Argentina,28.3698,28.84806,29.32988,29.79355,30.23064,30.67176,31…
Aruba,--,--,--,--,--,--,0.0598,0.05918,0.0595,0.06069,0.06303,0.06…
"Bahamas, The",0.20976,0.21345,0.21713,0.22086,0.22462,0.2282,0.23…
Barbados,0.25197,0.25236,0.25348,0.25485,0.25611,0.25725,0.25827,0…
    …
```

在进行数据提取之前，要尽可能查看数据的摘要。在查看代码清单 11.1 时，可发现以下几点：

- 虽然此数据集被称为"国家"，但是它混合了洲(如北美)、地区(如圣皮埃尔和密克隆群岛)和国家(如墨西哥、加拿大、美国)的数据。
- 数据并不总是一致的。南极洲没有可用数据，使用 NA 代替；Aruba 没有可用的数据，使用--代替。
- 由于"Bahamas, The"使用了逗号，"Bahamas, The"被放在了引号中。

图 11.1 说明了待使用的视图。

下面的代码清单 11.2 按升序显示了人口最少的 5 个地区(截至 1980 年，人口不到 100 万)。

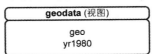

图 11.1　本实验中使用的视图有两列：geo 和 yr1980

代码清单 11.2　1980 年时人口最少的 5 个地区

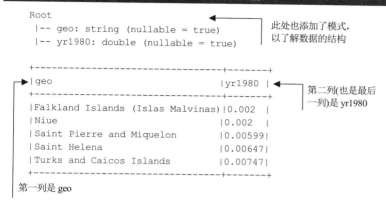

此处也添加了模式，以了解数据的结构

第二列(也是最后一列)是 yr1980

第一列是 geo

在深入研究代码之前，请先思考如何使用 SQL 获得这样的结果。这里提供了一个表格或视图(称之为 geodata)和两列(geo 和 yr1980)。为了获得人口不足 100 万的前 5 个最小地区，你同意我使用以下 SQL 语句吗？

```
SELECT * FROM geodata WHERE yr1980 < 1 ORDER BY 2 LIMIT 5
```

注意，此 SQL 示例不适用于所有数据库。最近的 Oracle 数据库使用 FIRST_ROWS，而 Informix(v12.1 之前的版本)使用 FIRST。如果你对 SQL 技术有点生疏，下面的代码清单 11.3 为你拆分了操作。

代码清单 11.3　获得人口少于 100 万的前 5 个最小国家的 SQL 语句

包含表格的视图

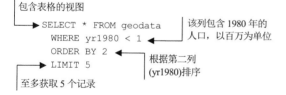

该列包含 1980 年的人口，以百万为单位

根据第二列(yr1980)排序

至多获取 5 个记录

哪种 SQL？

如你所知，尽管业界制定了规范，但是每个数据库供应商在 SQL 规范方面都有细微的差异。Apache Spark 也不例外，它基于 Apache Hive 的 SQL 语法(http://mng.bz/ad2X)，但是有局限。Apache Hive 的 SQL 或 HiveQL 基于 SQL-92。

到目前为止，还没有官方的 Apache Spark SQL 参考手册。

下面看看当你必须在 Spark 中使用该查询时，会发生什么，如代码清单 11.4 所示。在此例子中，有什么值得注意的呢？如第 7 章所述，你需要基于模式提取文件，尽管文件中的列数众多，但是此模式仅定义了前两列：这会提示 Spark 删除其他列。

要在 Spark 中启用类似表的 SQL 用法，必须创建视图。作用域可以是本地的(如前所述，针对会话而言)，也可以是全局的(针对应用程序而言)。下一节将更详细地讨论本地与全局作用域的区别。

注意，本实验将数据加载到 Spark 中，然后通过查询语句，有限制地显示数据。

代码清单 11.4 SimpleSelectApp.java：执行 SELECT 语句

```java
package net.jgp.books.spark.ch11_lab100_simple_select;

import org.apache.spark.sql.Dataset;
import org.apache.spark.sql.Row;
import org.apache.spark.sql.SparkSession;
import org.apache.spark.sql.types.DataTypes;
import org.apache.spark.sql.types.StructField;
import org.apache.spark.sql.types.StructType;

public class SimpleSelectApp {

  public static void main(String[] args) {
    SimpleSelectApp app = new SimpleSelectApp();
    app.start();
  }
  private void start() {
    SparkSession spark = SparkSession.builder()        ◄──── 获取会话
        .appName("Simple SELECT using SQL")
        .master("local")
        .getOrCreate();                                        创建模式

    StructType schema = DataTypes.createStructType(new StructField[] {  ◄
        DataTypes.createStructField(
            "geo",
            DataTypes.StringType,
            true),
        DataTypes.createStructField(
            "yr1980",
            DataTypes.DoubleType,
            false) });
                                                          从 CSV 文件提
                                                          取数据到数据帧
    Dataset<Row> df = spark.read().format("csv")  ◄──
        .option("header", true)
        .schema(schema)
        .load("data/populationbycountry19802010millions.csv");
    df.createOrReplaceTempView("geodata");
    df.printSchema();   ◄─────
                                 打印模式,
                                 显示 2 列
    Dataset<Row> smallCountries =
        spark.sql(
            "SELECT * FROM geodata WHERE yr1980 < 1 ORDER BY 2 LIMIT 5");

    smallCountries.show(10, false);   ◄───── 显示新数据帧
  }
}
```

创建临时视图(在会话作用域内)

执行查询

本地临时视图的创建非常简单：使用 createOrReplaceTempView()数据帧方法。参数为表格/视图名称。如前所述，可使用 geodata(或任何喜欢的数据)。

下一个操作是使用 Spark 会话的 sql()方法。可使用代码清单 11.3 中所设计的 SQL 语句，不必修改。结果可用作数据帧，因此可使用 show()方法以及其他 API 进行调试。

下一节将讨论本地视图和全局视图之间的区别。

11.2 本地视图与全局视图之间的区别

上一节教你运行了第一个使用本地视图的 Spark 语句。Spark 还提供了全局视图。让我们看看它们之间有什么区别。

实验: 本节的实验(实验#200)名为 SimpleSelect-GlobalViewApp,位于 net.jgp.books.spark.ch11. lab200_simple_select_global_view 程序包中。

下面的代码清单 11.5 展示了预期的结果:显示人口少于 100 万的 5 个最小地区(如上一节所述),并显示人口超过 100 万的 5 个最小地区。

代码清单 11.5 小国

```
root
|-- geo: string (nullable = true)
|-- yr1980: double (nullable = true)
+----------------------------------+-------+
|geo                               |yr1980 |
+----------------------------------+-------+
|Falkland Islands (Islas Malvinas) |0.002  |
|Niue                              |0.002  |
|Saint Pierre and Miquelon         |0.00599|
|Saint Helena                      |0.00647|
|Turks and Caicos Islands          |0.00747|
+----------------------------------+-------+

+--------------------+-------+
|geo                 |yr1980 |
+--------------------+-------+
|United Arab Emirates|1.00029|
|Trinidad and Tobago |1.09051|
|Oman                |1.18548|
|Lesotho             |1.35857|
|Kuwait              |1.36977|
+--------------------+-------+
```

无论你使用的是本地视图还是全局视图,视图都是临时的(temp)。会话结束时,Spark 将删除本地视图;当所有会话结束时,Spark 将删除全局视图。

代码清单 11.6 中的第一部分与代码清单 11.4 类似,你将启动会话,提取文件。但是在创建视图时,代码清单 11.6 使用的是 createOrReplaceGlobalTempView() 数据帧方法,而不是 createOrReplaceTempView()方法。在 SQL 语句中使用视图时,因为处在全局空间,所以必须在表格名前加上 global_temp 表格空间。在此场景中,需要使用 global_temp.geodata。

图 11.2 中的视图显示为全局视图。

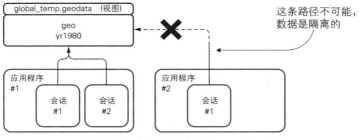

图 11.2 此全局视图具有 2 列：geo 和 yr1980

代码清单 11.6　SimpleSelectGlobalViewApp.java 的摘要

创建全局视图

```
df.createOrReplaceGlobalTempView("geodata");
Dataset<Row> smallCountriesDf =
    spark.sql(
        "SELECT * FROM global_temp.geodata "
        + "WHERE yr1980 < 1 ORDER BY 2 LIMIT 5");
smallCountriesDf.show(10, false);

SparkSession spark2 = spark.newSession();
Dataset<Row> slightlyBiggerCountriesDf =
    spark2.sql(
        "SELECT * FROM global_temp.geodata "
        + "WHERE yr1980 > 1 ORDER BY 2 LIMIT 5");
slightlyBiggerCountriesDf.show(10, false);
```

使用 global_temp 表格空间进行 SQL 查询

创建新会话

创建新会话时，在两个会话中，数据仍然可用，可在此处使用全局视图。

为什么需要多个 Spark 会话？

使用 newSession()启动新会话时，Spark 将隔离 SQL 配置、临时表和已注册函数，但是仍共享底层的 SparkContext 和缓存数据。

用例的增多会增加数据的隔离以及进程的隔离，需要在 Spark 之前使用服务器处理不同用户的不同请求，进行特定会话的调整等。毫无疑问，运行多个会话的情况很罕见。

11.3　混合使用数据帧 API 和 Spark SQL

前面几节介绍了如何协同使用 SQL 与数据帧。现在，我们也不必妥协，为了构建功能更强大的应用程序，可轻松地将 SQL 和数据帧 API 结合使用。

实验：此节的实验(实验#300)名为 SqlAndApiApp，位于 net.jgp.books.spark.ch11.lab300SqlAndApi程序包中。

本实验将教你使用上一示例中所演示的数据帧 API 准备数据，你将在第 12 章中接触到更多数据帧 API。然后，应用 SQL 查询进行一些基本的分析。

- 确定在 1980—2010 年，哪个国家失去了最多的人口。

18

- 确定同一时期人口增长最快的地区。

输出类似于下面的代码清单 11.7。

代码清单 11.7　结合 API 和 SQL 的输出进行分析

```
+-----------------------+--------+--------+----------+
|geo                    |yr1980  |yr2010  |evolution |
+-----------------------+--------+--------+----------+
|Bulgaria               |8.84353 |7.14879 |-1694740.0|
|Hungary                |10.71112|9.99234 |-718780.0 |
|Romania                |22.13004|21.95928|-170760.0 |
|Guyana                 |0.75935 |0.74849 |-10860.0  |
|Montserrat             |0.01177 |0.00512 |-6650.0   |
|Cook Islands           |0.01801 |0.01149 |-6520.0   |
|Netherlands Antilles   |0.23244 |0.22869 |-3750.0   |
|Dominica |0.07389      |0.07281 |-1080.0 |
|Saint Pierre and Miquelon|0.00599 |0.00594 |-50.0     |
+-----------------------+--------+--------+----------+

+----------------------+----------+----------+-----------+
|geo                   |yr1980    |yr2010    |evolution  |
+----------------------+----------+----------+-----------+
|World                 |4451.32679|6853.01941|2.40169262E9|
|Asia & Oceania        |2469.81743|3799.67028|1.32985285E9|
|Africa                |478.96479 |1015.47842|5.3651363E8 |
|India                 |684.8877  |1173.10802|4.8822032E8 |
|China                 |984.73646 |1330.14129|3.4540483E8 |
|Central & South America|293.05856 |480.01228 |1.8695372E8 |
|North America         |320.27638 |456.59331 |1.3631693E8 |
|Middle East           |93.78699  |212.33692 |1.1854993E8 |
|Pakistan              |85.21912  |184.40479 |9.918567E7  |
|Indonesia             |151.0244  |242.96834 |9.194394E7  |
|United States         |227.22468 |310.23286 |8.300818E7  |
|Brazil                |123.01963 |201.10333 |7.80837E7   |
|Nigeria               |74.82127  |152.21734 |7.739607E7  |
|Europe                |529.50082 |606.00344 |7.650262E7  |
|Bangladesh            |87.93733  |156.11846 |6.818113E7  |
+----------------------+----------+----------+-----------+
only showing top 15 rows
```

　　下面看看数据工程师如何使用 Spark 提取结果，并将其提供给数据分析师。下面的代码清单 11.8 详细阐述了将 API 与 SQL 结合的过程。

代码清单 11.8　SqlAndApiApp.java

```java
package net.jgp.books.spark.ch11_lab300_sql_and_api;

import org.apache.spark.sql.Dataset;
import org.apache.spark.sql.Row;
import org.apache.spark.sql.SparkSession;
import org.apache.spark.sql.functions;
import org.apache.spark.sql.types.DataTypes;
import org.apache.spark.sql.types.StructField;
import org.apache.spark.sql.types.StructType;
```

```java
public class SqlAndApiApp {

  public static void main(String[] args) {
    SqlAndApiApp app = new SqlAndApiApp();
    app.start();
  }

  private void start() {
    SparkSession spark = SparkSession.builder()
        .appName("Simple SQL")
        .master("local")
        .getOrCreate();

    StructType schema = DataTypes.createStructType(new StructField[] {
        DataTypes.createStructField(
            "geo",
            DataTypes.StringType,
            true),
        DataTypes.createStructField(
            "yr1980",
            DataTypes.DoubleType,
            false),
        DataTypes.createStructField(
            "yr1981",
            DataTypes.DoubleType,
            false),
...
        DataTypes.createStructField(
            "yr2010",
            DataTypes.DoubleType,
            false) });
```

为整个数据集
创建模式

```java
    Dataset<Row> df = spark.read().format("csv")
      .option("header", true)
      .schema(schema)
      .load("data/populationbycountry19802010millions.csv");

    for (int i = 1981; i < 2010; i++) {
      df = df.drop(df.col("yr" + i));
    }
```

使用数据帧 API
删除多余的列

```java
    df = df.withColumn(
        "evolution",
        functions.expr("round((yr2010 - yr1980) * 1000000)"));
    df.createOrReplaceTempView("geodata");
```

创建名为 evolution
的新列

```java
    Dataset<Row> negativeEvolutionDf =
        spark.sql(
            "SELECT * FROM geodata "
                + "WHERE geo IS NOT NULL AND evolution<=0 "
                + "ORDER BY evolution "
                + "LIMIT 25");
    negativeEvolutionDf.show(15, false);

    Dataset<Row> moreThanAMillionDf =
```

```
    spark.sql(
        "SELECT * FROM geodata "
          + "WHERE geo IS NOT NULL AND evolution>999999 "
          + "ORDER BY evolution DESC "
          + "LIMIT 25");
    moreThanAMillionDf.show(15, false);
  }
}
```

应用程序使用数据帧 API 删除了一些多余的列(即 1981—2009 年的所有列; 我们主要关注 1980 年和 2010 年)。然后, 应用程序再次应用数据帧 API, 使用 1980—2010 年人口变化的数据创建了新列。

此阶段, 我们有了清洁且格式化的数据, 可使用 SQL 查询数据并显示结果。

11.4　不要删除数据

在处理数据和 SQL 时, 不仅要选择(SELECT)数据, 有时候还要删除(DELETE)数据。从根本上说, 可将所有的数据操作简称为 CRUD, 即创建(Create)、读取(Read)、更新(Update)和删除(Delete)的首字母。本节将介绍如何删除数据帧中的数据。

前面几节使用了美国能源部的地理数据。数据集混合了国家、地区、大洲和世界的数据, 因此不适合用于分析。上一实验的输出(代码清单 11.7, 部分复制到了代码清单 11.9)说明了这种情况。

代码清单 11.9　数据集中的一致性问题

```
+--------------------+----------+----------+-----------+
|geo                 |yr1980    |yr2010    |evolution  |        ← 世界
+--------------------+----------+----------+-----------+
|World               |4451.32679|6853.01941|2.40169262E9|
|Asia & Oceania      |2469.81743|3799.67028|1.32985285E9|        大洲
|Africa              |478.96479 |1015.47842|5.3651363E8 |
|India               |684.8877  |1173.10802|4.8822032E8 |        国家
|China               |984.73646 |1330.14129|3.4540483E8 |
…
+--------------------+----------+----------+-----------+
only showing top 15 rows
```

如第 3 章所述, Spark 中的数据帧是不可变的, 即数据不改变。即使你不太记得这个知识点的微妙之处, 也无关紧要, 只要记住: 数据不变; Spark 追踪数据变化(如同烹饪食谱), 并将其存储在有向无环图(Directed Acyclic Graph, DAG)中, 如第 4 章所述。

如果数据不可变, 那么该如何更改数据帧呢? 当然不能使用 SQL 的 DELETE 语句, 不能修改数据(它是不可变的)。下面的代码清单 11.10 说明了我们的需求: 一个干净的数据集, 其中只包含国家和地区的数据, 没有大洲的数据。

```
原始数据集中的条目数                                                           干净数据
   …op.DropApp.start(DropApp.java:36): -> start()                            集中的条
   …op.DropApp.start(DropApp.java:193): Territories in orginal dataset: 232  目数
   …op.DropApp.start(DropApp.java:206): Territories in cleaned dataset: 215
   +----------------+---------+----------+-----------+
   |geo             |yr1980   |yr2010    |evolution  |
   +----------------+---------+----------+-----------+
   |China           |984.73646|1330.14129|3.4540483E8|
   |India           |684.8877 |1173.10802|4.8822032E8|
   |United States   |227.22468|310.23286 |8.300818E7 |
   |Indonesia       |151.0244 |242.96834 |9.194394E7 |
   |Brazil          |123.01963|201.10333 |7.80837E7  |
   |Pakistan        |85.21912 |184.40479 |9.918567E7 |
   |Bangladesh      |87.93733 |156.11846 |6.818113E7 |
   |Nigeria         |74.82127 |152.21734 |7.739607E7 |           仅国家
   |Japan           |116.80731|126.80443 |9997120.0  |           (地区)
   |Mexico          |68.34748 |112.46886 |4.412138E7 |
   |Philippines     |50.94018 |99.90018  |4.896E7    |
   |Vietnam         |53.7152  |89.57113  |3.585593E7 |
   |Ethiopia        |38.6052  |88.01349  |4.940829E7 |
   |Egypt           |42.63422 |80.47187  |3.783765E7 |
   |Turkey          |45.04797 |77.80412  |3.275615E7 |
   |Iran            |39.70873 |76.9233   |3.721457E7 |
   |Congo (Kinshasa)|29.01255 |70.91644  |4.190389E7 |
   |Thailand        |47.02576 |67.0895   |2.006374E7 |
   |France          |53.98766 |63.33964  |9351980.0  |
   |United Kingdom  |56.51888 |62.61254  |6093660.0  |
   +----------------+---------+----------+-----------+
   only showing top 20 rows
```

下一步相当简单：创建仅包含所需数据的新数据帧。

实验：基于 11.3 节的实验，看看实验#400，名为 DeleteApp，位于 net.jgp.books.spark.ch11_lab400_delete 软件包。

代码清单 11.11 聚焦于如何更改上一实验(#300)。当你想要删除行时，需要执行以下操作：

● 与前面的示例一样，将数据提取或加载到第一个数据帧中(代码清单 11.10 中未显示)。数据帧名为 df。

● 创建名为 geodata 的视图。

● 在 geodata 上运行 SQL 语句(作为过滤器)。此处，它排除了世界和各大洲的数据，创建了仅包含国家和地区的新数据集。

● 结果存储在名为 cleanedDf 的新数据帧中。

代码清单 11.11　从数据帧中删除数据

```java
package net.jgp.books.spark.ch11_lab400_drop;
…
public class DeleteApp {
…
    df.createOrReplaceTempView("geodata");
```

```
log.debug("Territories in orginal dataset: {}", df.count());
Dataset<Row> cleanedDf =
    spark.sql(
        "select * from geodata where geo is not null "
        + "and geo != 'Africa' "
        + "and geo != 'North America' "
        + "and geo != 'World' "
        + "and geo != 'Asia & Oceania' "
        + "and geo != 'Central & South America' "
        + "and geo != 'Europe' "
        + "and geo != 'Eurasia' "
        + "and geo != 'Middle East' "
        + "order by yr2010 desc");
    log.debug("Territories in cleaned dataset: {}",
        cleanedDf.count());
    cleanedDf.show(20, false);
}
}
```

创建新
数据帧

计算所提取
(和所转换)
数据帧中的
条目数

SQL 查询,"清理"
初始数据帧

计算干净数据
帧中的条目数

11.5　进一步了解 SQL

前几节介绍了如何使用基本的 SQL 语句,以及将数据行从一个数据集拖放到另一个数据集的一般机制。本节将提供相关资源信息,帮助你了解如何结合使用 SQL 与 Spark。

值得一提的是 SparkSession.table()方法,该方法直接从会话返回指定的视图(作为数据帧),避免将引用传递给数据帧本身。

可在网站 http://mng.bz/gVnG 上找到 Spark SQL 指南。Databricks 也在 http://mng.bz/eD6q 上提供了有关 SQL 的指南。但是,它混合了用于 Apache Spark 和 Delta Lake(Databricks 数据库)的 SQL(将在第 17 章中使用)。

Spark的SQL是基于Apache Hive的语法,可在http://mng.bz/ad2X中找到有关Apache Hive的语法。请访问http://mng.bz/O90a,学习有关兼容性的知识。

11.6　小结

- Spark 支持将结构化查询语言(SQL)作为查询语言来查询数据。
- Spark 的 SQL 基于 Apache Hive SQL(HiveQL),而 Apache Hive 的 SQL 基于 SQL-92。
- 在应用程序中可混合使用数据帧 API 和 SQL。
- 通过数据帧顶部的视图对数据进行操作。
- 在同一应用程序中,视图可以是本地的(针对单个会话),也可在若干个会话之间共享(全局的)。应用程序之间永远不会共享视图。
- 因为数据不可变,所以不能删除或修改记录,必须重建新的数据集。
- 但是,为了从数据帧中删除记录,可基于所筛选的数据帧构建新数据帧。

第*12*章

转 换 数 据

本章内容涵盖
- 学习数据转换的流程
- 在记录层面执行数据转换
- 学习数据发现和数据映射
- 在真实数据集上实现数据转换
- 验证数据转换的结果
- 连接数据集，获得更丰富的数据和见解

本章是本书的基石。前面 11 章积累的知识引领我们提出此关键问题："有了所有这些数据以后，应该如何转换数据？如何处理数据？"

Apache Spark 所做的一切都与数据转换相关，但是数据转换确切的定义是什么呢？我们如何重复地、程序化地执行数据转换呢？我们可将数据转换视为工业过程，确保数据得到充分、安全和可靠的转换。

本章将教你在记录层面执行数据转换：即在原子层面，逐单元、逐列地处理数据。此处将使用美国人口普查局的人口报告(包括美国所有州和领地的所有县)进行实验，提取信息，并构建不同的数据集。

一旦明白了如何转换单个数据集中的数据，就可像处理 SQL 数据库一样，使用连接(join)操作来连接数据集。我们可简要地查看不同类型的连接。附录 M 详细介绍了各种连接，供你参考。本章将使用两个额外数据集：来自美国教育部的高等教育机构列表，以及由美国住房和城市发展部维护的便捷映射(mapping)文件。

最后，本章将指出本书不详细介绍，但是代码存储库中包含的更多类型的数据转换。

使用官方来源的真实数据集有助于你比较全面地理解这些概念。这个过程将模拟日常工作中，我们会遇到的问题。但如果要使用真实的数据，就必须跨越格式化数据和理解数据的障碍。关于这个流程的描述势必会增加本章的篇幅。

实验：本章中的示例可在 GitHub 上找到，网址为 https://github.com/jgperrin/net.jgp.books.spark.ch12。

12.1 数据转换是什么

数据转换是将数据从一种格式或结构转换为另一种格式或结构的过程。本节将介绍可进行转换的数据类型以及能执行的转换操作的类型等。数据包含以下若干类型。

- 可进行结构化和组织化的数据，如关系数据库中的表和列。
- 数据可采用半结构化的文档格式，如在 NoSQL 数据库中经常出现的文档。
- 数据可以是原始的，完全非结构化的，如二进制大型对象(binary large object，blob)或文档。

数据转换将数据从一种类型更改为另一种类型，或在同一类型内进行调整。数据转换可应用于数据的若干方面。

- 在记录层面：可在记录(或行)中直接修改值。
- 在列层面：可在数据帧中创建和删除列。
- 在数据帧的元数据/结构中。

图 12.1 总结了数据转换发生的位置。

Apache Spark 是进行各种数据转换的理想选择，数据量并不重要。在结构化和组织化数据中，Spark 发挥了巨大作用，并且我们可轻松扩展 Spark，转换更多二进制大型对象和模糊的数据。例如，第 9 章讨论了如何提取照片中的元数据。

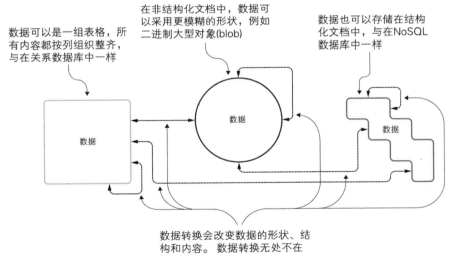

图 12.1 数据可以有多种形状，无论是结构化的还是非结构化的。数据转换可发生在不同的形状之间，或发生在相同的形状内

下一节先讨论如何在记录层面转换数据，然后讨论如何在更大的文档层面转换数据。

12.2 在记录层面进行数据转换的过程和示例

本节将介绍如何在记录层面转换数据。这意味着从数据帧中提取原始数据，并通过计算生成新数据。为此，我们需要遵循适当的方法：数据发现，数据映射，数据转换(设计和执行转换)，最后是数据验证。

为了完全掌握数据转换的过程，可对美国人口普查局(https://factfinder.census.gov)的人口数据进行一些分析。

实验： 数据存在于存储库的 data/census 目录中。实验编号为#200，可在 net.jgp.books. sparkInAction.ch12.lab200_record_transformation 软件包中找到。

可将人口普查局的数据集从原始数据转换为新数据集，过程如下所示：

- 使县和州的数据更加突出。
- 衡量 2010 年计数人口与估计人口之间的差距。
- 估计 2010—2017 年的人口增长。

表 12.1 详细说明了预期结果，此处将晦涩难懂的类似于 ASCII 的输出转变为比较简明、可读性强的表格。在此输出表格中，可看到以下内容：

- 清晰的州和县的数据。
- diff 列中 2010 年计数人口和其估计值之间的差值。
- 2010—2017 年的估计增长值。

表 12.1 最终结果显示了重命名的列，计数数据和估计数据之间的差值以及 2010—2017 年的增长

州 ID	县 ID	州	县	差值(diff)
growth	13	11	Georgia	Banks County
26	213	13	195	Georgia
Madison County	43	1139	13	213
Georgia	Murray County	−85	239	17
17	Illinois	Cass County	−7	−1130
18	63	Indiana	Hendricks County	436
17801				

下面使用 Apache Spark 运行该实验。但是，在运行代码之前，需要理解一个简单的五步过程。数据转换可分为以下步骤：

(1) 数据发现。

(2) 数据映射。

(3) 编写应用程序(工程)。

(4) 执行应用程序。

(5) 数据审查。

图 12.2 以图形方式详细说明了该过程，并针对每一步给出了一些提示。

下面通过示例详细说明每一个步骤。

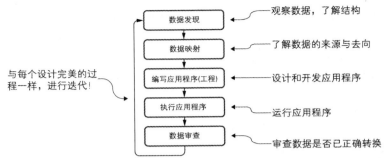

图 12.2　完整的五步骤数据转换过程，突出显示了每个主要步骤。不要忘记迭代，以提高数据转换的质量

12.2.1　数据发现，了解数据的复杂性

本节将讲解数据发现的一般过程：查看数据并了解其结构。这是在进行数据映射之前的基本操作。通过查看数据(例如，打开 CSV 或 JSON 文件)，可大概了解数据的复杂程度。理想情况下，数据会附带有关结构的说明，表明各个字段代表什么。如果没有解释，则可请求解释。但遗憾的是，根据经验，这很可能不会有结果，因此请做好进行逆向工程的准备。图 12.3 显示了此步骤在整个数据转换过程中的位置。

与每个数据转换项目一样，该项目要求首先查看数据及其结构(也称为数据发现)。之后，构建映射，编写转换代码，运行代码，最后分析结果。

下面的代码清单 12.1 显示了原始 CSV 格式的数据摘要。该文件位于/data/census/PEP_2017_PEPANNRES.csv 中。

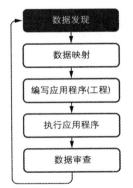

图 12.3　数据发现是数据转换过程的第一步

代码清单 12.1　人口普查数据摘要

```
GEO.id,GEO.id2,GEO.display-label,rescen42010,resbase42010,respop72010,
respop72011,respop72012,respop72013,respop72014,respop72015,
➥ respop72016, respop72017
…
0500000US37135,37135,"Orange County, North Carolina",133801,133688,133950,
➥ 134962,137946,139430,140399,141563,142723,144946
```

表 12.2 将数据显示为表格, 这对我们绝对有所帮助, 但如果要进行下一步, 还需要模式。

表 12.2　表格表示

GEO.id	GEO.id2	GEO.display-label	rescen42010	resbase42010	respop72010	...	respop72017
0500000U S37135	37135	Orange County, North Carolina	133801	133688	133950	...	144946

表 12.3 提供了模式(或元数据)。通过查看人口普查局提供的元数据描述文件, 可构建此表。该文件在存储库中: /data/census/PEP_2017_PEPANNRES_metadata.csv。第一列(字段名)和第二列(定义)来自人口普查局的数据集。第三列包含了有助于构建映射的注释。

表 12.3　美国人口普查局原始数据的结构

字段名	定义	注释
GEO.id	ID	不使用
GEO.id2	ID 2	5 位数字代码, 参见表格 12.1
GEO.display-label	地理	使用 "县, 州" 格式的标签
rescen42010	2010 年 4 月 1 日——人口普查	不使用
resbase42010	2010 年 4 月 1 日——估计基数	
respop72010	人口估计值(截至 7 月 1 日)——2010 年	
respop72011	人口估计值(截至 7 月 1 日)——2011 年	
respop72012	人口估计值(截至 7 月 1 日)——2012 年	
respop72013	人口估计值(截至 7 月 1 日)——2013 年	
respop72014	人口估计值(截至 7 月 1 日)——2014 年	
respop72015	人口估计值(截至 7 月 1 日)——2015 年	
respop72016	人口估计值(截至 7 月 1 日)——2016 年	
respop72017	人口估计值(截至 7 月 1 日)——2017 年	

图 12.4 说明了人口普查局所使用的 id2 字段的结构。

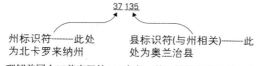

州标识符———此处　　　县标识符(与州相关)———此
为北卡罗来纳州　　　　处为奥兰治县

图 12.4　理解美国人口普查局的 id2 字段: 前 2 位数字表示州, 后 3 位表示县

12.2.2　数据映射, 绘制过程

现在, 我们已经分析了数据及其结构, 是时候将数据的起点映射到数据的终点了。这个操作被称为数据映射, 是开发应用程序之前的基本操作: 将起点的数据和结构映射到终点的数据和结构。这实际上就是绘制数据转换的流程。图 12.5 显示了此步骤在整个流程中的位置。

在开始数据映射过程之前, 先看一下表 12.4 中的预期结果(类似于表 12.1)。在此表中, 你可看到州和县。diff 列显示了实测数据(由人口普查局工作人员提供)与其初始估计之间的差值；growth 列则列出了 2010—2017 年的人口增长值。

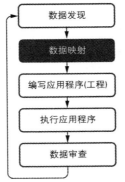

图 12.5 数据映射说明了数据的来源和去向，与地图一样

表 12.4 显示新列的名称、州和县，计数数据和估计数据之间的差值以及 2010—2017 年的人口增长值的最终结果

州 ID	县 ID	州	县	差值(diff)	增长值(growth)
13	11	Georgia	Banks County	26	213
18	63	Indiana	Hendricks County	436	17801

映射过程有助于我们理解如何处理数据。该过程如图 12.6 所示。

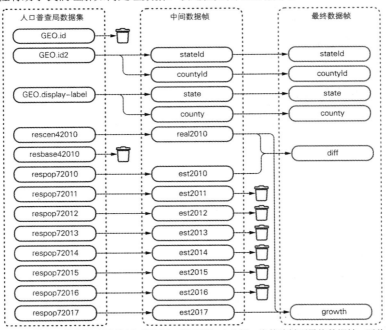

图 12.6 将人口普查局的数据映射到中间数据帧，然后附加上分析，将其映射到最终数据帧。至此，你已准备好构建应用程序了

此场景使用了中间数据帧。中间数据帧与其他任何数据帧一样，但不提供直接的业务值。不妨使用中间数据帧，它可提供以下内容：

- 简洁的数据版本，格式可根据需要自定义。
- 可应用所有数据质量规则的数据帧(有关数据质量的更多信息，请参阅第 14 章)。
- 可缓存或带有检查点的、可快速重用的数据帧(有关缓存和检查点的更多信息，请参阅第 16 章)。

中间数据帧的使用不会对性能产生负面影响。缓存或设置数据检查点，可提高性能。第 16 章将提供有关性能调整的更多相关信息。

当所有数据都在内存中时，缓存的意义何在

如果有足够的内存，那么所有数据都将存储在内存中，此时为什么要缓存数据呢？你可能会提出这个貌似合理的问题。

记住：Spark 具有"惰性"，除非我们明确要求(通过动作)，否则它不会执行所有操作(数据转换)。

如果计划重新使用数据帧进行不同的分析，最好使用 cache()方法来缓存数据。这可提高性能。第 16 章将详细介绍这些操作。

图 12.a 说明了如果不缓存数据，会发生的情况：Spark 每次都会重复执行操作 1、2、3 和 4。

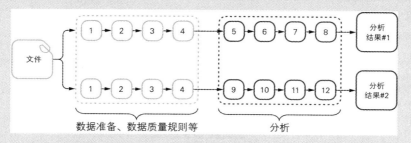

图 12.a

每次运行分析管道时都会执行数据准备步骤；可使用 cache()方法优化此情形。

图 12.b 说明了缓存数据帧的效果：操作 1、2、3 和 4 仅执行一次。

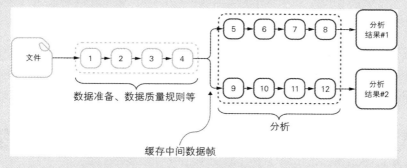

图 12.b

数据准备步骤仅执行一次。两个分析管道都使用缓存的数据帧，从而获得了较好的性能。

表 12.5 显示了使用合格数据的中间数据帧的内容。

表 12.5 显示中间数据帧

州 ID	县 ID	州	县	real2010	est2010	est2011	...	est2017
37	135	North Carolina	Orange County	133801	133950	134962	...	144946

映射完成后,可编写应用程序了。

12.2.3 编写转换代码

我知道,你对本节内容期待已久。让我们停止分析,开始编写代码,进行更多的 API 操作,如图 12.7 所示。此处本可直接跳到编写代码的内容,但是,作为优秀的专业人员,如果想要养成良好的习惯,最好不走捷径。因此,单就编码而言,这可能是本章最重要的小节;但对于整个数据转换过程来说,这并不是最重要的。

第一步是构建中间数据帧。

(1) 删除不需要的列:GEO.id 和 resbase42010。

(2) 拆分 ID(GEO.id2)和 GEO.display-label 列。

(3) 重命名列。

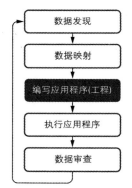

图 12.7 编写应用程序是五步骤数据转换过程中的第三个步骤

虽然前两个阶段对于数据转换的成功至关重要,但是开发人员倾向于直接跳到编写应用程序阶段。

下面的代码清单 12.2 显示了构建中间数据帧的代码。与往常一样,此处留下了 import 语句,这样你就不会对所使用的库感到困惑了。

代码清单 12.2 RecordTransformationApp.java:创建中间数据帧

```
package net.jgp.books.spark.ch12.lab200_record_transformation;

import static org.apache.spark.sql.functions.expr;        数据转换所
import static org.apache.spark.sql.functions.split;       使用的静态方法

import org.apache.spark.sql.Dataset;
import org.apache.spark.sql.Row;
```

```java
import org.apache.spark.sql.SparkSession;

public class RecordTransformationApp {
...
  private void start() {
    SparkSession spark = SparkSession.builder()          ←—— 创建会话
        .appName("Record transformations")
        .master("local")
        .getOrCreate();

    Dataset<Row> intermediateDf = spark          ←—— 提取人口普查数据
        .read()
        .format("csv")
        .option("header", "true")
        .option("inferSchema", "true")
        .load("data/census/PEP_2017_PEPANNRES.csv");

    intermediateDf = intermediateDf          ←—— 重命名和删除列
        .drop("GEO.id")
        .withColumnRenamed("GEO.id2", "id")
        .withColumnRenamed("GEO.display-label", "label")
        .withColumnRenamed("rescen42010", "real2010")
        .drop("resbase42010")
        .withColumnRenamed("respop72010", "est2010")
        .withColumnRenamed("respop72011", "est2011")
        .withColumnRenamed("respop72012", "est2012")
        .withColumnRenamed("respop72013", "est2013")
        .withColumnRenamed("respop72014", "est2014")
        .withColumnRenamed("respop72015", "est2015")
        .withColumnRenamed("respop72016", "est2016")
        .withColumnRenamed("respop72017", "est2017");
```

创建
其他列
```java
    intermediateDf = intermediateDf
        .withColumn(
            "countyState",
从 ID 中提         split(intermediateDf.col("label"), ", "))
取州的 ID    .withColumn("stateId", expr("int(id/1000)"))
        .withColumn("countyId", expr("id%1000"));
    intermediateDf.printSchema();
```

使用 "," 正则表达式
拆分列标签, 这样就
可将 "县, 州" 拆分
为县和州

从 ID 中提
取县的 ID

让我们停留片刻, 分析所构建的数据和结构。在此阶段, 模式如下所示:

```
root
 |-- id: integer (nullable = true)
 |-- label: string (nullable = true)
 |-- real2010: integer (nullable = true)
 |-- est2010: integer (nullable = true)
...
 |-- est2017: integer (nullable = true)          数组结构
 |-- countyState: array (nullable = true)         的表示
 |    |-- element: string (containsNull = true)
 |-- stateId: integer (nullable = true)           数组元素
 |-- countyId: integer (nullable = true)          的表示
```

使用 split()静态方法拆分 label 列, split()对列的值应用正则表达式, 并创建值的数组。图 12.8

说明了 split()的用法。

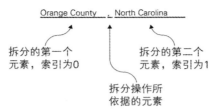

图 12.8 使用 split()函数提取县和州，将结果存储在数组中

提取初始文件时，数据如下所示：

```
|1007|Bibb County, Alabama| 22915| 22872| 22745| 22658|…
```

查看一下县和州名称的表示方式：Bibb County, Alabama。使用 split()函数后，字符串被转换为数组，使用方括号([])表示，如[Bibb County, Alabama]。因此，ASCII 表格的表示类似于：

```
+-----+...+-------+------------------------------+-------+--------+
|id    |...|est2017|countyState                   |stateId|countyId|
+-----+...+-------+------------------------------+-------+--------+
|4021 |...|430237 |[Pinal County, Arizona]       |4      |21      |              使用[ ]表示
|12019|...|212230 |[Clay County, Florida]        |12     |19      |              数组
|12029|...|16673  |[Dixie County, Florida]       |12     |29      |
…
```

图 12.9 展示了 ID 的组成。要从 id 列中提取州 ID(stateId)，只需要将其除以 1000 并转换为整数(int)。在本示例中，可调用 expr()方法，计算类似于 SQL 的表达式，请求 Spark 完成这个任务：

```
.withColumn("stateId", expr("int(id/1000)"))
```

同样，要提取县的 ID(countyId)，只需要将值模以 1000(取其余数)：

```
.withColumn("countyId", expr("id%1000"))
```

代码清单 12.3 通过提取 countyState 的数组元素，持续不断地构建中间数据帧。因此，数据集不必构建嵌套元素，只需要构建线性化的数据，如基础表格。从代码中可以看出，县(如 Arizona 的 Pinal 县)是 countyState 数组中的第一个元素(索引为 0)，而州(state)是同一数组中的第二个元素(索引为 1)。

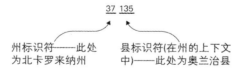

图 12.9 分解县的 ID：前 2 位数字代表州，后 3 位数字代表县

代码清单 12.3 创建中间数据帧的后续步骤

```
intermediateDf = intermediateDf
  .withColumn(
      "state",
      intermediateDf.col("countyState").getItem(1))      提取数组的第二个
  .withColumn(                                            元素(索引为1)
```

删除不需
要的列

提取数组的第一个[1]元素(索引
为0)

```
        "county",
        intermediateDf.col("countyState").getItem(0))
    .drop("countyState");
intermediateDf.printSchema();
intermediateDf.sample(.01).show(5, false);
...
```

显示数
据样本

如你所见，getItem()方法返回列中数组的元素。如果你请求提取数组中不存在的项(如第四项)，getItem()将返回 null——希望你理解，这比 ArrayIndexOutOfBoundsException 的方法更好。

你可能已经注意到，这里在 show()之前使用了 sample()方法：该方法允许提取数据集的随机样本(不必统计放回)。参数是介于 0 和 1 之间的双精度数，表示要随机打乱的行的百分比。sample()方法还有其他格式，可指定是否需要放回或指定随机种子。更多的相关信息，请访问 http://mng.bz/dxQX。

下面的代码清单 12.4 说明了两次执行采样的结果。

代码清单 12.4 采样结果

第一次执行：

```
+-----+...+-------+-------+--------+--------+--------------------------+
|id   |...|est2017|stateId|countyId|state   |county                    |
+-----+...+-------+-------+--------+--------+--------------------------+
|2090 |...|99703  |2      |90      |Alaska  |Fairbanks North Star Borough|
|8113 |...|7967   |8      |113     |Colorado|San Miguel County         |
|13237|...|21730  |13     |237     |Georgia |Putnam County             |
|16059|...|7875   |16     |59      |Idaho   |Lemhi County              |
|17011|...|33243  |17     |11      |Illinois|Bureau County             |
+-----+...+-------+-------+--------+--------+--------------------------+
only showing top 5 rows
```

第二次执行：

```
+-----+...+-------+-------+--------+----------+----------------+
|id   |...|est2017|stateId|countyId|state     |county          |
+-----+...+-------+-------+--------+----------+----------------+
|5033 |...|62996  |5      |33      |Arkansas  |Crawford County |
|5145 |...|79016  |5      |145     |Arkansas  |White County    |
|6069 |...|60310  |6      |69      |California|San Benito County|
|13063|...|285153 |13     |63      |Georgia   |Clayton County  |
|13191|...|14106  |13     |191     |Georgia   |McIntosh County |
+-----+...+-------+-------+--------+----------+----------------+
only showing top 5 rows
```

是否放回？这是统计问题

得克萨斯大学奥斯汀分校统计与数据科学系副教授 Mary Parker 针对放回统计做出了以下容易理解的解释。

放回采样：设想一堆马铃薯袋，每个袋中有 12、13、14、15、16、17 或 18 个马铃薯，各个值出现的可能性相同。假设每个数目均对应一袋马铃薯，那么总共有 7 袋马铃薯，分别对应 12、13、14、15、16、17、18 个马铃薯。如果我使用放回采样，随机抽出一袋，比如说，我挑了有 14 个马

---

1 译者注：此处原文为 second，属常识性错误，译文已更正。

铃薯的袋子。我有 1/7 的概率选中这个袋子。我放回这袋马铃薯。然后，我挑了另一袋。每袋马铃薯依然有 1/7 的概率被挑中。此处总共有 49 种可能性(假设我们能区分第一袋和第二袋)，它们是(12,12)、(12,13)、(12,14)、(12,15)、(12,16)、(12,17)、(12,18)、(13,12)、(13,13)、(13,14)等。

无放回采样: 设想相同数量的马铃薯袋，各袋中分别有 12、13、14、15、16、17 或 18 个马铃薯，各个值出现的可能性相同。假设每个数目均对应一袋马铃薯，那么总共有 7 袋马铃薯，分别对应 12、13、14、15、16、17、18 个马铃薯。如果在不放回的情况下，采样两次，我首先选了有 14 个马铃薯的袋子，那么我有 1/7 的概率选中这袋。然后我选另一袋，此时，只剩下 6 种可能性了: 12、13、15、16、17 和 18。

因此，此处总共只有 42 种可能性(同样，假设能将第一袋和第二袋区分开)，它们是(12,13)、(12,14)、(12,15)、(12,16)、(12,17)、(12,18)、(13,12)、(13,14)、(13,15)等。

这两种方法的不同之处在哪?

当你使用放回采样时，两次采样值是独立的。实际上，这意味着第一次采样不会影响到第二次采样。这也意味着，在采样数据帧时，放回采样可两次都获得同一行数据。Spark 的 sample()方法默认情况下采用不放回采样。

要了解更多信息，请参阅 https://web.ma.utexas.edu/users/parker/sampling/repl.htm。

现在，我们获得了中间数据帧(具有干净的、已格式化的值)。在此阶段，数据是一致的，可开始运行分析应用程序(算法或管道，这些都是同义词)了。因此，让我们提取 2010 年估计人口和计数人口的差值，并提取人口的增长值，结束此实验。

实验的最后一部分将创建新数据帧，其中包含列，以及所请求的数据。

代码清单 12.5　RecordTransformationApp.java：执行分析

```java
Dataset<Row> statDf = intermediateDf
    .withColumn("diff", expr("est2010-real2010"))      ◀──── 基于 est2010-real2010
    .withColumn("growth", expr("est2017-est2010"))     ◀──── 的结果创建 diff 列
    .drop("id")                         基于 est2017-est2010
    .drop("label")                      的结果创建 growth 列
    .drop("real2010")
    .drop("est2010")
    .drop("est2011")
    .drop("est2012")                    删除未
    .drop("est2013")                    使用的列
    .drop("est2014")
    .drop("est2015")
    .drop("est2016")
    .drop("est2017");
statDf.printSchema();
statDf.sample(.01).show(5, false);
```

如你所见，此处再次使用了 expr()方法和类似于 SQL 的语法，计算所需的值。数据转换的第四步是运行应用程序(如图 12.10 所示)。通过 IDE 运行应用程序的方法非常简单，因此，此处不做更多解释。

执行后获得的结果，如下面的代码清单 12.6 所示。

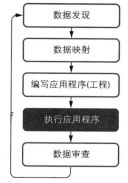

图 12.10 在工程(代码编写)结束时，运行应用程序。如果执行未产生预期的结果，请返回至前几个步骤

代码清单 12.6 数据转换输出的最后几行

```
…
root
 |-- stateId: integer (nullable = true)
 |-- countyId: integer (nullable = true)
 |-- state: string (nullable = true)
 |-- county: string (nullable = true)
 |-- diff: integer (nullable = true)
 |-- growth: integer (nullable = true)


+-------+--------+----------+------------------------+----+------+
|stateId|countyId|state     |county                  |diff|growth|
+-------+--------+----------+------------------------+----+------+
|2      |275     |Alaska    |Wrangell City and Borough|2  |150   |
|5      |19      |Arkansas  |Clark County            |-68 |-634  |
|6      |7       |California|Butte County            |-43 |9337  |
|10     |3       |Delaware  |New Castle County       |352 |20962 |
|13     |195     |Georgia   |Madison County          |43  |1139  |
+-------+--------+----------+------------------------+----+------+
only showing top 5 rows
```

下面介绍流程的最后一步——在进行数据转换后，验证数据。

12.2.4 审查数据转换，确保质量流程

此简短的小节将介绍 Spark 如何帮助我们审查数据，如图 12.11 所示，保证质量是整个流程中非常重要的一个部分，不应该被低估。

Spark 没有附带专用于审查数据的工具。建议你构建数据单元测试，确保数据转换按照预期的方式进行。尽管如此，如下面的代码清单 12.7 所示，由于采用的是 sample()方法，多次运行应用程序将产生不同的输出。

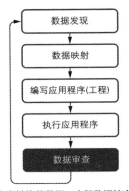

图 12.11 数据转换的最后一步,包括审查转换的数据,确保数据符合目标。如果数据转换未生成预期结果,可能需要返回绘图板。本质上,任何完善的流程都需要反复修改,因此我们很可能要回到数据发现的步骤

代码清单 12.7　RecordTransformationApp.java 的输出

第一次执行的输出:

```
+-------+--------+----------+----------------+----+------+
|stateId|countyId|state     |county          |diff|growth|
+-------+--------+----------+----------------+----+------+
|6      |29      |California|Kern County     |1485|52003 |
|8      |87      |Colorado  |Morgan County   |75  |-42   |
|13     |13      |Georgia   |Barrow County   |329 |9365  |
|17     |177     |Illinois  |Stephenson County|-105|-2552|
|18     |75      |Indiana   |Jay County      |-74 |-234  |
+-------+--------+----------+----------------+----+------+
only showing top 5 rows
```

第二次执行的输出:

```
+-------+--------+--------+---------------+----+------+
|stateId|countyId|state   |county         |diff|growth|
+-------+--------+--------+---------------+----+------+
|1      |75      |Alabama |Lamar County   |-70 |-548  |
|1      |89      |Alabama |Madison County |1291|24944 |
|4      |17      |Arizona |Navajo County  |246 |1261  |
|5      |11      |Arkansas|Bradley County |-36 |-608  |
|12     |109     |Florida |St. Johns County|1197|52576|
+-------+--------+--------+---------------+----+------+
only showing top 5 rows
```

第三次执行的输出:

```
+-------+--------+--------+--------------+----+------+
|stateId|countyId|state   |county        |diff|growth|
+-------+--------+--------+--------------+----+------+
|1      |119     |Alabama |Sumter County |-33 |-1043 |
|8      |117     |Colorado|Summit County |74  |2517  |
|12     |131     |Florida |Walton County |170 |13163 |
|13     |117     |Georgia |Forsyth County|1256|51200 |
|13     |187     |Georgia |Lumpkin County|353 |2554  |
+-------+--------+--------+--------------+----+------+
only showing top 5 rows
```

这些示例仅显示了数据。如果希望深入细致地审查数据，则需要导出它。第 17 章将解释如何将数据导出到文件和数据库。

12.2.5 如何排序

在正式结束数据转换的内容之前，这里先介绍另一种查看数据、准备报告的方式：排序。

当然，Apache Spark 支持对任意数量的列进行排序，无论是升序(默认)还是降序排列。代码清单 12.8 说明了如何对数据进行排序。将 sort()方法应用于数据帧。sort()可包含多列，每一列都可按照以下方式进行排序：

- 升序，使用 asc()。
- 升序，null 值优先，使用 asc_nulls_first()。
- 升序，null 值最后，使用 asc_nulls_last()。
- 降序，使用 desc()。
- 降序，null 值优先，使用 desc_nulls_first()。
- 降序，null 值最后，使用 desc_nulls_last()。

代码清单 12.8　对数据帧进行排序

```
statDf = statDf.sort(statDf.col("growth").desc());
System.out.println("Top 5 counties with the most growth:");
statDf.show(5, false);

statDf = statDf.sort(statDf.col("growth"));
System.out.println("Top 5 counties with the most loss:");
statDf.show(5, false);
```

示例中的源代码附带着注释。为了减少对应用程序的干扰，可随时取消注释，以便更清晰地审查数据。

12.2.6 结束 Spark 数据转换的首次演示

如果你按顺序阅读本书，那么这已经不是你第一次进行数据转换了。但这是你第一次进行正式的、面向过程的、逐步的数据转换。此刻有必要提醒你数据转换的五个步骤：

(1) 数据发现。

(2) 数据映射。

(3) 编写应用程序(工程)。

(4) 执行应用程序。

(5) 数据审查。

下一章将介绍如何像转换记录一样，轻松地转换整个文档。

12.3　连接数据集

连接是关系数据库的最佳功能之一，它利用表格之间的关系构建关系，连接数据。事实上，连接并非新想法，它在 1971 年这个伟大的年份被提出，随后不断发展、完善。如果你对关系数据库已有一定的了解，你应该能料到，连接是 Spark API 不可或缺的一部分。Spark 对连接的支持使数据帧之间得以建立关系。

本节将带你构建美国高等教育机构(学院、大学)的列表，列出其邮政编码(ZIP code)、所在县名和所在县人口。此结果数据集的一种用途是，列出具有最多大学的县，并计算居民与大学的比例。如果你喜欢大学的氛围和文化，则可比较轻松地选择自己的理想居所。

与本节关联的实验是#300，可在 net.jgp.books.sparkInAction.ch12.lab300_join 软件包中找到。

12.3.1 仔细查看要连接的数据集

本节将描述本实验要使用的数据集。如上一节所述，我们先从数据发现开始。我们可使用如下三个数据集。

- 美国高等教育机构的列表，由美国教育部的中学教育办公室提供。此列表名为认证的高等教育机构和项目数据库(Database of Accredited Postsecondary Institutions and Programs，DAPIP)。
- 美国人口普查局管理的美国所有县和州的列表(包含人口估计值)。此列表含有县的唯一标识符，该标识符基于联邦信息处理标准(Federal Information Processing Standards，FIPS，https://en.wikipedia.org/wiki/FIPS_county_code)。每个县都有一个 FIPS ID。
- 邮政编码与县 ID 一一对应的映射列表，此列表来自美国住房和城市发展部(Housing and Urban Development，HUD)。

图 12.12 展示了三个数据集之间的关系，以及它们之间的关联。

在数据发现阶段，可查看数据的大致状况。此时，你会发现高等教育机构数据集中没有邮政编码：必须从地址中提取邮政编码。图 12.13 说明了如何从地址中提取邮政编码。

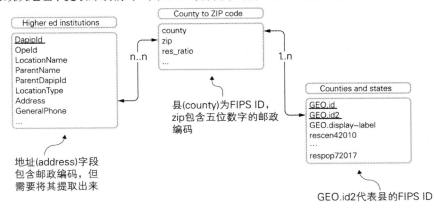

图 12.12　三个数据集(带有关联)的关系表示：高等教育机构(DAPIP)、县和州(人口普查局)和映射(美国住房和城市发展部)。提醒一下，1..n 和 n..n 表示表(或数据集)之间关系的基数

另一个数据发现使事情变得相对复杂：邮政编码是由美国邮政服务(USPS)建立的，并非根据县的分区划分的。因此，有时某个邮政编码会覆盖多个县。图 12.14 显示了共享邮政编码的三个县的

地图。

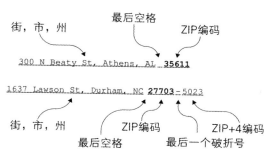

图 12.13 高等教育数据集编写地址的两种最常见方式。邮政编码需要你从地址中提取出来,它有两种形式:
五位数字的编码,或地理位置意义上更精确的 ZIP+4 编码

HUD 数据集提供了一个县和若干邮政编码之间的映射。如要进行更精确的区分,唯一方法是对照 USPS 地理信息系统(GIS),但这个系统不是公开的。因此,此处假设一个邮政编码区域中的某个机构可使与此邮政编码相关联的所有县受益;例如,邮政编码 27517 所覆盖的区域内的英语学习机构将在奥兰治(Orange)、达勒姆(Durham)和查塔姆(Chatham)这三个县中列出。虽然这并不完全准确,但是可以说该机构的影响力覆盖了三个县。

现在,我们已分析了数据,完成了数据发现,可开始转换数据了。

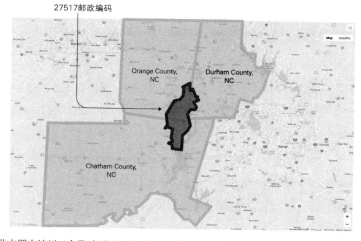

图 12.14 北卡罗来纳州三个县(奥兰治、达勒姆和查塔姆)的地图。每个县的某一部分都共享了 27517 邮政编码。若仅知道邮政编码,并不能确切确定某个县

12.3.2 构建各县的高等教育机构列表

现在,根据刚刚完成的数据发现,构建各县的高等教育机构列表。让我们先看一下输出,然后逐步进行数据转换。

最终列表看起来如代码清单 12.9 所示。为了在保证可读性的情况下缩减表格,此处在列的末尾使用了省略号。

代码清单 12.9　高等教育的最终列表，包含名称、邮政编码、县和人口

```
+-------------------------------+-----+----------------------...+--------+
|location ...                   |zip  |county                ...|pop2017 |
+-------------------------------+-----+----------------------...+--------+
|California State University - S...|95819|Sacramento County, Calif...|1530615 |
|Clearwater Christian College  ...|33759|Pinellas County, Florida |970637  |
|Florida Southern College      ...|33801|Polk County, Florida     |686483  |
|Darton State College          ...|31707|Lee County, Georgia      |29470   |
|Southern Polytechnic State Univ...|30060|Cobb County, Georgia     |755754  |
...
```

此处将应用程序分解为小片段，以便你专注于每个片段。下面将执行以下操作：

(1) 加载并清理每个数据集。

(2) 在机构数据集和映射文件之间执行首次连接。

(3) 在结果数据集和普查数据之间执行第二次连接，以获取县名。

1. Spark 的初始化

构建列表的第一步是导入所需的库，并初始化 Spark。同时，导入几个静态函数来协助数据转换。下面的代码清单 12.10 将完成这些操作。

如果你按顺序阅读本书，那么你可能已经完成此操作几百万次了。尽管如此，请查看接下来要使用的静态函数。

代码清单 12.10　HigherEdInstitutionPerCountyApp，第 1 部分：初始化

```
package net.jgp.books.sparkInAction.ch12.lab300_join;

import static org.apache.spark.sql.functions.element_at;    用于转换数据
import static org.apache.spark.sql.functions.size;          的静态函数
import static org.apache.spark.sql.functions.split;

import org.apache.spark.sql.Dataset;
import org.apache.spark.sql.Row;
import org.apache.spark.sql.SparkSession;

public class HigherEdInstitutionPerCountyApp {

  public static void main(String[] args) {
    HigherEdInstitutionPerCountyApp app =
      new HigherEdInstitutionPerCountyApp();
    app.start();
  }

  private void start() {
    SparkSession spark = SparkSession.builder()
      .appName("Join")
      .master("local")
      .getOrCreate();
```

2. 加载和准备数据

构建高等教育列表的第二步是加载并准备所有数据集。此操作实际上是提取 Spark 中的所有数据。现在需要加载并清理以下数据：

- 人口普查数据(代码清单 12.11)。
- 高等教育机构(代码清单 12.12)。
- 县代码和邮政编码之间的映射(代码清单 12.13)。

人口普查数据如下所示：

```
+--------+--------------------------+-------+
|countyId|county                    |pop2017|
+--------+--------------------------+-------+
|1057    |Fayette County, Alabama   |16468  |
|1077    |Lauderdale County, Alabama|92538  |
```

代码清单 12.11 将加载人口普查 CSV 文件，删除不需要的列，并将这些列重命名，使名称一目
了然。

注意，由于某些县使用加重字符(如波多黎各的 Cataño Municipio)，此处使用的文件编码为
Windows/CP-1252。我们还可推断出模式，在连接列时，这尤为重要(对于类似的数据类型，连接的
效率比较高)。

代码清单 12.11　加载和清理人口普查数据

```
              Dataset<Row> censusDf = spark
                  .read()
                  .format("csv")
                  .option("header", "true")
推断          .option("inferSchema", "true")                    指定文件编码：cp1252
模式          .option("encoding", "cp1252")                     表示 Microsoft Windows
                  .load("data/census/PEP_2017_PEPANNRES.csv");
              censusDf = censusDf
                  .drop("GEO.id")
                  .drop("rescen42010")
                  .drop("resbase42010")
                  .drop("respop72010")
...
                  .drop("respop72016")
                  .withColumnRenamed("respop72017", "pop2017")
                  .withColumnRenamed("GEO.id2", "countyId")
                  .withColumnRenamed("GEO.display-label", "county");
              System.out.println("Census data");
              censusDf.sample(0.1).show(3, false);
```

表 12.6 显示了该模式。

表 12.6　经过数据提取和准备后普查数据模式

列	类型	注释
countyId	Integer(整数)	使用这列，连接 county/zip 数据集
county	String(字符串)	
pop2017	Integer(整数)	

下面加载第二个数据集，即高等教育机构。经过数据提取和准备后，数据集如下所示：

```
+-------------------------------+-----+
|location                       |zip  |
+-------------------------------+-----+
|Central Alabama Community College |35010|
|Concordia College Alabama      |36701|
...
```

在此数据集中，必须从地址中提取邮政编码。图 12.15 说明了使用数据帧 API 和函数提取正确信息的过程。为了从地址中提取邮政编码，需要执行以下操作：

(1) 分离地址(Address)字段。

(2) 根据空格拆分(分离)字段的每个元素。这将创建一个数组，并存储在 addressElements 列中。

(3) 计算数组中元素的数量，并将结果存储在 addressElementCount 列中。

(4) 格式正确的地址的最后一个元素(在此数据集中)是邮政编码。可将其存储在 zip9 列中。在此步骤中，可使用五位数的邮政编码或九位数的邮政编码(也称为 ZIP + 4)。

(5) 基于破折号拆分 zip9 列，并将结果存储在 zips 列中。

(6) 最后，获取 zips 列的第一个元素。

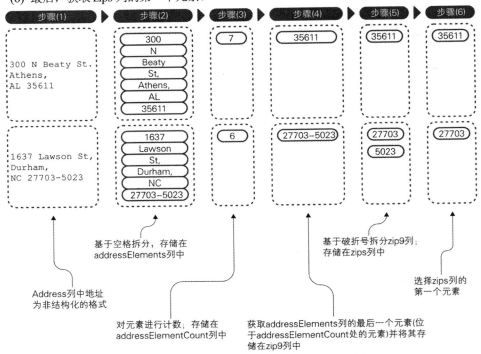

图 12.15　使用 Spark 的静态函数从原始地址中提取两种邮政编码的每个步骤

下面的代码清单 12.12 显示了加载和准备数据的过程。

代码清单 12.12　HigherEdInstitutionPerCountyApp，第 2 部分：清理数据

```
Dataset<Row> higherEdDf = spark
    .read()
```

```
            .format("csv")
            .option("header", "true")
            .option("inferSchema", "true")
            .load("data/dapip/InstitutionCampus.csv");
higherEdDf = higherEdDf
            .filter("LocationType = 'Institution'")          ← 基于机构
            .withColumn(                                         过滤
              "addressElements",
              split(higherEdDf.col("Address"), " "));         ← 步骤(1)和(2)：基于空格
higherEdDf = higherEdDf                                          拆分地址
            .withColumn(
              "addressElementCount",
              size(higherEdDf.col("addressElements")));       ← 步骤(3)：统计
higherEdDf = higherEdDf                                          元素数量
            .withColumn(
              "zip9",
              element_at(
                higherEdDf.col("addressElements"),            ← 步骤(4)：获取数组
                higherEdDf.col("addressElementCount")));        中的最后一个元素
higherEdDf = higherEdDf
步骤(5)：拆分  .withColumn(
九位数的        "splitZipCode",
邮政编码   → split(higherEdDf.col("zip9"), "-"));              步骤(6)：提取邮
higherEdDf = higherEdDf                                        政编码的第 1 部分
            .withColumn("zip", higherEdDf.col("splitZipCode").getItem(0))  ←
            .withColumnRenamed("LocationName", "location")
            .drop("DapipId")                                   重命名列，
 …                                                              保持命名一致

            .drop("zip9")                      删除未使用的
            .drop("addressElements")            列和临时列
            .drop("addressElementCount")
            .drop("splitZipCode");
```

SQL 数组注意事项

代码清单 12.11 计算了元素的数量，并直接使用此值，而不是以该值减 1。这是因为 element_at() 使用的是 SQL 数组，数组的第一个元素为索引 1，而不是索引 0(如 Java 数组)。

如果尝试获取第 0 个元素，你将得到一个异常: java.lang.ArrayIndexOutOfBoundsException: SQL array indices start at 1。对于第 0 个元素而言，我们很容易发现此问题; 但是对于其他元素，请格外小心!

表 12.7 给出了所得数据帧的模式。

表 12.7　数据提取和数据准备后的高等教育机构数据集的模式

列	类型	注释
location	Integer(整数)	
zip	String(字符串)	最初的地址是字符串，经过所有的数据转换后，得出的邮政编码(ZIP)也是字符串，这很合理

现在，加载最后一个数据集: HUD 提供的邮政编码到县的映射。数据帧的输出如下所示:

```
+------+-----+
|county|zip  |
+------+-----+
|1001  |36701|
|1001  |36703|
...
```

该数据集易于提取，如下面的代码清单 12.13 所示。

代码清单 12.13   HigherEdInstitutionPerCountyApp，第 3 部分：加载映射文件

```
Dataset<Row> countyZipDf = spark
    .read()
    .format("csv")
    .option("header", "true")
    .option("inferSchema", "true")
    .load("data/hud/COUNTY_ZIP_092018.csv");
countyZipDf = countyZipDf
    .drop("res_ratio")
    .drop("bus_ratio")
    .drop("oth_ratio")
    .drop("tot_ratio");
```

与该数据帧相关的模式如表格 12.8 所示。

表 12.8   提取后，映射数据的模式

列	类型	注释
county	Integer(整数)	匹配 FIPS 的县标识符
zip	Integer(整数)	

12.3.3   执行连接操作

上一节教你加载并准备了待用的数据。本节将带你执行连接操作，并分析其工作方式。现在到了构建与县相关的美国高等教育机构列表的最后一步。

首先，执行高等教育数据集和映射数据集(邮政编码到县)之间的连接操作，将 FIPS 县 ID 添加到列表中；然后，执行新建的数据帧与人口普查数据库之间的连接操作，添加县名。最后，执行清理操作，匹配预期的结果。

1. 使用连接(JOIN)将 FIPS 县标识符与高等教育数据集连接

首先，在左侧的高等教育数据集与右侧的县/邮政编码映射文件之间执行连接。此连接将使用 ZIP 编码，所得结果将机构与 FIPS 县标识符相关联。

结果数据帧应该如下所示：

```
+--------------------------+-----+------+
|location                  |zip  |county|
+--------------------------+-----+------+
|English Learning Institute|27517|37135 |
|English Learning Institute|27517|37063 |
```

|English Learning Institute|27517|37037 |

...

在数据发现阶段，你可能已经注意到某些地址没有邮政编码。如果不想遗留下某些机构，也不希望一些地区无高等教育机构，可进行内连接，如图 12.16 所示。

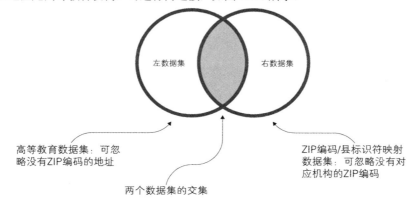

图 12.16　高等教育数据集和邮政编码/县映射数据集之间内连接的图形表示

下面的代码清单 12.14 显示了执行连接的代码。

代码清单 12.14　将高等教育数据集与映射数据集连接

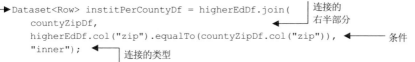

```
Dataset<Row> institPerCountyDf = higherEdDf.join(
    countyZipDf,
    higherEdDf.col("zip").equalTo(countyZipDf.col("zip")),
    "inner");
```

大功告成了！要知道，虽然连接操作非常简单，但是需要完成很多的准备工作才可进行连接。join()方法具有若干种形式(参阅附录 M 和 http://mng.bz/rP9Z)。Spark 中存在相当多的连接类型，表12.9 汇总了这些连接类型。本章代码存储库中的实验#940 在两个数据帧上执行了所有可能的连接。附录 M 提供了关于连接操作的完整参考信息。

表 12.9　Spark 中的连接类型

连接类型	别名	说明	
内连接 (Inner)		默认的连接类型。从左数据集和右数据集中选择满足条件的所有行	
外连接 (Outer)	full、fullouter、 full_outer	基于连接条件，从两个数据集中选择数据。当左右数据集中有数据缺失时，标记为 null	

(续表)

连接类型	别名	说明	
左连接 (Left)	leftouter、 left_outer	选择左数据集的所有行，并选择右数据集中满足条件的所有行	
右连接 (Right)	rightouter、 right_outer	选择右数据集的所有行，并选择左数据集中满足条件的所有行	
左半连接 (Left-semi)	left_semi	仅从左数据集中选择满足条件的行	
左反连接 (Left-anti)	left_anti	仅从左数据集中选择不满足连接条件的行	
交叉连接 (Cross)		对两个数据集执行笛卡尔连接。请记住：笛卡尔连接(有时也称笛卡尔积)将一个表格中的所有行与另一个表格中的所有行进行连接。例如：如果表格 institution 中有 100 行，subject 表格有 1000 行，那么这两个表格的交叉连接将返回 100 000 行	

在此阶段，institPerCountyDf 数据帧如下所示：

```
+--------------------------+-----+------+-----+
|location                  |zip  |county|zip  |          有两列
+--------------------------+-----+------+-----+          名为 zip
|English Learning Institute|27517|37135 |27517|
|English Learning Institute|27517|37063 |27517|
|English Learning Institute|27517|37037 |27517|
...
```

如果查看表 12.10 中的模式，可发现其中存在两个名为 zip 的列。奇怪的是，它们具有不同的数据类型：一种是字符串类型，另一种是整数类型。

表 12.10　提取后，映射数据的模式

列	类型	注释
location	String(字符串)	
zip	String(字符串)	第一个邮政编码列，字符串类型
county	Integer(整数)	
zip	Integer(整数)	第二个邮政编码列，整数类型

如你所见，Spark 可执行以下操作：

- 由于连接操作，表中存在两个(或多个)同名列，这看起来违反了直觉。
- 连接具有不同数据类型的列。

现在，如果要删除其中一个 zip 列，那么必须指定待删除列的来源。如果执行：

```
institPerCountyDf.drop("zip");
```

你将丢失所有名为 zip 的列，并得到以下数据：

```
+------------------------------------+------+
|location                            |county|
+------------------------------------+------+
|Alabama State University            |1101  |
|Chattahoochee Valley Community College|1113  |
|Enterprise State Community College  |1035  |
...
```

如果只想删除其中一个 zip 列，则可指定原始数据帧，使用 col()方法：

```
institPerCountyDf.drop(higherEdDf.col("zip"));
```

图 12.17 详细说明了列的来源。

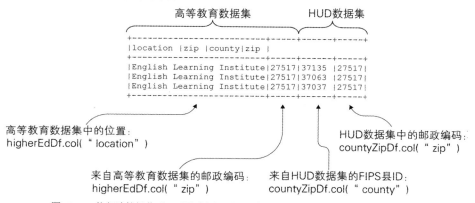

图 12.17　执行连接操作后，列的来源。显示了使用原始数据帧的 col()方法访问这些列的方法

2. 连接人口普查数据，获取县名

现在，数据帧包含位置、邮政编码和 FIPS 县 ID。为了添加名称，必须将普查数据添加到现有数据集中。在此连接操作后，必须删除多余的列，并且，如你刚刚所见，选择右边的列。

最终结果将如下所示：

```
+------------------------------...+-----+--------------------...+--------+
|location                       |zip  |county                |pop2017 |
+------------------------------...+-----+--------------------...+--------+
|California State University - Sacr...|95819|Sacramento County, Ca...|1530615 |
|Clearwater Christian College   |33759|Pinellas County, Flor...|970637  |
|Florida Southern College       |33801|Polk County, Florida  |686483  |
|Mercy School of Nursing        |28273|Mecklenburg County, No|1076837 |
...
```

为此，此处将执行左连接，如图 12.18 所示。

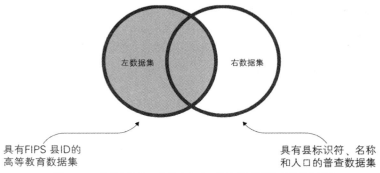

图 12.18　执行左连接，将县名和人口添加到高等教育机构列表中

左数据集

右数据集

具有FIPS 县ID的
高等教育数据集

具有县标识符、名称
和人口的普查数据集

下面的代码清单 12.15 显示了如何执行连接操作。

代码清单 12.15　连接高等教育数据集与人口普查局数据集

连接的左半部分

```
institPerCountyDf = institPerCountyDf.join(      连接的右半部分
    censusDf,
    institPerCountyDf.col("county").equalTo(censusDf.col("countyId")),
    "left");                                      条件
```

连接的类型

可见，Spark 中的连接并不比关系数据库中的复杂。最后，可清理本实验中不需要的列。移除如下几列。

- 高等教育数据集的 zip 列。
- 映射/ HUD 数据集的 county 列。
- countyId 列；不会混淆它来自哪个数据集。

代码清单 12.16 显示了如何执行此操作，以及如何使用 distinct()删除重复的行。

代码清单 12.16　HigherEdInstitutionPerCountyApp：清理列表

```
institPerCountyDf = institPerCountyDf
    .drop(higherEdDf.col("zip"))
    .drop(countyZipDf.col("county"))
    .drop("countyId")
```

```
.distinct();
```

大功告成了！现在可使用新数据集，执行分析和其他数据发现了。本实验包含一些注释的代码，包括如何对数据进行分组(参见第 13 章中关于聚集的内容)，如何按特定地理位置进行过滤，等等。

12.4 执行更多的数据转换

本章内容比较多，但不可否认的是，本章所讲知识是本书的基石。选择合适的示例，甚至能将本章扩展成一本书的内容。本章的存储库中还有更多的实验，本节简略介绍一下这些应用程序。

表 12.11 总结了可在 GitHub 存储库中找到的其他实验。

表 12.11 执行额外数据转换的其他示例

实验#	应用程序	说明
900	LowLevelTransformationAndActionApp	在底层(较少抽象)，执行数据转换和操作。观察所需的类和方法的签名，将对你大有用处。相关信息，请参见附录 I
920	QueryOnJsonApp	直接在 JSON 文档上执行 SQL 查询
930	JsonInvoiceDisplayApp	使用 schema.org 格式化单据的过程
940	AllJoinsApp	在单个应用程序中执行所有类型的连接。有疑问时运行它
941	AllJoinsDifferentDataTypesApp	与实验#940 类似，但使用不同的数据类型进行连接

12.5 小结

- 数据转换可分为以下五个步骤：
(1) 数据发现。
(2) 数据映射。
(3) 编写应用程序(工程)。
(4) 执行应用程序。
(5) 数据审查。
- 数据发现着眼于数据及其结构。
- 数据映射在数据转换的起点和终点之间建立映射。
- 如提供原始数据和结构的定义，将有利于数据发现和数据映射。
- 静态函数是数据转换的关键，附录 G 详细描述了静态函数。
- 数据帧的 cache()方法允许缓存，且有助于提高性能。
- 在进行数据转换时，expr()是个简便函数，允许计算类似于 SQL 的语句。
- 数据帧可包含多个数组的值。
- 数据帧可连接在一起，如关系数据库中的表格一样。

- Spark 支持以下类型的连接：内连接、外连接、左连接、右连接、左半连接、左反连接和交叉连接(笛卡尔)。
- 在数据帧中进行操作时，数组遵循 SQL 标准，从 1 开始索引。
- 通过 sample()可从数据帧中提取数据样本。
- sample()方法支持统计学中放回的概念。
- 通过 asc()、asc_nulls_first()、asc_nulls_last()、desc()、desc_nulls_first()和 desc_nulls_last()，可在数据帧中对数据进行排序。
- Spark 可一次连接两个数据帧，并且支持内连接、外连接、左连接、右连接、左半连接、左反连接和交叉连接。
- 可在 GitHub 存储库中找到更多数据转换示例，网址为 https://github.com/jgperrin/net.jgp. books.spark.ch12。

第 *13* 章

转换整个文档

本章内容涵盖
- 转换整个文档，以便对数据进行更好的分析或压缩
- 浏览静态函数的目录
- 使用静态函数进行数据转换

本章重点介绍如何转换整个文档：用 Spark 提取完整的文档，并对数据进行转换，以便我们以另一种格式使用数据。

第 12 章介绍了数据转换，接下来理应探讨如何转换整个文档及其结构。例如，虽然 JSON 非常适合传输数据，但是我们难以遍历和分析 JSON 格式的数据。同样，连接数据集中的冗余数据过多，因此我们很难获得综合视图。Apache Spark 有助于解决这些情况。

本章结束之前会详细介绍 Spark 提供的用于数据转换的所有静态函数。静态函数数目繁多，即使一个静态函数只有一个演示示例，也需要占用一本书的篇幅。因此，希望你拥有浏览它们的工具。附录 G 是一个不错的指南。

最后，本章将指出存储库中存在但书中未描述的更多数据转换。

如前几章所述，本书使用官方来源的真实数据集，相信这有助于你比较全面地理解这些概念。本章还将使用有意义的简化数据集。

实验：本章中的示例可在 GitHub 上找到，网址为 https://github.com/jgperrin/net.jgp.books. spark.ch13。

13.1 转换整个文档及其结构

本节开始介绍如何转换整个文档。首先，JSON 文档的嵌套结构使我们相对难以分析数据，因此展平 JSON 文档并破坏嵌套结构，有助于我们执行数据分析操作。其次，本节将教你进行逆向操作：基于两个 CSV 文件构建嵌套文档。在构建数据管道时，此用例相当常见：例如，从系统/数据库中获取数据，构建 JSON 文档，并将文档存储在 NoSQL 数据库。

图 13.1 详细阐述了某个典型的场景：从面向事务的数据库(如 IBM Db2)中提取订单数据，并将表示订单的文档存储在面向文档/搜索的数据库(如 Elasticsearch)中。此类系统可用来简化终端用户的订单检索，而不必增加事务数据库服务器上的负载。

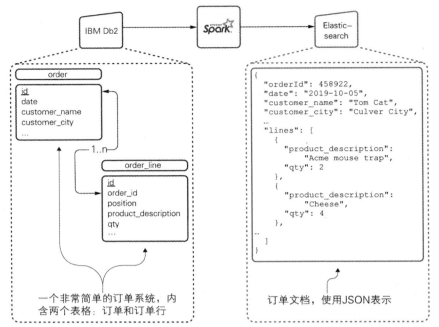

一个非常简单的订单系统，内含两个表格：订单和订单行

订单文档，使用JSON表示

图 13.1　一个非常简单的数据管道，Spark 通过该数据管道在 IBM Db2 数据库服务器中获取订单数据，将数据转换为 JSON 文档，然后将结果保存到 Elasticsearch 中，以便于检索，同时降低 Db2 的总体负载

13.1.1　展平 JSON 文档

如你所见，JSON 是一种分层格式，简言之，也就是数据被组织成了树状结构。本节将讨论如何展平 JSON 文档：将 JSON 及其分层数据元素转换为表格格式。

JSON 文档可包含数组、结构，当然，也包含字段。虽然这使 JSON 格式变得非常强大，但也使执行分析操作的过程变得相当复杂。因此，此处使用展平操作，以使嵌套结构变成平坦的表状结构。

为什么要展平 JSON 文档？如果要执行聚合(组群)或连接操作，那么，由于嵌套数据难以访问，JSON 不是理想的数据格式。

接下来看看下面这个(假的)货运收据。如你所见，此文档以两个字段开头，其后是两个结构(或对象)，接着是存储了三本书信息的数组：

```
{
  "shipmentId": 458922,         字段
  "date": "2019-10-05",
  "supplier": {
    "name": "Manning Publications",
    "city": "Shelter Island",        结构
    "state": "New York",             (或对象)
    "country": "USA"
  },
  "customer": {
```

```
    "name": "Jean-Georges Perrin",
    "city": "Chapel Hill",
    "state": "North Carolina",
    "country": "USA"
  },
  "books": [        ◄──── 数组
    {
      "title": "Spark with Java",
      "qty": 2
    },
    {
      "title": "Spark in Action, 2nd Edition",
      "qty": 25
    },
    {
      "title": "Spark in Action, 1st Edition",
      "qty": 1
    }
  ]
}
```

如果在 Spark 中提取此文档，然后显示数据帧及其模式，你将仅获得一条记录，如下面的代码清单 13.1 所示。

代码清单 13.1　提取文档仅返回一条记录

```
+----------------+----------------+----------+----------+----------------+
|           books|        customer|      date|shipmentId|        supplier|
+----------------+----------------+----------+----------+----------------+
|[[2, Spark wi...|[Chapel Hill,...|2019-10-05|    458922|[Shelter Isla...|
+----------------+----------------+----------+----------+----------------+
root
|-- books: array (nullable = true)
|    |-- element: struct (containsNull = true)
|    |    |-- qty: long (nullable = true)
|    |    |-- title: string (nullable = true)
|-- customer: struct (nullable = true)
|    |-- city: string (nullable = true)
|    |-- country: string (nullable = true)
|    |-- name: string (nullable = true)
|    |-- state: string (nullable = true)
|-- date: string (nullable = true)
|-- shipmentId: long (nullable = true)
|-- supplier: struct (nullable = true)
|    |-- city: string (nullable = true)
|    |-- country: string (nullable = true)
|    |-- name: string (nullable = true)
|    |-- state: string (nullable = true)
```

实验：可使用实验#100(在 net.jgp.books.sparkInAction.ch13.lab100_json_shipment 软件包中)重现此输出。请查看 JsonShipment-DisplayApp.java。

展平文档就是将结构转换为字段，并将数组分解为独立的行。

> **去规范化文档**
> 对 JSON 格式的文档进行规范化，与对关系数据库进行规范化一样。例如，可使用第三范式 (Third Normal Form，3NF)减少数据的重复。这主要通过更多的表格、标识符以及表格之间的关系来实现。这些概念由 EF Codd 于 1971 年引进；有关更多信息，请参阅 https://en.wikipedia.org/wiki/Third_normal_form。
> 去规范化由相反的操作组成，以简化分析。展平 JSON 就是一种去规范化的操作。

图 13.2 说明 JSON 与关系表之间是平行的。

基于图 13.2，如果你希望使用 SQL 计算货运中发送的书籍标题的数量，那么可执行以下操作：

```
SELECT COUNT(*) AS titleCount FROM shipment_detail
```

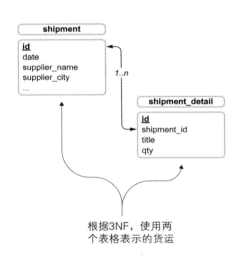

包含数组的JSON文档

根据3NF，使用两个表格表示的货运

图 13.2 将 JSON 文档与关系数据库进行比较：两者都遵循第三范式

使用 Spark 执行此操作的一种方法是首先将文档展平，并获得类似于代码清单 13.2 的内容。

代码清单 13.2 展平货运文档

```
+----------+----------+...+----------------+---+-----------------------+
|      date|shipmentId|...|customer_country|qty|                  title|
+----------+----------+...+----------------+---+-----------------------+
|2019-10-05|    458922|...|             USA|  2|        Spark with Java|
|2019-10-05|    458922|...|             USA| 25|Spark in Action, 2nd Edition|
|2019-10-05|    458922|...|             USA|  1|Spark in Action, 1st Edition|
+----------+----------+...+----------------+---+-----------------------+

root
 |-- date: string (nullable = true)
```

```
|-- shipmentId: long (nullable = true)
|-- supplier_name: string (nullable = true)
|-- supplier_city: string (nullable = true)
|-- supplier_state: string (nullable = true)
|-- supplier_country: string (nullable = true)
|-- customer_name: string (nullable = true)
|-- customer_city: string (nullable = true)
|-- customer_state: string (nullable = true)
|-- customer_country: string (nullable = true)
|-- qty: long (nullable = true)
|-- title: string (nullable = true)
```

现在，我们已经看到了目标，下面看一下如何执行此操作。图 13.3 描述了如何使用 Spark 转换此文档。

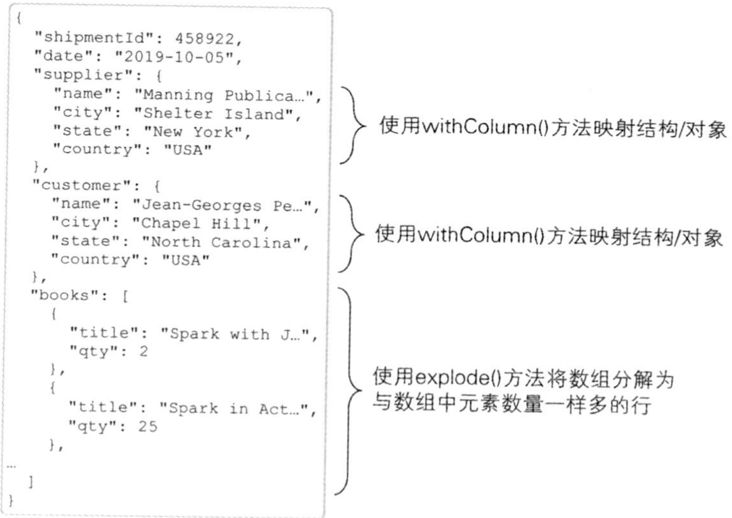

图 13.3　要展平包含结构和数组的 JSON 文档，请使用 withColumn() 和 explode()

代码清单 13.3 显示了执行此转换的代码。在创建会话，提取文件后，执行以下操作来准备数据：

(1) 将结构中的列映射到文档顶层。这将打破嵌套结构。

(2) 删除不需要的列。

(3) 展开 books 列，这样每本书就成了一条记录。

现在，数据集已经准备就绪，可应用 SQL 查询来计算书籍标题的数量，如第 11 章所述。

代码清单 13.3　FlattenShipmentDisplayApp 展平货运文档

```java
package net.jgp.books.sparkInAction.ch13.lab110_flatten_shipment;

import static org.apache.spark.sql.functions.explode;
import org.apache.spark.sql.Dataset;
import org.apache.spark.sql.Row;
import org.apache.spark.sql.SparkSession;
```

```java
public class FlattenShipmentDisplayApp {

…

    private void start() {
        SparkSession spark = SparkSession.builder()
            .appName("Flatenning JSON doc describing shipments")
            .master("local")
            .getOrCreate();

        Dataset<Row> df = spark.read()
            .format("json")
            .option("multiline", true)
            .load("data/json/shipment.json");

        df = df
            .withColumn("supplier_name", df.col("supplier.name"))
            .withColumn("supplier_city", df.col("supplier.city"))
            .withColumn("supplier_state", df.col("supplier.state"))
            .withColumn("supplier_country", df.col("supplier.country"))
            .drop("supplier")
            .withColumn("customer_name", df.col("customer.name"))
            .withColumn("customer_city", df.col("customer.city"))
            .withColumn("customer_state", df.col("customer.state"))
            .withColumn("customer_country", df.col("customer.country"))
            .drop("customer")
            .withColumn("items", explode(df.col("books")));
```

将结构的元素映射到字段

删除未使用的字段

打破数组

在本示例中，需要将转换一分为二。Spark 不会意识到需要对刚刚创建的 items 列继续操作：

```java
        df = df
            .withColumn("qty", df.col("items.qty"))
            .withColumn("title", df.col("items.title"))
            .drop("items")
            .drop("books");

        df.show(5, false);
        df.printSchema();

        df.createOrReplaceTempView("shipment_detail");
        Dataset<Row> bookCountDf =
            spark.sql("SELECT COUNT(*) AS titleCount FROM shipment_detail");
        bookCountDf.show(false);
    }
}
```

注意，explode()为给定数组或 map 列中的每个元素创建一个新行，这是一种有用的方法，是在数据帧中操作嵌套字段的最简单方法。现在，我们成功展平了 JSON 文档，下面介绍如何创建嵌套文档。

13.1.2　构建嵌套文档，用于数据传输和存储

上一节教你展平了 JSON 文档，简化了分析。本节将带你执行相反的操作：使用两个链接的数

据集构建嵌套文档。如果你必须发送结构化文档，例如，匹配快速医疗保健互操作性资源(Fast Healthcare Interoperability Resources，FHIR)标准的声明，这相当有用。

可构建名为 nestedJoin()的方法，重复使用该方法，轻松地以嵌套方式合并数据集。嵌套文档除了可用于数据传输和存储外，还有许多其他的用例。

实验#120 不使用医疗保健的数据，而是使用餐厅的数据。本实验将构建主文档，定义餐厅，以嵌套的方式详细说明所有检查信息。此数据来自北卡罗来纳州的奥兰治县。它遵循 Yelp 定义的本地检查员值输入规范(Local Inspector Value-Entry Specification，LIVES)格式。图 13.4 展示了要构建的文档。

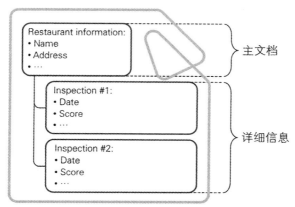

图 13.4　具有餐厅信息(作为主文档)和检查信息(作为详细信息)的嵌套文档

数据集的模式和要构建的数据集类似于下面的代码清单 13.4。

代码清单 13.4　嵌套文档的模式和示例

```
root
 |-- business_id: string (nullable = true)
 |-- name: string (nullable = true)
 |-- address: string (nullable = true)          主文档：有关
 |-- city: string (nullable = true)             餐厅的信息
 |-- state: string (nullable = true)
…
 |-- phone_number: string (nullable = true)
 |-- inspections: array (nullable = true)
 |    |-- element: struct (containsNull = true)
 |    |    |-- business_id: string (nullable = true)
 |    |    |-- score: string (nullable = true)   检查的
 |    |    |-- date: string (nullable = true)     详细信息
 |    |    |-- type: string (nullable = true)
+-----------+-------------------+…+-----------+…+-------------------+
|business_id| name|…|          city|…|          inspections|
+-----------+-------------------+…+-----------+…+-------------------+
| 4068011069| FIREHOUSE SUBS|…| CHAPEL HILL|…|[[4068011069, 99,...|
| 4068010196|AMANTE GOURMET PIZZA|…| CARRBORO|…|[[4068010196, 94,...|
| 4068010460| COSMIC CANTINA|…| CHAPEL HILL|…|[[4068010460, 97,...|
…
```

在单元格中，将检查的详细信息显示为嵌套文档。图 13.5 说明了该过程。

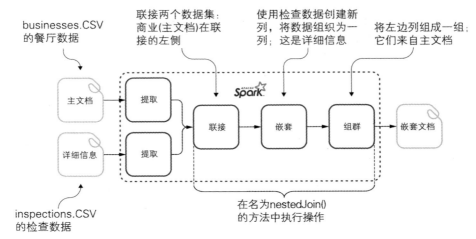

图 13.5　基于两个数据集创建嵌套文档

代码的第一部分相对简单。如下面的代码清单 13.5 所示，将两个数据集加载到同一数据帧中，然后调用 nestedJoin()方法。

代码清单 13.5　RestaurantDocumentApp：Java 导入并加载数据

```java
package net.jgp.books.sparkInAction.ch13.lab120_restaurant_document;

import static org.apache.spark.sql.functions.col;
import static org.apache.spark.sql.functions.collect_list;
import static org.apache.spark.sql.functions.struct;

import java.util.Arrays;

import org.apache.spark.sql.Column;
import org.apache.spark.sql.Dataset;
import org.apache.spark.sql.Row;
import org.apache.spark.sql.SparkSession;

public class RestaurantDocumentApp {
  public static final String TEMP_COL = "temp_column";
…
  private void start() {
    SparkSession spark = SparkSession.builder()        ←—— 创建会话
      .appName("Building a restaurant fact sheet")
      .master("local")
      .getOrCreate();
                                                        提取餐厅
                                                        数据集
    Dataset<Row> businessDf = spark.read()    ←——
      .format("csv")
      .option("header", true)
      .load("data/orangecounty_restaurants/businesses.CSV");
```

```
Dataset<Row> inspectionDf = spark.read()          提取检查
    .format("csv")                                数据集
    .option("header", true)
    .load("data/orangecounty_restaurants/inspections.CSV");

Dataset<Row> factSheetDf = nestedJoin(             执行嵌套
    businessDf,                                    连接
    inspectionDf,
    "business_id",
    "business_id",
    "inner",
    "inspections");
factSheetDf.show(3);                               显示结果
factSheetDf.printSchema();                         和模式
}
```

下面研究 nestedJoin()方法。Spark 将执行以下操作:

- 在两个数据帧之间执行连接。
- 为每个检查项创建一个嵌套结构。
- 将餐厅的行组成一组。

在详细介绍这些操作之前,此处先介绍一下可在实验中使用的辅助函数。函数 getColumns()使用数据帧构建 Column 实例的数组:

columns()方法以数组
形式返回 fieldnames

```
private static Column[] getColumns(Dataset<Row> df) {
    String[] fieldnames = df.columns();                          创建足以容纳
    Column[] columns = new Column[fieldnames.length];            所有列的数组
    int i = 0;
    for (String fieldname : fieldnames) {
        columns[i++] = df.col(fieldname);                        复制数组
    }                                                            中的列
    return columns;
}
```

代码清单 13.6 使用 nestedJoin()函数构建嵌套文档。还可使用一些静态函数:

- struct(Column ... cols)创建 Column,其数据类型为结构,使用作为参数传递进来的 cols 进行构建。
- collect_list(Column col)为聚合函数,返回对象列表。它包含重复项。
- col(String name)根据名称返回列,等效于数据帧的 col()方法。

代码清单 13.6　RestaurantDocumentApp:构建嵌套数据集

```
public static Dataset<Row> nestedJoin(
    Dataset<Row> leftDf,
    Dataset<Row> rightDf,
    String leftJoinCol,
    String rightJoinCol,
    String joinType,
    String nestedCol) {

    Dataset<Row> resDf = leftDf.join(          执行连接
```

```
                 rightDf,
复制左侧/          rightDf.col(rightJoinCol).equalTo(leftDf.col(leftJoinCol)),
主文档中          joinType);
的所有列
                                                                        获得左侧
                 Column[] leftColumns = getColumns(leftDf);              列列表
                 Column[] allColumns =
                     Arrays.copyOf(leftColumns, leftColumns.length + 1);
                 allColumns[leftColumns.length] =
                     struct(getColumns(rightDf)).alias(TEMP_COL);        添加一列,该列是包
                                                                        含详细信息中所有
在所有      resDf = resDf.select(allColumns);                            列的结构
列上执      resDf = resDf
行选择          .groupBy(leftColumns)                    在左侧的列上
操作                                                     执行组群操作
               .agg(
                   collect_list(col(TEMP_COL)).as(nestedCol));         使用聚合函数
           return resDf;                                               执行聚合操作
       }                                         聚合函数
```

第 15 章将比较详细地介绍聚合。

13.2 静态函数背后的魔力

本节将从较高层次描述本章和前一章中使用的静态函数。expr()、split()、element_at()之类的函数每天都在帮助 Spark 开发人员。

虽然本节强调静态函数的重要性,但本节不是静态函数的参考信息。有关静态函数的参考材料,请参阅附录 G 和在线补充资料。

最喜欢的书签:可在 https://spark.apache.org/docs/latest/api/java/org/apache/spark/sql/functions.html 上找到静态函数。这是我所保存的关于 Spark 的五个页面之一。

从 Spark v2.x 开始,函数的通用语法使用蛇形命名法(关键字由下画线分隔),例如用于格式化列的 format_string()。这与使用驼峰命名法的 Java 和 Scala 函数相反,如 toString()所示。

函数作用于一整列(column),而不只是作用于一个单元格(cell)。函数是多态的,这意味着它们可以有多个签名。

表 13.1 列出了对函数进行分组的类别。

表 13.1 函数类别的额外示例

类别	说明	函数示例
Array	操作以列形式存储的数组	element_at()、greatest()
Conversion	将数据从一种格式转换为另一种格式	from_json()
Date	操作日期,如添加日和月份,或计算日期之间的差值	add_months()、hour()、next_day()
Mathematics	执行数学运算,包括三角函数和统计函数	acos()、exp()、hypot()、rand()
Security	执行安全相关的计算,如 MD5 和 hash	md5()、hash()、sha2()
Streaming	特定于流的操作函数,如时间窗口	lag()、row_number()

（续表）

类别	说明	函数示例
String	执行字符串操作，如填充、修剪、串联等	lpad()、ltrim()、regexp_extract()、upper()
Technical	提供有关数据本身的技术信息	spark_partition_id()

13.3　执行更多的数据转换

可以想象，数据转换永无止境。数据转换可能比其用例还要多。表 13.2 中列出的示例来自我的团队、各种客户问题和疑问，以及 Stack Overflow 上的提问。GitHub 存储库中包含更多实验，详细说明了你可能需要的一些常见操作。

表 13.2 总结了与本章相关联的其他示例，这些示例可在 GitHub 存储库中找到，网址为 https://github.com/jgperrin/net.jgp.books.spark.ch13。

表 13.2　执行更多数据转换的其他示例

实验#	应用程序	说明
900	FlattenJsonApp	基于 13.1.1 节介绍的用例，此应用程序不需要指定任何参数，可自动展平任何类型的 JSON；它可检查模式
950	CsvWithEmbdeddedJsonApp	提取 CSV 文件(嵌入了 JSON 碎片)。此版本基于静态的 JSON 模式
951	CsvWithEmbdeddedJsonAutomaticJsonifierApp	提取 CSV 文件(嵌入了 JSON 碎片)。此版本基于动态提取的 JSON 模式
999	Several	不断增加的说明静态函数用法的小型应用程序

13.4　小结

- Apache Spark 是使用数据转换构建数据管道的绝佳工具。
- Spark 可用于展平 JSON 文档。
- 可在两个(或多个)数据帧之间构建嵌套文档。
- 静态函数是数据转换的关键。附录 G 描述了这些函数，本书的在线目录页面 http://jgp.net/sia 提供了可下载的补充内容。
- GitHub 存储库中包含更多有关文档转换的示例，有助于我们解决一些常见情况。

第14章
使用自定义函数扩展数据转换

本章内容涵盖
- 使用自定义函数扩展 Spark
- 注册 UDF
- 使用数据帧 API 和 Spark SQL 调用 UDF
- 在 Spark 中使用 UDF 提高数据质量
- 了解与 UDF 相关联的约束

无论你是耐心地阅读了本书的前 13 章，还是使用直升机式的阅读方法，穿梭于各个章节之间，你都绝对会承认，Spark 是一款优秀的软件，但是，Spark 可扩展吗？开发人员可能会问："我如何将现有的库纳入 Spark 中呢？是否只能单独使用数据帧 API 和 Spark SQL 来实现想要的所有转换呢？"

从本章的章名中，你应该能推断出第一个问题的答案：Spark 是可扩展的。本章的其余部分将介绍如何使用自定义函数(User-Define Function，UDF)来完成任务，以回答其他问题。让我们大致浏览一下本章的内容。

首先，可观察一下涉及 UDF 的架构以及 UDF 对部署的影响，了解 Spark 的可扩展性。

然后，14.2 节将带你深入研究如何使用 UDF 解决问题：确定南都柏林(爱尔兰)的图书馆何时开放。你要注册、调用和实现 UDF。扩展 Spark 的一种方法是经由 UDF 充分利用现有库，如同水管工将热水器连接到淋浴间。本节还将提醒你如何成为一名优秀的管道工。我完全相信读者能成为优秀的软件开发人员。当然，作为一名 "软件管道工"，你要选择性地忽略细枝末节，跳过可能需要管道胶带的部分。

无论是自行构建规则，还是使用外部资源(例如，库)，UDF 都是执行数据质量规则的绝佳选择。14.3 节将介绍如何使用 UDF 以获得较好的数据质量。

最后，14.4 节将介绍与 UDF 相关的约束。虽然约束的数量并不多，也不是那么严格，但是在设计和实现新的自定义函数之前，始终牢记这些约束，总归是有好处的。

实验：本章中的示例可在 GitHub 上找到，网址为 https://github.com/jgperrin/net.jgp.books.spark.ch14。

14.1 扩展 Apache Spark

本节将回顾开发人员对扩展 Spark 的需求以及如何实现这些扩展。当然,所有事物都有其缺点,Spark 的扩展也一样,我们将观察到扩展所附带的一些缺点。在深入研究代码之前,本节将提供一些理论基础。

Apache Spark 提供了相当丰富的函数集(前几章几乎没有涉及这些函数),但是,你应该可以理解,Apache Spark 所提供的函数并不能涵盖所有可能的用例。因此,Spark 允许添加自定义函数:用户定义的函数。

UDF 的工作对象是数据帧的列。自定义函数仍然是函数:具有参数和返回类型。它们可接收 0~22 个参数,通常返回一个值。返回值将成为存储在列中的值。

图 14.1 说明了从 Spark 中调用 UDF 的基本机制。

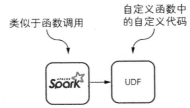

图 14.1 UDF 是对 Spark 的简单扩展。Spark 调用 UDF 的方式与调用静态函数的方式几乎相同

你可能记得在第 6 章(部署简单应用程序)中,我们在工作节点上执行代码。这意味着 UDF 代码必须可序列化,才能传输到节点。Spark 负责代码的传输。如果 UDF 需要外部库,那么务必在工作节点上部署这些库,如图 14.2 所示。

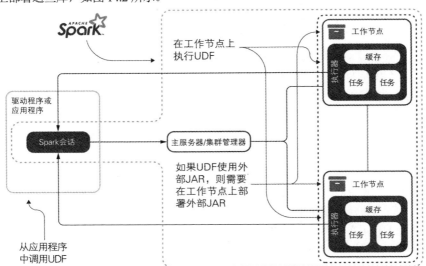

图 14.2 虽然在应用程序(或驱动程序)中调用 UDF,但是需要在工作节点上执行 UDF。因此,如果 UDF 使用外部 JAR,则需要在工作节点上部署外部 JAR

如第 4 章所述，在调用操作之前，Spark 将所有转换堆叠在有向无环图(Directed Acyclic Graph,DAG)中。在调用操作时，Spark 会在执行任务之前要求 Catalyst(Spark 内部组件)优化 DAG。由于 Catalyst 看不见 UDF 的内部结构，优化器会将 UDF 视为黑匣子。因此 Spark 无法优化 UDF。同样，Spark 无法分析调用 UDF 的上下文。如果在 UDF 之前或之后调用数据帧 API，那么 Catalyst 无法优化整个转换。

基于性能方面的考虑，务请注意这一点。如有可能，建议你在转换开始或结束时使用 UDF。

14.2　注册和调用 UDF

上一节介绍了 UDF 的概念。现在，让我们看看涉及 UDF 代码的典型用例。本节将描述要解决的问题并显示数据，然后使用 UDF 实现解决方案。为此，我们需要注册 UDF，通过数据帧 API、Spark SQL 使用 UDF，实现 UDF，并编写服务代码。

下面看一个用例：我们有一个时间戳列表，想知道在给定的日期和时间(或时间戳)，爱尔兰南都柏林市中的哪些图书馆是开放的。为了完成这个任务，此处有几种可能的解决方案供你选择：

- 可去 Apache Spark 项目管理委员会(PMC)，要求添加 is_south_dublin_library_open()静态函数。[1]
- 可使用 Scala 实现此函数()，获得自定义版本的 Spark。
- 可使用或创建 UDF。

当然，唯一可行的选择是将其实现为自定义函数(这是本章的主题，你大概已经知道了)。

实验：该实验是来自 net.jgp.books.spark.ch14.lab200_library_open 软件包的实验#200，名为 OpenedLibrariesApp。

图书馆数据集来自 Smart Dublin 的开放数据门户；更具体地说，来自南都柏林郡议会。可从 https://data.smartdublin.ie/dataset/libraries 下载数据集。

下面的代码清单 14.1 显示了预期输出——带有日期的图书馆列表，并指出图书馆在此日期是否开放。

代码清单 14.1　南都柏林图书馆的开放时间

```
+----------+------------------+-------------------+-----+
|Council_ID|              Name|               date| open|
+----------+------------------+-------------------+-----+
|       SD1|    County Library|2019-03-11 14:30:00| true|
|       SD1|    County Library|2019-04-27 16:00:00| true|
...
|       SD2|  Ballyroan Library|2020-01-26 05:00:00|false|
|       SD3|Castletymon Library|2019-03-11 14:30:00| true|
|       SD3|Castletymon Library|2019-04-27 16:00:00| true|
...
|       SD6|Whitechurch Library|2020-01-26 05:00:00|false|
|       SD7|The John Jennings...|2019-03-11 14:30:00| true|
|       SD7|The John Jennings...|2019-04-27 16:00:00|false|
+----------+------------------+-------------------+-----+
```

1　每个 Apache 项目都由一个名为 PMC 的项目管理委员会管理。

代码清单 14.2 和 14.3 展示了此场景中将要使用的两个数据集的摘录。代码清单 14.2 显示了南都柏林图书馆的开放时间。每天都有一列,从 Opening_Hours_Monday 到 Opening_Hours_Saturday(南都柏林的人们在星期日无法访问图书馆)。这些列的值可以是:09:45-20:00、14:00-17:00 and 18:00-20:00 或 10:00-17:00 (16:00 July and August)—closed for lunch 12:30-13:00。如你所见,确定图书馆是否开放,不是一项简单明了的操作。

代码清单 14.2 南都柏林图书馆的开放时间

```
Council_ID,Administrative_Authority,Name,Address1,Address2,Town,Postcode,
➥ County,Phone,Email,Website,Image,Opening_Hours_Monday,
➥ Opening_Hours_Tuesday,Opening_Hours_Wednesday,Opening_Hours_Thursday,
➥ Opening_Hours_Friday,Opening_Hours_Saturday,WGS84_Latitude,
➥ WGS84_Longitude
SD1,South Dublin County Council,County Library,Library Square,
➥ Belgard Square North,Tallaght,24,Dublin,+353 1 462 0073,
➥ talib@sdublincoco.ie,
➥ http://www.southdublinlibraries.ie/.../county-library-tallaght,
➥ http://www.southdublinlibraries.ie/.../Images/Tallaght_Library-51.jpg,
➥ 09:45-20:00,09:45-20:00,09:45-20:00,09:45-20:00,09:45-16:30,
➥ 09:45-16:30,53.28846552,-6.373348296
SD2,South Dublin County Council,Ballyroan Library,Orchardstown Avenue,,
➥ Rathfarnham,14,Dublin,+353 1 494 1900,ballyroan@sdublincoco.ie,
➥ http://www.southdublinlibraries.ie/find-library/ballyroan,
➥ http://www.southdublinlibraries.ie/.../interior_retouched.jpg,
➥ 09:45-20:00,09:45-20:00,09:45-20:00,09:45-20:00,09:45-16:30,
➥ 09:45-16:30,53.29067806,-6.299321629
...
```

时间戳数据集不是来自文件,而是以编程方式构建的,如下面的代码清单 14.3 所示。createDataframe()方法直接返回待分析的时间戳数据帧。

代码清单 14.3 构建时间戳数据集

```
private static Dataset<Row> createDataframe(SparkSession spark) {
    StructType schema = DataTypes.createStructType(new StructField[] {
        DataTypes.createStructField(
            "date_str",
            DataTypes.StringType,
            false) });

    List<Row>rows = new ArrayList<>();
    rows.add(RowFactory.create("2019-03-11 14:30:00"));
    rows.add(RowFactory.create("2019-04-27 16:00:00"));
    rows.add(RowFactory.create("2020-01-26 05:00:00"));

    return spark
        .createDataFrame(rows, schema)
        .withColumn("date", to_timestamp(col("date_str")))
        .drop("date_str");
    }
}
```

为初始数据创建模式

创建模式中的字段

字段名

字段数据类型

指示该字段是不是必需的(此处,这无关紧要)

以字符串形式把要检查的日期添加到列表中;日期是随机的

使用行列表和模式创建数据帧

将日期(作为字符串)转换为时间戳(无时区)

有了时间戳数据集之后，就可深入研究应用程序了。图 14.3 显示了此实验的过程。

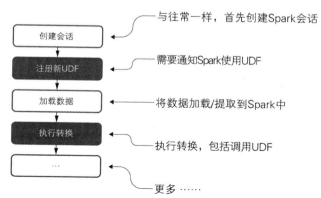

图 14.3　将 UDF 添加到应用程序的操作很容易：注册它，然后在数据转换中调用它。在幕后进行 UDF 的序列化和传输

14.2.1　在 Spark 中注册 UDF

要使用 UDF，第一个操作是注册 UDF。这就是本节的全部内容：通知 Spark 使用 UDF。现在，让我们开始吧。

图 14.4 说明了注册过程，如下所示：

(1) 首先，通过调用 Spark 会话的 udf()方法来访问 UDF 注册函数。

(2) 然后，将函数名称、实现 UDF 类的实例和返回的数据类型传递给 register()方法，注册 UDF。在调用 UDF 时，需要创建的任何新列都将具有此数据类型。名称应为有效的 Java 方法名。

你可在附录 L 中找到有效数据类型的列表。注意，此时不必指定函数的参数。

图 14.4　在 Spark 会话中注册要使用的自定义函数时，需要使用 UDF 的名称、实现 UDF 类的实例以及用于创建新列的返回数据类型

UDF 没有正式的参考文档。尽管如此，以下 Javadoc 链接提供了有关 UDF 的更多详细信息。

- UDFRegistration 类位于 http://mng.bz/ANe7；该页面列出了注册 UDF 的方法。
- 静态函数位于 http://mng.bz/Ze1a，重点强调了 callUDF()和 udf()。

下面的代码清单 14.4 展示了会话(到这个阶段，你应该大致明白什么是会话了)的创建和 UDF 的注册。与往常一样，代码保留了所有导入内容，以免造成任何混乱。

代码清单 14.4　OpenedLibrariesApp：UDF 的注册

```
package net.jgp.books.spark.ch14.lab200_library_open;

import static org.apache.spark.sql.functions.callUDF;
```
导入 callUDF 函数，这是调用 UDF 所必需的

```java
import static org.apache.spark.sql.functions.col;
import static org.apache.spark.sql.functions.lit;
import static org.apache.spark.sql.functions.to_timestamp;

import java.util.ArrayList;
import java.util.List;

import org.apache.spark.sql.Dataset;
import org.apache.spark.sql.Row;
import org.apache.spark.sql.RowFactory;
import org.apache.spark.sql.SparkSession;
import org.apache.spark.sql.types.DataTypes;
import org.apache.spark.sql.types.StructField;
import org.apache.spark.sql.types.StructType;

publicclass OpenedLibrariesApp {
…
privatevoid start() {                                         在本地主服务器
    SparkSession spark = SparkSession.builder()              上创建会话
        .appName("Custom UDF to check if in range")
        .master("local[*]")
        .getOrCreate();

    spark
        .udf()              ← 访问 UDF
        .register(
            "isOpen",                                实现 UDF 类
            new IsOpenUdf(),                        的实例
            DataTypes.BooleanType);    ← UDF 的返回数据类型
```

注册 UDF
要使用的 UDF 名称

14.2.2 将 UDF 与数据帧 API 结合起来使用

本节将教你结合使用 UDF 和数据帧 API。首先，加载和清理要使用的数据，然后开始数据转换。调用 UDF 处理数据的操作是这些转换的一部分。

现在，Spark 知道了新的 UDF。下面提取数据并执行转换，如代码清单 14.5 所示，调用 UDF 的部分以粗体显示。

下一步是提取图书馆数据集。在提取数据集的同一操作中，可删除许多不使用的列，包括"城镇(Town)"、"电话(Phone)"或"邮政编码(Postcode)"(这是美国以外对 Zip Code 的称呼)。使用 createDataframe()方法，可创建第二个数据集，如代码清单 14.3 所示。

有了两个数据集，就可进行交叉连接(也称为笛卡尔连接)。第 12 章讨论了连接，附录 M 详细介绍了连接。结果数据集包含与任一时间戳相关联的所有图书馆。其中有 7 个图书馆和 3 个时间戳；这意味着由连接产生的新数据帧包含 21 条记录(即 21 = 7×3)。笛卡尔连接可快速增加数据量。

最后，可使用 withColumn()方法和 callUDF()静态函数创建名为 open 的列。

UDF 函数接收 8 个参数(即 8 列)：前 7 列是星期一至星期日的开放时间，最后 1 列是时间戳。

代码清单 14.5　OpenedLibrariesApp：使用 UDF

```java
Dataset<Row> librariesDf = spark.read().format("csv")    ←    读取第一个数据集，
    .option("header", true)                                   执行清理操作
    .option("inferSchema", true)
```

```
        .option("encoding", "cp1252")
        .load("data/south_dublin_libraries/sdlibraries.csv")
        .drop("Administrative_Authority")
        .drop("Address1")
        .drop("Address2")
        .drop("Town")
        .drop("Postcode")
        .drop("County")
        .drop("Phone")
        .drop("Email")
        .drop("Website")
        .drop("Image")
        .drop("WGS84_Latitude")
        .drop("WGS84_Longitude");
    librariesDf.show(false);
    librariesDf.printSchema();
```

创建带有时间戳的数据帧

```
    Dataset<Row> dateTimeDf = createDataframe(spark);
    dateTimeDf.show(false);
    dateTimeDf.printSchema();
```

对两个数据集执行交叉连接

```
    Dataset<Row> df = librariesDf.crossJoin(dateTimeDf);
    df.show(false);
```

创建一列

```
    Dataset<Row> finalDf = df.withColumn(
```

新列名为 "open"

调用 UDF；结果存放在 "open" 列中

```
        "open",
        callUDF(
            "isOpen",
```

调用的函数名称，与注册时一致

```
            col("Opening_Hours_Monday"),
            col("Opening_Hours_Tuesday"),
            col("Opening_Hours_Wednesday"),
            col("Opening_Hours_Thursday"),
            col("Opening_Hours_Friday"),
            col("Opening_Hours_Saturday"),
```

UDF 的参数

星期日的小时数（作为原义值）

```
            lit("Closed"),
            col("date")))
        .drop("Opening_Hours_Monday")
        .drop("Opening_Hours_Tuesday")
        .drop("Opening_Hours_Wednesday")
        .drop("Opening_Hours_Thursday")
        .drop("Opening_Hours_Friday")
        .drop("Opening_Hours_Saturday");
    finalDf.show();
```

注意，图书馆数据集没有星期日开放的小时数，但 UDF 会对一周 7 天的数据进行处理，因此，可将特定(或原义)值传递给 lit()函数。这对于保持函数的通用性至关重要。

14.2.3　使用 SQL 处理 UDF

上一节已教你将 UDF 与数据帧 API 结合起来使用。本节将介绍如何使用 SQL 来操作 UDF。实验#210 几乎就是实验#200 的分支，这两个实验使用了大量相同的资源。

SQL 语句本身如下所示,其中没有任何双引号或格式化,以便你更清楚地掌握必须做的事情:

```
SELECT
  Council_ID, Name, date,
  isOpen(
    Opening_Hours_Monday, Opening_Hours_Tuesday, Opening_Hours_Wednesday,
    Opening_Hours_Thursday, Opening_Hours_Friday, Opening_Hours_Saturday,
  'closed', date) AS open
FROM libraries
```

注意,此处不必为星期日的开放小时数使用 lit()函数,这与实验#200 中使用数据帧 API 时是不一样的。在 SQL 中,只需要传递值(作为原义)。下面的代码清单 14.6 显示了如何在代码内的 SQL 语句中使用函数,从而利用 UDF 函数。

代码清单 14.6 在 SQL 中使用 UDF

```
…
    spark
      .udf()
      .register(                        与数据帧 API 一样,
        "isOpen",                       仍然需要注册 UDF
        new IsOpenUdf(),
        DataTypes.BooleanType);
…
          Dataset<Row>df = librariesDf.crossJoin(dateTimeDf);
          df.createOrReplaceTempView("libraries");          创建视图,通过
                                                            SQL 进行操作
SQL
语句   Dataset<Row>finalDf = spark.sql(
        "SELECT Council_ID, Name, date, "
        + "isOpen("
        + "Opening_Hours_Monday, Opening_Hours_Tuesday, "
        + "Opening_Hours_Wednesday, Opening_Hours_Thursday, "
        + "Opening_Hours_Friday, Opening_Hours_Saturday, "
        + "'closed', date) AS open FROM libraries ");
…
```

14.2.4 实现 UDF

上一节教你注册并使用了 UDF,甚至开始将 UDF 与数据帧 API 和 SQL 结合起来使用。但是,我们还未实现 UDF。本节将介绍如何构建实现 UDF 的类。

如你所见,在 Spark 会话中注册函数时,UDF 被实现为一个类。如代码清单 14.7 所示,该类实现了 UDF 基类。在构建 UDF 时,基于所需的参数数量,可编写实现 org.apache.spark.sql.api.java. UDF0 到 org.apache.spark.sql.api.java.UDF22 的类。本实验需要 8 个参数:一周 7 天的小时数和时间戳。请记住:开放时间只是包含开门时间和关门时间的字符串。

因为 Java 是强数据类型的,所以需要指定每个参数的数据类型和返回的数据类型,如图 14.5 所示。

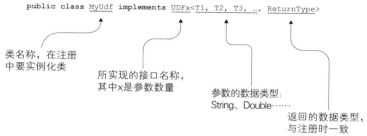

图 14.5 UDF 类的剖析：附有实现的接口、参数的不同数据类型和返回的数据类型

需要实现的关键方法是 call()，它接收参数，返回所声明的数据类型。在本实验中，这意味着 7 个数据类型为 String 的参数、1 个数据类型为 Timestamp 的参数，返回的数据类型为 Boolean。

代码清单 14.7 IsOpenUdf 的 UDF 代码

```
package net.jgp.books.spark.ch14.lab200_library_open;

import java.sql.Timestamp;

import org.apache.spark.sql.api.java.UDF8;        ← 导入具有 8 个
                                                      参数的 UDF

public class IsOpenUdf implements
    UDF8<String, String, String, String, String, String, String, Timestamp,
    Boolean> {
    private static final long serialVersionUID = -216751L;   ← 类必须
                                                                 可序列化

    @Override
    public Boolean call(
        String hoursMon, String hoursTue,
        String hoursWed, String hoursThu,          参数，与接口的
        String hoursFri, String hoursSat,          数据类型匹配
        String hoursSun,
        Timestamp dateTime) throws Exception {

    return IsOpenService.isOpen(hoursMon, hoursTue, hoursWed, hoursThu,
        hoursFri, hoursSat, hoursSun, dateTime);   ← 调用服务，
    }                                                 进行处理
}
```

接口的
数据类型

call()所必
需的实现，
匹配返回
数据类型

你可能还记得，第 9 章曾谈到如何成为一名优秀的管道工。一名优秀的管道工要确保处理代码与管道代码("胶水")不同。因此，检查图书馆(或任何业务)是否开放的实际代码被隔离在服务类中。这种设计的直接结果是，业务逻辑代码屏蔽了 UDF API 自身的任何变化，对 UDF API 进行任何更改，都不影响业务逻辑。此外，还可在其他地方重用此服务，并且能更容易地使用单元测试。这就是 UDF 的业务逻辑不在 UDF 中，而是在 IsOpenService 类(参见代码清单 14.8)中的原因。此管道范式是关注点分离(SoC)设计原则的一部分。

14.2.5 编写服务代码

现在，你虽已完成所有管道工作，但仍然需要编写服务代码。我们希望可在当前组织中重用现

有库的服务代码(如果还未做，那么现在这样做的时机成熟了)。本节不属于"必读"类别，而是属于"推荐阅读"类别(尽管这种分类的主观性很强)。

IsOpenService 服务是支持以下语法的基本解析器:

- 09:45-20:00
- 14:00-17:00 and 18:00-20:00
- closed

请记住，此处的时间基于爱尔兰的 24 小时制，在美国被称为军事时间。IsOpenService 服务不支持较复杂的语法，例如 10:00-17:00(16:00 July and August)—closed for lunch 12:30-13:00。代码清单 14.8 描述了 IsOpenService 服务。

isOpen()方法将所有开放时间和时间戳记作参数。然后，该方法执行以下操作:

(1) 基于时间戳，找到星期几。

(2) 仅关注当天的开放时间。

(3) 检查特定日期是否为开放日。

(4) 尝试解析字符串，检查时间是否在范围内。

对于时间和日期操作，此处使用 Java 的 Calendar 对象。如果你愿意，也可使用 LocalDate。

代码清单 14.8　IsOpenService 代码

```
package net.jgp.books.spark.ch14.lab200_library_open;

import java.sql.Timestamp;        Spark 的日期使用 SQL 数据类型，与
import java.util.Calendar;         java.sql.*中的一样，而与 java.util.*不一样
…

public abstract class IsOpenService {
…
public static boolean isOpen(String hoursMon, String hoursTue,
    String hoursWed, String hoursThu, String hoursFri, String hoursSat,
    String hoursSun, Timestamp dateTime) {

  Calendar cal = Calendar.getInstance();       实例化日历(Calendar)，
  cal.setTimeInMillis(dateTime.getTime());      并设置一个值
  int day = cal.get(Calendar.DAY_OF_WEEK);
  String hours;
  switch (day) {
    case Calendar.MONDAY:
      hours = hoursMon;
      break;
    case Calendar.TUESDAY:       将一周中每日的时间
      hours = hoursTue;          赋值给开放小时数
      break;
…
  }

  if (hours.compareToIgnoreCase("closed") == 0) {    如果当天关门，
    return false;                                      则快速退出
  }
```

从日历(Calendar)中获取星期几

```
    int event = cal.get(Calendar.HOUR_OF_DAY) * 3600
        + cal.get(Calendar.MINUTE) * 60
        + cal.get(Calendar.SECOND);

  String[] ranges = hours.split(" and ");
  for (int i = 0; i<ranges.length; i++) {
    String[] operningHours = ranges[i].split("-");
    int start = #I
       Integer.valueOf(operningHours[0].substring(0, 2)) * 3600 +
       Integer.valueOf(operningHours[0].substring(3, 5)) * 60;
    int end = #J
       Integer.valueOf(operningHours[1].substring(0, 2)) * 3600 +
       Integer.valueOf(operningHours[1].substring(3, 5)) * 60;
    if (event>= start && event<= end) {
      return true;
    }
  }

  return false;
  }
}
```

旁注左侧：

于 "and"
拆开放时
，遍历每
时间范围

提取开放时间
(以秒为单位)

旁注右侧：

以秒为单位
计算事件

基于 "-" 拆开时间范围，得到
两个包含 " HH: mm" 的字符串

检查事件是否在开放
时间之内(以秒为单位)

现在，我们已构建服务，将其连接到 Apache Spark，并通过数据帧 API 调用 UDF。也可通过 SQL 调用 UDF。

14.3　使用 UDF，确保数据高质量

关于自定义函数，我最喜欢的用例之一要求改善数据质量。本节将介绍 Apache Spark 分析过程中的这一重要步骤。

你可能还记得曾在第 1 章中出现过的图 14.6。在开始数据转换，或进行任何形式的分析，包括机器学习(Machine Learning，ML)和人工智能(Artificial Intelligence，AI)之前，需要通过数据质量流程净化原始数据。

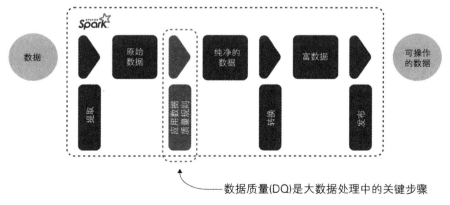

图 14.6　典型数据处理场景中的 Spark，重点在于改善数据质量

可通过多种方式来提高数据质量，包括使用脚本和外部应用程序。图 14.7 显示了数据质量规则在 Spark 外部执行的聚合过程，图 14.8 显示了 Apache Spark 内部的处理流程。

当在 Spark 外部进行数据质量处理时，需要管理文件，避免在与文件交互时出现潜在的窃听问题。在图 14.7 的示例中，你需要 45 GB(20 + 3 + 19 + 3)的存储空间，才能让数据准备就绪，以便提取。你知道何时可删除这些文件吗？安全起见，你知道谁可访问这些文件吗？

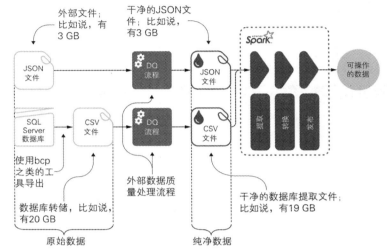

图 14.7 大数据处理流程，从 SQL Server 实例和 JSON 文件中提取数据。在提取之前，执行外部数据质量处理流程：需要更多的存储空间、更多的时间和更多的流程来处理这些数据

如图 14.8 所示，如果首先提取数据，仍可使用外部数据质量处理流程。你还可通过 UDF 进行数据质量(DQ)处理流程，这样做有如下诸多优点：

- 避免了潜在而繁杂的文件生命周期(复制、删除、备份和额外的安全性)。
- 因为数据质量处理流程在各个节点上运行，所以可使用并行/分布式计算。
- 重用开发团队中现有的 Java(或 Scala)脚本和库。

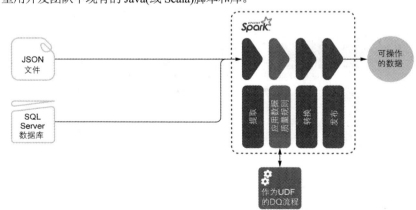

图 14.8 使数据质量处理流程成为 Spark 内部大数据处理流程的一部分：简化数据文件的生命周期，使用分布式计算(两大好处)

14.4　考虑 UDF 的约束

上一节介绍了 Spark 自定义函数的好处和用法。但是，UDF 不可能完美地解决所有问题，因此让我们审视 UDF 存在的一些重大约束：

- 可序列化——实现函数本身的类必须可序列化。某些 Java 工件(如静态变量)不可序列化。
- 在工作节点上执行——函数本身在工作节点上执行，这意味着操作函数所需的资源、环境和依赖库必须位于工作节点上。例如，如果函数要根据数据库检查值，则工作节点必须有权访问该数据库。如果它们预先加载要比较的值表格，则每个节点都要这样做；这意味着如果有 10 000 个工作节点，数据库将发生 10 000 次连接。
- 对于优化器不可见(黑匣子)——Catalyst 是优化 DAG 的关键组件。Catalyst 对函数要做的事情一无所知。
- 无多态性(特别是方法/函数超载)——即使返回的数据类型相同，也不能有名称相同但签名不同的两个函数。你可学习源代码存储库中的实验#910、#911 和#912，在这些实验中，我希望添加两个字符串或两个整数，但是都失败了，都出现了异常(由于方法签名不匹配)。

虽然 UDF 的参数不能超过 22 个，但是，可将列传递给 UDF。存储库中的实验#920 对此进行了演示。

14.5　小结

- 可使用 UDF 扩展 Spark 函数集。
- Spark 在工作节点上执行 UDF。
- 为了使用 UDF，要使用唯一的名称、实现 UDF 的类的实例和返回的数据类型注册 UDF。
- UDF 可接收 0~22 个参数。
- 可通过数据帧 API 的 callUDF()方法或直接使用 Spark SQL 调用 UDF。
- 基于参数的数目(从 UDF0 到 UDF22)，使用 org.apache.spark.sql.api.java 软件包中实现接口的 Java 类实现 UDF。
- 一种好的做法是使 UDF 本身不存在任何业务逻辑代码，并在服务中实现业务逻辑：好的管道工会屏蔽服务代码，并在 UDF 中保留服务和 Spark 代码之间的接口。
- UDF 是在 Spark 中实现数据质量处理的好方法。使用 UDF 可避免操纵文件，利用分布式计算，且可能重用现有的库和工具。
- UDF 的实现必须可序列化。
- 对于 Spark 优化器 Catalyst 而言，UDF 是个黑匣子。
- 不能将多态应用于 UDF。

第15章

聚 合 数 据

本章内容涵盖
- 重新认识数据聚合
- 执行基本的数据聚合
- 使用实时数据执行数据聚合
- 构建自定义的数据聚合

聚合是使数据成组的一种方法，以便我们从宏观层面，而不是从原子或微观层面观察数据。为了更好地进行数据分析，数据聚合必不可少，它是开启机器学习和人工智能的第一步。

本章将循序渐进地向我们揭示数据聚合的概念，并介绍如何使用 Spark 执行基本的数据聚合。本章还将教你使用 Spark SQL 和数据帧 API 进行数据聚合的操作。

了解了基本知识后，就可分析来自纽约市公立学校的开放数据，通过数据聚合来研究出勤率、缺勤率等。当然，在将数据应用于这种现实生活场景之前，必须先提取、清理数据，为数据聚合做准备。

最后，当标准的数据聚合操作不满足要求时，我们需要编写自己的数据聚合程序。15.3 节将介绍具体的方法。我们可构建一个自定义的聚合函数(User-Defined Aggregation Function，UDAF)，以执行特定要求的数据聚合。

实验：本章中的示例可在 GitHub 上找到，网址为 https://github.com/jgperrin/net.jgp.books. spark.ch15。

15.1 使用 Spark 聚合数据

本节将探讨如何使用 Apache Spark 执行数据聚合。首先，我们要理解什么是数据聚合。如果你在工作中已经了解并使用了数据聚合的知识，那么本节仅能帮你回顾一下知识点。这种情况下，你可从容地跳过本节。Apache Spark 的数据聚合是标准的，本节的第二部分将展示如何将 SQL 聚合语句转换为 Spark 聚合语句。

15.1.1 简单回顾数据聚合

本节将快速回顾数据聚合的概念，以及数据聚合的类型。如果你对数据聚合比较熟悉，可跳过本节，直接学习 15.1.2 节；Spark 的数据聚合与其他关系数据库的数据聚合类似。

如前所述，数据聚合是使数据成组的一种方法，以便我们从更高的层次查看数据，如图 15.1 所示。我们可在表格、连接表、视图等格式上执行数据聚合。

想象一下，在一个订单系统中，我们存放了几百个客户的数千个订单，并希望确定谁是最佳客户。

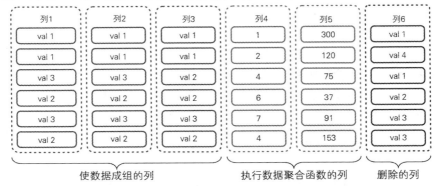

图 15.1　在执行数据聚合之前查看数据。数据聚合就是在成组的列上执行一个或多个函数。在此过程中，也可删除列

在不使用数据聚合的情况下，我们需要遍历每个客户，查询该客户的所有订单，总计金额，将总计数据存储在其他地方，等等。这意味着我们需要大量的 I/O 操作，并与数据库进行交互。下面介绍数据聚合对于我们快速执行此任务有何帮助。

图 15.2 将"真实数据"放入表格：现在，表格包含客户的姓、名和州，订购数量，产生的收入，以及有关下单时间的时间戳。客户的姓、名和州定义了客户。在本示例中，有来自 4 个客户的 6 个订单。

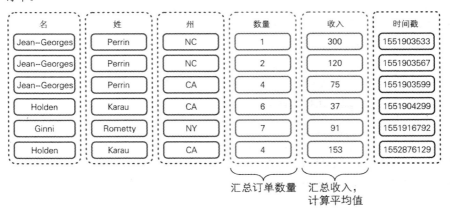

图 15.2　包含聚合之前的订单数据的表格。因为根据姓、名以及州可确定客户，所以我们可看到来自 4 个不同客户的 6 个订单

在此场景中，目标是找出最佳客户。因此，此处要专注于客户，而不是组成订单的各个要素；重点关注以客户为中心的数据聚合。基于姓、名、下单的州和发货送达的州，可确定唯一的客户。根据这三个标准对客户进行分组，并对订单数量和生成的收入进行聚合。基于收入数据，可计算总收入和平均收入，并确定每个订单的平均收入。

这种情况不需要时间戳(timestamp)列，可放心地将其删除；你不必显式删除此列，只是不要将其集成到查询中。此过程如图 15.3 所示。

此处仅显示数据聚合的最终结果，如图 15.4 所示。

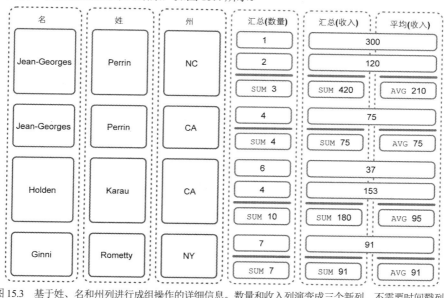

图 15.3　基于姓、名和州列进行成组操作的详细信息。数量和收入列演变成三个新列，不需要时间戳列

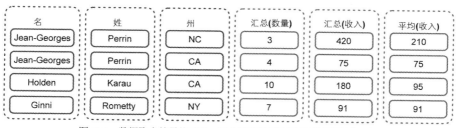

图 15.4　数据聚合的最终结果，每个用户及其相关的统计数据占一行

如果要将其转换为 SQL，可使用 PostgreSQL 的 SELECT 语句，如下面的代码清单 15.1 所示。

代码清单 15.1　使用 SQL 语句进行数据聚合

```
SELECT
    "firstName",
    "lastName",
    "state",
    SUM(quantity) AS sum_qty,        ← 汇总
                                       订单数量
    SUM(revenue) AS sum_rev,         ← 汇总收入
```

```
     AVG(revenue::numeric::float8) AS avg_rev    ◀———— 在计算平均值之前
FROM public.ch13                                        转换为浮点数
GROUP BY ("firstName", "lastName", "state");
```

现在，在了解了数据聚合的机制之后，我们来看看如何使用 Apache Spark 进行相同的操作。

15.1.2　使用 Spark 执行基本的数据聚合

现在，在充分理解了数据聚合之后，我们可使用 Apache Spark 进行同样的数据聚合操作。本节将介绍两种进行数据聚合的方式：一种是使用我们熟悉的数据帧 API，另一种是使用 Spark SQL。这与使用 RDBMS 所进行的操作类似。

对于单个客户而言，聚合操作的目标是计算以下内容：

- 客户购买的商品总数
- 收入
- 每笔订单的平均收入

在这种场景中，根据姓、名和州，可确定唯一的客户。

下面从查看预期的输出开始。下面的代码清单 15.2 显示了预期的数据帧。毫无意外，它类似于图 15.4。

代码清单 15.2　使用 Spark 进行数据聚合的结果

```
+------------+--------+-----+-------------+------------+------------+
|   firstName|lastName|state|sum(quantity)|sum(revenue)|avg(revenue)|
+------------+--------+-----+-------------+------------+------------+
|       Ginni| Rometty|   NY|            7|          91|        91.0|
|Jean Georges|  Perrin|   NC|            3|         420|       210.0|
|      Holden|   Karau|   CA|           10|         190|        95.0|
|Jean Georges|  Perrin|   CA|            4|          75|        75.0|
+------------+--------+-----+-------------+------------+------------+
```

实验： 该实验名为 OrderStatisticsApp，可从 net.jgp.books.spark.ch13.lab100_orders 包中获得。原始数据是一个简单的 CSV 文件，如下面的代码清单 15.3 所示。

代码清单 15.3　执行数据聚合的原始订单数据

```
firstName,lastName,state,quantity,revenue,timestamp
Jean Georges,Perrin,NC,1,300,1551903533
Jean Georges,Perrin,NC,2,120,1551903567
Jean Georges,Perrin,CA,4,75,1551903599
Holden,Karau,CA,6,37,1551904299
Ginni,Rometty,NY,7,91,1551916792
Holden,Karau,CA,4,153,1552876129
```

图 15.5 显示了本节处理的数据和元数据。这与上一节中使用的数据集相同。

与过去使用 Spark 一样，我们可初始化会话，加载数据，如下面的代码清单 15.4 所示。与贯穿本书的其他代码一样，本代码包含所有 import 语句，以便你确切了解所使用的包、类和函数。

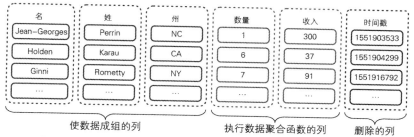

图 15.5　在基于 Spark 的数据聚合中，用户数据集的结构、采样数据和成组

代码清单 15.4　初始化 Spark，加载数据集

```java
package net.jgp.books.spark.ch13.lab100_orders;

import static org.apache.spark.sql.functions.avg;
import static org.apache.spark.sql.functions.col;
import static org.apache.spark.sql.functions.sum;

import org.apache.spark.sql.Dataset;
import org.apache.spark.sql.Row;
import org.apache.spark.sql.SparkSession;

public class OrderStatisticsApp {

  public static void main(String[] args) {
    OrderStatisticsApp app = new OrderStatisticsApp();
    app.start();
  }

  private void start() {
    SparkSession spark = SparkSession.builder()        ◄———— 启动会话
      .appName("Orders analytics")
      .master("local[*]")
      .getOrCreate();

    Dataset<Row> df = spark.read().format("csv")    ◄  使用表头和自动推断模式
      .option("header", true)                            选项，提取 CSV 文件
      .option("inferSchema", true)
      .load("data/orders/orders.csv");
```

有两种方法执行此数据聚合：

- 可使用数据帧 API，如代码清单 15.5 所示。
- 可使用 Spark SQL，如代码清单 15.6 所示。

两种方法得到的结果相同。

1. 使用数据帧 API 执行数据聚合

下面看一下执行数据聚合的数据帧 API，如代码清单 15.5 所示。在此代码清单中，我们将数据帧用作数据源，并使用 groupBy()方法。基于方法链接，我们可直接应用数据聚合的方法，如 agg()、avg()、count()等。

agg()方法不执行数据聚合，但它在列层面使用函数进行数据聚合。附录 G 列出了数据聚合的

方法。

代码清单 15.5　使用数据帧 API 进行数据聚合

```
Dataset<Row> apiDf = df
    .groupBy(col("firstName"), col("lastName"), col("state"))
    .agg(
        sum("quantity"),
        sum("revenue"),
        avg("revenue"));
apiDf.show(20);
```

汇总订单数量的列

汇总收入的列

启动数据聚合过程

计算平均收入的列

基于这些列成组

注意，groupBy()方法具有多个签名；可通过名称、序列或使用列对象来指定列。此代码片段展示了各种用法。我发现此上下文所使用的方法相当优雅。

2. 使用 Spark SQL 执行数据聚合

执行 GROUP BY 操作的另一种方法是直接使用 Spark SQL，这与使用 RDBMS 时所进行的操作一样。代码清单 15.6 使用了代码清单 15.1 中基于 PostgreSQL 所编写的 SQL 语句，但使用的是 Spark SQL 版本。

此处将通过 SQL 操作数据，因此需要一个视图。然后，可构建 SQL 语句，并在 Spark 会话中执行此语句。

代码清单 15.6　使用 Spark SQL 进行数据聚合

```
df.createOrReplaceTempView("orders");
String sqlStatement = "SELECT " +
    " firstName, " +
    " lastName, " +
    " state, " +
    " SUM(quantity), " +
    " SUM(revenue), " +
    " AVG(revenue) " +
    " FROM orders " +
    " GROUP BY firstName, lastName, state";
Dataset<Row> sqlDf = spark.sql(sqlStatement);
sqlDf.show(20);
    }
}
```

创建视图，允许 SQL 语句的执行

创建 SQL 语句

Spark 不允许在 GROUP BY 部分添加括号

执行 SQL 语句

注意，与 PostgreSQL 和其他 RDBMS 相反，Spark 不想将 GROUP BY 列放在括号内。

15.2　使用实时数据执行数据聚合

本节将教你使用 Spark 执行各种数据聚合，并学习和练习开箱即用的工具。

本节将带你探索现实生活中的数据，并执行有意义的统计操作。基于纽约市(NYC)学区(纽约市学区是美国最大的学区)的一些数据集，我们可使用 2006 年至今各个学校的日出勤数据。这些数据来自纽约市的开放数据平台，网址为 https://data.cityofnewyork.us。整个数据集分为 6 个文件(每个文件约包含 3 年的学校数据)。

实验：本实验使用名为 NewYorkSchoolStatisticsApp 的应用程序，该应用程序可在 net.jgp.books. spark.ch13.lab300_nyc_school_stats 程序包中找到。

15.2.1 准备数据集

在对数据执行任何类型的聚合之前，第一步是提取和清理数据。本节将对此进行介绍。本节将教你一次提取多个 CSV 文件，合并数据帧，然后使用 Spark 的静态函数，应用数据质量规则。这些预处理是必需的，以便我们有效地使用数据集进行分析操作。

下面的代码清单 15.7 显示了具有正确结构和格式的数据集摘录，可让我们的工作变得简单一些。

代码清单 15.7 预期的数据帧和模式

```
+--------+----------+--------+-------+------+--------+----+
|schoolId|      date|enrolled|present|absent|released|year|
+--------+----------+--------+-------+------+--------+----+
|  01M015|2012-09-07|     168|    144|    24|       0|2012|
|  01M015|2012-09-10|     167|    154|    13|       0|2012|
|  01M015|2012-09-12|     170|    159|    11|       0|2012|
|  01M015|2012-09-13|     172|    157|    15|       0|2012|
|  01M015|2012-09-14|     172|    158|    14|       0|2012|
...
root
 |-- schoolId: string (nullable = true)
 |-- date: date (nullable = true)
 |-- enrolled: integer (nullable = true)
 |-- present: integer (nullable = true)
 |-- absent: integer (nullable = true)
 |-- released: integer (nullable = true)
 |-- year: integer (nullable = true)
```

在提取数据之前，让我们观察一下这些数据。此处有 5 个 CSV 文件：

- 2006-2009_Historical_Daily_Attendance_By_School.csv
- 2009-2012_Historical_Daily_Attendance_By_School.csv
- 2012_-_2015_Historical_Daily_Attendance_By_School.csv
- 2015-2018_Historical_Daily_Attendance_By_School.csv
- 2018-2019_Daily_Attendance.csv

这些文件名的通用模式为 20*.csv，Spark 可使用这个模式将所有文件加载到同一数据帧中。但是，由于数据结构不同，最终我们可能会遇到严重的数据质量问题。请记住，必须查看文件内部，弄清楚数据的结构(格式)。

2018—2019 年数据集如代码清单 15.8 所示。School DBN 为学校标识符，日期使用 yyyyMMdd 格式，并且数据集不包括 SchoolYear 字段。

代码清单 15.8 2018—2019 年数据集

```
School DBN,Date,Enrolled,Absent,Present,Released
01M015,20180905,172,19,153,0
01M015,20180906,171,17,154,0
01M015,20180907,172,14,158,0
...
```

代码清单 15.9 显示了 2012—2015 年、2009—2012 年和 2006—2009 年数据集的设计方式。School 为学校标识符；日期使用 yyyyMMdd 格式；数据集包括 SchoolYear 字段，这个字段是一个字符串，将开始年份与结束年份连接在一起(使用 yyyy 格式)。

代码清单 15.9　2012—2015 年、2009—2012 年和 2006—2009 年数据集

```
School,Date,SchoolYear,Enrolled,Present,Absent,Released
01M015,20120906,20122013,165,140,25,0
01M015,20120907,20122013,168,144,24,0
01M015,20120910,20122013,167,154,13,0
01M015,20120911,20122013,169,154,15,0
…
```

在 2015 年，日期的格式发生了变化；它使用美国传统的 MM/dd/yyyy 格式，如下面的代码清单 15.10 所示。

代码清单 15.10　2015—2018 年数据集

```
School,Date,SchoolYear,Enrolled,Present,Absent,Released
01M015,01/04/2016,20152016,168,157,11,0
01M015,01/05/2016,20152016,168,153,15,0
01M015,01/06/2016,20152016,168,163,5,0
01M015,01/07/2016,20152016,168,154,14,0
…
```

此处将使用不同的方法提取此数据。代码清单 15.11 显示了应用程序的起始部分：创建会话，加载文件。代码清单 15.12 仅显示了加载 2006 年数据集的一个函数。

代码清单 15.11　NewYorkSchoolStatisticsApp：启动应用程序

```
package net.jgp.books.spark.ch13.lab300_nyc_school_stats;

import static org.apache.spark.sql.functions.avg;
import static org.apache.spark.sql.functions.col;
import static org.apache.spark.sql.functions.expr;
import static org.apache.spark.sql.functions.floor;         进行数据准备
import static org.apache.spark.sql.functions.lit;           和聚合的函数
import static org.apache.spark.sql.functions.max;
import static org.apache.spark.sql.functions.substring;
import static org.apache.spark.sql.functions.sum;

import org.apache.spark.sql.Dataset;
import org.apache.spark.sql.Row;
import org.apache.spark.sql.SparkSession;
import org.apache.spark.sql.types.DataTypes;
import org.apache.spark.sql.types.StructField;
import org.apache.spark.sql.types.StructType;
import org.slf4j.Logger;
import org.slf4j.LoggerFactory;

public class NewYorkSchoolStatisticsApp {
  private static Logger log = LoggerFactory
    .getLogger(NewYorkSchoolStatisticsApp.class);
```

```
private SparkSession spark = null;

public static void main(String[] args) {
  NewYorkSchoolStatisticsApp app =
      new NewYorkSchoolStatisticsApp();
  app.start();
}

private void start() {
  spark = SparkSession.builder()
      .appName("NYC schools analytics")
      .master("local[*]")
      .getOrCreate();

  Dataset<Row> masterDf =
      loadDataUsing2018Format("data/nyc_school_attendance/2018*.csv");

  masterDf = masterDf.unionByName(
      loadDataUsing2015Format("data/nyc_school_attendance/2015*.csv"));

  masterDf = masterDf.unionByName(
      loadDataUsing2006Format(
          "data/nyc_school_attendance/200*.csv",          一次加载
          "data/nyc_school_attendance/2012*.csv"));        多个文件
  log.debug("Datasets contains {} rows", masterDf.count());
```

在此阶段，应用程序显示，数据集中含有略少于 400 万条的记录。

下面的代码清单 15.12 详细说明了如何加载 2006—2012 年的数据集。对于 2015 年和 2018 年格式的数据，加载过程与此类似。你可直接在 GitHub 上查看完整的类，网址为 http://mng.bz/yy1G。

代码清单 15.12　NewYorkSchoolStatisticsApp：启动应用程序

```
  private Dataset<Row> loadDataUsing2006Format(String... fileNames) {
→   return loadData(fileNames, "yyyyMMdd");
  }

  private Dataset<Row> loadData(String[] fileNames, String dateFormat) {
    StructType schema = DataTypes.createStructType(new StructField[] {  ◄
      DataTypes.createStructField(                                          模式的
          "schoolId",                                                       定义
          DataTypes.StringType,
          false),
      DataTypes.createStructField(
          "date",
          DataTypes.DateType,
          false),
      DataTypes.createStructField(
          "schoolYear",
          DataTypes.StringType,
          false),
      DataTypes.createStructField(
          "enrolled",
          DataTypes.IntegerType,
          false),
```

2006 年和 2015 年数据结构的不同点在于日期格式，因此使用通用方法很合理

```
                    DataTypes.createStructField(
                        "present",
                        DataTypes.IntegerType,
                        false),
                    DataTypes.createStructField(
                        "absent",
                        DataTypes.IntegerType,
                        false),
                    DataTypes.createStructField(
                        "released",
                        DataTypes.IntegerType,
                        false) });
            Dataset<Row> df = spark.read().format("csv")
                .option("header", true)
                .option("dateFormat", dateFormat)
                .schema(schema)
                .load(fileNames);

            return df.withColumn("schoolYear", substring(col("schoolYear"), 1, 4));
        }
    }
```

将读取器设置为 CSV 格式 → `Dataset<Row> df = spark.read().format("csv")`

`.option("dateFormat", dateFormat)` ← 指定日期格式

指定模式 → `.schema(schema)`

`.load(fileNames);` ← 加载一串文件

表 15.1 显示了所得数据集的结构。

表 15.1　考勤数据集的数据探索结果

列名	描述	数据类型	注释
schoolId	学校标识号	纯文本	在 2018—2019 年数据集中，名为 School DNB
date	日期使用 YYYYMMDD 格式，例如：20090921	日期	
schoolYear	财政学年，起始年份连上结束年份，例如：学年 2009—10 的值为 20092010	纯文本	在实验数据集中，只保留前 4 个数字。对于学年 2009—10 而言，只保留 2009
enrolled	报告数据之日，学校注册学生的数目	整数	
present	报告数据之日(包括日期和星期几)，在校学生人数	整数	
absent	报告数据之日(包括日期和星期几)，缺勤学生人数	整数	
released	发布数据之日(包括日期和星期几)，缺勤学生人数	整数	

现在快速检查一下数据提取。纽约市有几所学校？使用 Spark 快速回答此问题的方法如下：

```
Dataset<Row> uniqueSchoolsDf = masterDf.select("schoolId").distinct();
```

我们应该找到 1865 行数据。不妨将该数字与网络上的信息进行比较。维基百科显示，纽约市拥有"超过 1700 所公立学校"[1]。纽约市教育部门记录了 1840 所学校[2]。25 所学校未记录在案，这应该是正常情况。假设每所学校平均有 608 名学生，这样大概有 15 218 个孩子的数据不见了，这我们还可以接受，毕竟这是纽约。但是，如果认真分析这个问题，可知这些数据跨越了 18 年之久，

1　详情请参见"纽约市教育"。网址为 https://en.wikipedia.org/wiki/Education_in_New_York_City。

2　请参阅纽约市教育局网站上的"DOE 数据概览"，网址为 www.schools.nyc.gov/about-us/reports/doe-data-at-a-glance。

因此关闭学校、更改标识符、拆分学校以及其他合理的理由很有可能造成数据误差。让我们继续使用 1865 行(即 1865 所学校)的数据。

现在,我们有了一个干净的数据集,可进行一些聚合操作!

15.2.2 聚合数据,更好地了解学校

想象一下,如果你要搬到纽约,想进一步了解当地公立学校的情况,你该如何操作呢?上一节教你格式化、清理了所有数据。本节将探讨如何使用数据聚合来回答 NYC 学校系统的相关问题。

现在,我们可任意支配约 400 万行数据,这些数据拥有以下字段:

- schoolId(字符串)——学校标识符
- date(日期)
- schoolYear(字符串)——与 YYYY 格式匹配的学年
- enrolled(整数)——注册学生人数
- present(整数)——在校学生人数
- absent(整数)——缺勤学生人数
- released(整数)——发布数据之日缺勤学生人数 [1]

现在,我们已经准备就绪,可回答以下这些问题了!

1. 每所学校的平均入学人数是多少

要计算每所学校每年的平均入学人数,就必须按学校和年份对数据集进行分组。在同一操作中,还可添加操作,统计学校平均出勤人数和平均缺勤人数。

所得输出如下面的代码清单 15.13 所示。

代码清单 15.13 纽约市各校的平均入学人数

```
...YorkSchoolStatisticsApp.java:80): Average enrollment for each school
+--------+----------+----------------+----------------+----------------+
|schoolId|schoolYear|   avg(enrolled)|    avg(present)|     avg(absent)|
+--------+----------+----------------+----------------+----------------+
|  01M015|      2006|248.68279569892|223.90860215053|24.774193548387|
|  01M015|      2007| 251.5837837837|225.72972972972|24.843243243243|
|  01M015|      2008|243.82967032967|215.57692307692|28.071428571428|
...
```

下面的代码清单 15.14 描述了计算这些平均值的过程。

代码清单 15.14 计算纽约市每所学校平均入学人数的代码

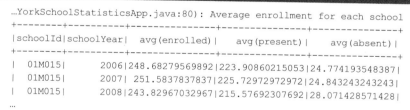

```
计算平均      Dataset<Row> averageEnrollmentDf = masterDf              进行分
值的列            .groupBy(col("schoolId"), col("schoolYear"))    ◄── 组的列
          ┌──► .avg("enrolled", "present", "absent")
          │    .orderBy("schoolId", "schoolYear");    ◄── 对列进行排序;先按学校,
                                                           再按年份进行排序
```

---

1 译者注:此处原文为 The count of students who are released,与表 15.1 中的描述不符。译文已订正此错误。

注意，可使用 avg()对多列数据计算平均值。

2. 学生人数是如何演变的

让我们看一下 2006—2018 年间，纽约市学区在校学生人数的变化情况。在此过程中，我们还可确定哪一年是学生人数最多的一年，以及有多少学生入学。

所得输出如下面的代码清单 15.15 所示。

代码清单 15.15　纽约市学校入学人数的演变

```
...YorkSchoolStatisticsApp.java:93): Evolution of # of students per year
+---------+--------+
|schoolYear|enrolled|
+---------+--------+
|     2006|  994597|
|     2007|  978064|
|     2008|  976091|
|     2009|  987968|
|     2010|  990097|
|     2011|  990235|
|     2012|  986900|
|     2013|  985040|
|     2014|  983189|
...
...YorkSchoolStatisticsApp.java:100): 2006 was the year with most students,
➥ the district served 994597 students.
```

要构建聚合数据集，可从上一个问题(数据包含学校 ID、学年和每年的平均入学人数)开始。

在聚合操作后，Spark 会自动重命名列，将聚合函数纳入列名。这种操作有时可能会很烦人，因此我们可先重命名列，然后按照学年执行数据聚合，汇总每个学校的所有入学人数。

由于结果为十进制数，我们可对最终的汇总结果使用 floor()函数，保留整数部分，并将其转换为长整数(long)。最后，我们可按学年对结果进行排序。

要找出最大值，只需要按降序设置 enrolled 列，并获取第一行数据的值。请记住，本实验中，年份是一个字符串。列的索引从 0 开始。

下面的代码清单 15.16 展示了上述过程的代码。

代码清单 15.16　计算纽约学校入学人数演变的代码

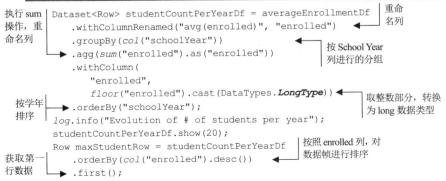

```
Dataset<Row> studentCountPerYearDf = averageEnrollmentDf
    .withColumnRenamed("avg(enrolled)", "enrolled")
    .groupBy(col("schoolYear"))
    .agg(sum("enrolled").as("enrolled"))
    .withColumn(
        "enrolled",
        floor("enrolled").cast(DataTypes.LongType))
    .orderBy("schoolYear");
log.info("Evolution of # of students per year");
studentCountPerYearDf.show(20);
Row maxStudentRow = studentCountPerYearDf
    .orderBy(col("enrolled").desc())
    .first();
```

执行 sum 操作，重命名列

重命名列

按 School Year 列进行的分组

取整数部分，转换为 long 数据类型

按学年排序

获取第一行数据

按照 enrolled 列，对数据帧进行排序

```
String year = maxStudentRow.getString(0);
long max = maxStudentRow.getLong(1);
log.debug(
    "{} was the year with most students, "
        + "the district served {} students.",
    year, max);
```

某些版本的 Spark 会重命名聚合后的列；例如，汇总后的 enrolled 列被重命名为 sum(enrolled)。强制命名聚合列，可确保在发生聚合后，我们对列进行操作时，不会感到太惊讶。

如你所见，使用：

```
.agg(sum("enrolled").as("enrolled"))
```

直接把此列重命名为 enrolled，而不必使用其他重命名操作。在其他操作中，我们必须知道列名，如使用 withColumnRenamed()。

假如你希望得到当年值与最大值之间的差值，如下所示。差值在 delta 列中：

```
+----------+--------+-----+
|schoolYear|enrolled|delta|
+----------+--------+-----+
|      2006|  994597|    0|
|      2007|  978064|16533|
|      2008|  976091|18506|
|      2009|  987968| 6629|
|      2010|  990097| 4500|
|      2011|  990235| 4362|
|      2012|  986900| 7697|
|      2013|  985040| 9557|
|      2014|  983189|11408|
|      2015|  977576|17021|
|      2016|  971130|23467|
|      2017|  963861|30736|
|      2018|  954701|39896|
+----------+--------+-----+
```

可添加 max 列，计算 max 和注册学生数量之间的差值，从而得到当年值与最大值之间的差值，如下所示：

```
Dataset<Row> relativeStudentCountPerYearDf = studentCountPerYearDf
    .withColumn("max", lit(max))
    .withColumn("delta", expr("max - enrolled"))
    .drop("max")
    .orderBy("schoolYear");
relativeStudentCountPerYearDf.show(20);
```

此处的 lit() 方法基于 max 创建了字面值(literal value)。delta 列是表达式 expr(max-enrolled)的结果。

3. 每所学校的最高入学率及其对应的年份

这个问题要求我们计算每所学校每年的最大入学人数。所得输出如下面的代码清单 15.17 所示。

代码清单 15.17　纽约市每所学校每年最大入学人数

```
…YorkSchoolStatisticsApp.java:120): Maximum enrollement per school and year
+--------+----------+-------------+
|schoolId|schoolYear|max(enrolled)|
+--------+----------+-------------+
| 01M015|      2006|          256|
| 01M015|      2007|          263|
| 01M015|      2008|          256|
| 01M015|      2009|          222|
| 01M015|      2010|          210|
| 01M015|      2011|          197|
| 01M015|      2012|          191|
| 01M015|      2013|          202|
...
| 01M019|      2007|          338|
| 01M019|      2008|          335|
| 01M019|      2009|          326|
| 01M019|      2010|          329|
| 01M019|      2011|          331|
...
```

max()聚合方法将获得集合中的最大值，如下面的代码清单 15.18 所示。

代码清单 15.18　计算纽约市每所学校每年的最大入学人数的代码

```
Dataset<Row> maxEnrolledPerSchooldf = masterDf
    .groupBy(col("schoolId"), col("schoolYear"))        提取集合中
    .max("enrolled")                                    的最大值
    .orderBy("schoolId", "schoolYear");
log.info("Maximum enrollement per school and year");
maxEnrolledPerSchooldf.show(20);
```

4. 每所学校的最小缺勤数是多少

从数据集中提取最小缺勤数的操作与查找最大入学人数的操作类似。下面计算纽约市每所公立学校每年的最小缺勤数。输出结果如下面的代码清单 15.19 所示。

代码清单 15.19　纽约市每所学校每年的最小缺勤数

```
…YorkSchoolStatisticsApp.java:128): Minimum absenteeism per school and year
+--------+----------+-----------+
|schoolId|schoolYear|min(absent)|
+--------+----------+-----------+
| 01M015|      2006|          9|
| 01M015|      2007|         10|
| 01M015|      2008|          7|
| 01M015|      2009|          8|
...
| 01M015|      2017|          1|
| 01M015|      2018|        150|
| 01M015|      2006|          9|
| 01M019|      2007|          9|
| 01M019|      2008|         11|
...
```

下面的代码清单 15.20 为计算缺勤数的代码。

代码清单 15.20　计算纽约市各个学校每年的最小缺勤数的代码

```
Dataset<Row> minAbsenteeDf = masterDf
    .groupBy(col("schoolId"), col("schoolYear"))
    .min("absent")
    .orderBy("schoolId", "schoolYear");
log.info("Minimum absenteeism per school and year");
minAbsenteeDf.show(20);
```

5. 缺勤率最高和最低的 5 所学校是哪几所

最后一个问题要求查找缺勤率最高和最低的 5 所学校。但是，缺勤率不是一个直接明了的值。如果一所学校的 50 名学生中有 5 人缺勤，而另一所学校的 80 名学生中有 10 人缺勤，那么显然后者的缺勤率高。因此，下面看一下百分比。

在运行应用程序回答此问题时，所得输出应如下面的代码清单 15.21 所示。

代码清单 15.21　缺勤率最高和最低的 5 所学校

```
...YorkSchoolStatisticsApp.java:148): Schools with the least absenteeism
+--------+------------------+--------------------+-------------------+
|schoolId|      avg_enrolled|         avg_absent|                  %|
+--------+------------------+--------------------+-------------------+
|  11X113|              16.0|                 0.0|                0.0|
|  29Q420|              20.0|                 0.0|                0.0|
|  11X416|21.333333333333332|                 0.0|                0.0|
|  19K435|33.333333333333336|                 0.0|                0.0|
|  27Q481|26.333333333333332|0.010810810810810811|0.04105371193978789|

...YorkSchoolStatisticsApp.java:151): Schools with the most absenteeism
+--------+-----------+------------------+-----------------+
|schoolId|avg_enrolled|       avg_absent|                %|
+--------+-----------+------------------+-----------------+
|  25Q379|      154.0| 148.0810810810811|96.15654615654617|
|  75X596|      407.0|371.27027027027026|91.22119662660204|
|  16K898|       46.0| 41.4054054054054| 90.0117508813161|
|  19K907|       41.0| 36.4054054054054|88.79367172050098|
|  09X594|      198.0|174.54054054054055|88.15178815178815|
...
```

我当然不希望我的孩子进入缺勤率超过 96% 的学校。接下来看看如何构建应用程序。

第一步是创建数据集，收集各个学校每年的平均缺勤率。然后，使用此数据集，计算多年的平均值。代码清单 15.22 详细介绍了这个过程。

可在 agg() 方法中合并若干列，而且聚合操作不必为同一种类型。此处同时进行了 max() 聚合和 avg() 聚合。

列名可包含任何字符。此处使用百分比(%)符号来命名缺勤百分比列。

使用以 $ 开头的方法过滤掉低于某个值的数据。下面的代码清单 15.22 显示了 $ greater()的用法。一开始，这种语法可能会让人有点困惑。

代码清单 15.22　计算缺勤率最低和最高的 5 所学校的代码

```
Dataset<Row> absenteeRatioDf = masterDf
    .groupBy(col("schoolId"), col("schoolYear"))
    .agg(
        max("enrolled").alias("enrolled"),        ◄── alias()是 as()
        avg("absent").as("absent"));                    的同义词
absenteeRatioDf = absenteeRatioDf
    .groupBy(col("schoolId"))
    .agg(
        avg("enrolled").as("avg_enrolled"),
        avg("absent").as("avg_absent"))            ◄── 计算缺勤率,将其
    .withColumn("%", expr("avg_absent / avg_enrolled * 100"))   存储在名为%的列中
    .filter(col("avg_enrolled").$greater(10))     ◄── 确保注册人数超过
    .orderBy("%");                                      10 名学生的过滤器
log.info("Schools with the least absenteeism");
absenteeRatioDf.show(5);

log.info("Schools with the most absenteeism");
absenteeRatioDf
    .orderBy(col("%").desc())                      ◄── 更改顺序,显示
    .show(5);                                           缺勤率最高的学校
```

更改顺序的方法很简单:在 orderBy()方法中,使用可选的 desc()进行降序排列。

附录 G 列出了可用的聚合函数,但这些实验并没有用到所有的这些函数。可用的函数包括 app rox_count_distinct()、collect_list()、collect_set()、corr()、count()、countDistinct()、covar_pop()、covar_samp()、first()、grouping()、grouping_id()、kurtosis()、last()、max()、mean()、min()、skewness()、stddev()、stddev_pop()、stddev_samp()、sum()、sumDistinct()、var_pop()、var_samp()和 variance()。

如这些示例所示,我们可通过在 groupBy()方法之后链接方法或通过 agg()方法内部的静态函数来执行聚合操作。

下一节将探讨使用自定义的函数(也称为用户定义聚合函数)构建自定义聚合操作的方法。

15.3　使用 UDAF 构建自定义的聚合操作

前几节带你快速回顾了数据聚合的概念,在简单的数据集上执行了理想的数据聚合操作,最后使用真实数据(有点烦人)进行数据聚合。这些操作是标准的聚合操作,包括 max()、avg()和 min()。Spark 并未实现可对数据执行的所有可能的聚合。

本节将讨论如何通过构建自定义的聚合函数来扩展 Spark。自定义的聚合函数(UDAF)使自定义的聚合操作得以实现。

想象一下以下用例:你是一家在线零售商,希望向客户提供忠诚度积分。每位客户每订购一件商品可获得 1 点积分,但每张订单最多可获得 3 点积分。

解决此问题的一种方法是在订单数据帧中添加积分列,并匹配积分分配规则,但此处也可使用聚合函数来解决此问题(可自行使用积分列轻松解决此问题)。

图 15.6 显示了待使用的数据集。它与本章第一节(第 15.1 节)中使用的数据集类似。

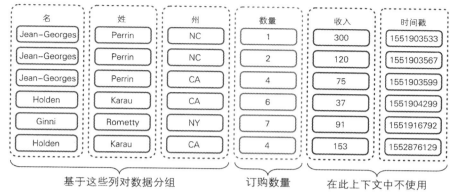

图 15.6　应用自定义 UDAF 的订单，计算每位客户每个订单可获得的忠诚度积分

操作结果返回附带积分点的客户列表，如下面的代码清单 15.23 所示。

代码清单 15.23　客户及其相关联的积分点

```
+-----------+--------+-----+-------------+-----+
|  firstName|lastName|state|sum(quantity)|point|
+-----------+--------+-----+-------------+-----+
|      Ginni| Rometty|   NY|            7|    3|
|Jean-Georges|  Perrin|   NC|            3|    3|
|     Holden|   Karau|   CA|           10|    6|
|Jean-Georges|  Perrin|   CA|            4|    3|
+-----------+--------+-----+-------------+-----+
```

实验： 本实验的代码在 net.jgp.books.spark.ch13.lab400_udaf 程序包中。该应用程序名为 PointsPerOrderApp.java，UDAF 代码单独写在 PointAttributionUdaf.java 中。

UDAF 的调用与聚合函数的调用一样简单，包括以下两个步骤：

(1) 使用 udf().register()方法在 Spark 会话中注册该函数。

(2) 使用 callUDF()函数调用该函数。

下面的代码清单 15.24 显示了调用 UDAF 的过程。

代码清单 15.24　注册和调用 UDAF

```
package net.jgp.books.spark.ch13.lab400_udaf;

import static org.apache.spark.sql.functions.callUDF;    ◀── 用于调用 UDAF
import static org.apache.spark.sql.functions.col;        ┐
import static org.apache.spark.sql.functions.sum;        ├ 用在聚合操作中
import static org.apache.spark.sql.functions.when;       ┘

import org.apache.spark.sql.Dataset;
import org.apache.spark.sql.Row;
import org.apache.spark.sql.SparkSession;

public class PointsPerOrderApp {
  public static void main(String[] args) {
    PointsPerOrderApp app = new PointsPerOrderApp();
```

```
     app.start();
   }

   private void start() {
     SparkSession spark = SparkSession.builder()
       .appName("Orders loyalty point")
       .master("local[*]")
       .getOrCreate();
     spark
       .udf().register("pointAttribution", new PointAttributionUdaf());

     Dataset<Row> df = spark.read().format("csv")
       .option("header", true)
       .option("inferSchema", true)
       .load("data/orders/orders.csv");

     Dataset<Row> pointDf = df
       .groupBy(col("firstName"), col("lastName"), col("state"))
       .agg(
           sum("quantity"),
           callUDF("pointAttribution", col("quantity")).as("point"));
     pointDf.show(20);
   }
 }
```

加载
订单 —→ 注册自定义
的函数

基于
firstName、
lastName 和
state 列执行
分组

执行 sum 操作

在 quantity 列上执行 pointAttribution UDAF，
将所得到的列重命名为 point

UDAF 的调用非常简单，如下所示：

```
callUDF("pointAttribution", col("quantity"))
```

这种情况下，UDAF 仅接收一个参数，但如果需要，该函数可接收多个参数。如果 UDAF 需要多个参数，那么添加参数即可：将它们同时添加到调用和输入模式中(参见代码清单 15.24)。

在深入研究代码之前，让我们了解一下 UDAF 的架构。UDAF 将对每一行数据进行处理，并将结果存储在聚合缓冲区(工作节点)中。注意，缓冲区不必反映输入数据的结构：我们可定义其模式，它可存储其他元素。图 15.7 详细阐释了带有结果缓冲区的聚合机制。

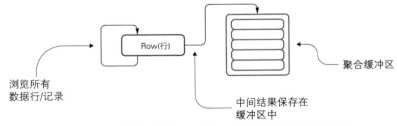

浏览所有
数据行/记录

聚合缓冲区

中间结果保存在
缓冲区中

图 15.7　代码在分析数据集的每一行数据时，中间结果可保存在缓冲区中

现在，让我们看一下如何实现 UDAF。当应用程序调用 UDAF 时，UDAF 才被称为函数；UDAF 是作为一个完整的类实现的。该类必须扩展 UserDefinedAggregateFunction(在 org.apache.spark.sql. expressions 包中)。

因此，实现 UDAF 的类必须实现以下方法：

- bufferSchema()——定义缓冲区的模式。
- dataType()——指示来自聚合函数的数据类型。

- deterministic()——Spark 通过拆分数据来处理数据。它会分别处理这些数据块，然后将它们组合在一起。如果 UDAF 逻辑使得最终结果与处理和组合数据的顺序无关，则称 UDAF 是确定的。
- evaluate()——根据给定聚合缓冲区，计算 UDAF 的最终结果。
- initialize()——初始化给定的聚合缓冲区。
- inputSchema()——描述发送到 UDAF 的输入数据的模式。
- merge()——合并两个聚合缓冲区，并将更新后的缓冲区值存储回去。当我们将两个部分聚合的数据元素合并在一起时，调用此方法。
- update()——使用新的输入数据更新给定的聚合缓冲区。一行输入数据调用一次此方法。

现在，我们有了构建 UDAF 的所有元素，如代码清单 15.25 所示。注意，该类扩展了实现 Serializable 的 UserDefinedAggregateFunction()，但最重要的是，该类的每个元素也需要可序列化。

代码清单 15.25　聚焦于 UDAF：PointAttributionUdaf.java

```java
package net.jgp.books.spark.ch13.lab400_udaf;

import java.util.ArrayList;
import java.util.List;

import org.apache.spark.sql.Row;
import org.apache.spark.sql.expressions.MutableAggregationBuffer;
import org.apache.spark.sql.expressions.UserDefinedAggregateFunction;
import org.apache.spark.sql.types.DataType;
import org.apache.spark.sql.types.DataTypes;
import org.apache.spark.sql.types.StructField;
import org.apache.spark.sql.types.StructType;

public class PointAttributionUdaf
    extends UserDefinedAggregateFunction {

  private static final long serialVersionUID = -66830400L;    // UDAF 是可序列化的，因此需要标识符
  public static final int MAX_POINT_PER_ORDER = 3;
```

inputSchema()方法定义了发送给该函数的数据模式。在这个用例中，函数接收了代表订单中商品原始数量的整数。Spark 中的模式(我们已经使用了多次)是使用 StructType 实现的：

```java
  @Override
  public StructType inputSchema() {            // 创建包含字段定义的列表
    List<StructField> inputFields = new ArrayList<>();
    inputFields.add(                           // _c0 是数据帧中第一列的默认名称
      DataTypes.createStructField("_c0", DataTypes.IntegerType, true));
    return DataTypes.createStructType(inputFields);    // 字段列转换为 ctType
  }
```

bufferSchema()方法定义了聚合缓冲区(用于存储中间结果)的模式。在此用例中，只需要一列来存储整数。对于较复杂的聚合过程，我们可能需要更多列。

```java
  @Override
  public StructType bufferSchema() {
    List<StructField> bufferFields = new ArrayList<>();
```

```
bufferFields.add(
    DataTypes.createStructField("sum", DataTypes.IntegerType, true));
return DataTypes.createStructType(bufferFields);
}

@Override                              ┌─ 最终结果的
public DataType dataType() {          │   数据类型
    return DataTypes.IntegerType; ◄───┘
}

@Override                              ┌─ 该函数不关心
public boolean deterministic() {      │   执行的顺序
    return true; ◄────────────────────┘
}
```

公平地说，initialize()方法初始化内部缓冲区。此用例只涉及相当简单的聚合操作，因此将缓冲区设置为 0。

尽管如此，类所实现的合同需要遵循基本规则。在两个初始化的缓冲区上应用 merge()方法返回初始缓冲区本身；例如，merge(initialBuffer，initialBuffer)等于 initialBuffer。

```
@Override
public void initialize(MutableAggregationBuffer buffer) {
    buffer.update(
        0,    ◄──── 列号，从 0 开始
        0);   ◄──── 列的初始值
}
```

在 update()方法中采取操作。这是处理数据的方法。我们可能会收到一个缓冲区，但是不知道它是否包含数据，因此这不能被忽略：在第一个调用中，除了初始化的数据，它不包含其他数据。但是，在接下来的调用中，数据已经在缓冲区中了，因此不能被忽略：

```
@Override
public void update(MutableAggregationBuffer buffer, Row input) {
    ...
    int initialValue = buffer.getInt(0);      ◄─ 从缓冲区中提取初始值
    int inputValue = input.getInt(0);
    int outputValue = 0;
    if (inputValue < MAX_POINT_PER_ORDER) {
        outputValue = inputValue;              ◄─ 计算此订单可获得的积分
    } else {
        outputValue = MAX_POINT_PER_ORDER;
    }
    outputValue += initialValue;               ◄─ 加上之前获得的积分
    buffer.update(0, outputValue); ◄──── 将新值存储在聚合缓冲区的第 0 列中
}
```

merge()方法合并两个聚合缓冲区，并将更新后的缓冲区值存储回聚合缓冲区中。在此场景中，当我们有两个包含忠诚度积分的缓冲区时，只需要把它们加起来：

```
@Override
public void merge(MutableAggregationBuffer buffer, Row row) {
    buffer.update(0, buffer.getInt(0) + row.getInt(0));
}
```

最后，evaluate()方法基于给定的聚合缓冲区，计算此 UDAF 的最终结果：

```
@Override
public Integer evaluate(Row row) {
    return row.getInt(0);
}
}
```

本节介绍了如何构建和使用自定义的聚合函数，内容有点难。上述用例是一个简单的忠诚度积分归属问题，但我们可将其扩展到其他类型的场景中。

如果你有兴趣进一步了解聚合操作的工作原理，可在 Log4j.properties 文件中激活跟踪日志记录。将 log4j.logger.net.jgp =DEBUG 改为 log4j.logger.net.jgp =TRACE。

下一次执行操作时，你可获得详细的输出：

```
...alize(PointAttributionUdaf.java:79): -> initialize() - buffer as 1 row(s)
...alize(PointAttributionUdaf.java:79): -> initialize() - buffer as 1 row(s)
...pdate(PointAttributionUdaf.java:92): -> update(), input row has 1 args
...pdate(PointAttributionUdaf.java:97): -> update(0, 1)
...
```

15.4 小结

- 聚合操作是使数据成组的一种方式，以便我们从更高、更宏观的层面查看数据。
- Apache Spark 可在数据帧上使用 Spark SQL(通过创建视图)或数据帧 API，执行聚合操作。
- groupBy()方法等效于 SQL GROUP BY 语句。
- 在执行聚合操作之前，需要准备和清理数据。这些步骤可通过数据转换来完成(参见第 12 章)。
- 可在 groupBy()之后链接方法，或在 agg()方法中使用静态函数来完成聚合操作。
- 可通过自定义聚合函数(UDAF)扩展 Spark 的聚合操作。
- 必须在 Spark 会话中按名称注册 UDAF。
- 使用 callUDF()方法和 UDAF 名称来调用 UDAF。
- UDAF 作为一个类实现，应该实现若干种方法。
- 使用 agg()方法一次对多列执行聚合操作。
- 可使用 sum()方法和静态函数来计算集合的总和。
- 可使用 avg()方法和静态函数来计算集合的平均值。
- 可使用 max()方法和静态函数来提取集合的最大值。
- 可使用 min()方法和静态函数来提取集合的最小值。
- 其他聚合函数包括许多统计方法，例如：approx_count_distinct()、collect_list()、collect_set()、corr()、count()、countDistinct()、covar_pop()、covar_samp()、first()、grouping( )、grouping_id()、kurtosis()、last()、mean()、skewness()、stddev()、stddev_pop()、stddev_samp()、sumDistinct()、var_pop()、var_samp()和 variance()。

第 IV 部分

百尺竿头，更进一步

虽然你已到达本书的最后一部分，但是学习之旅才刚刚开始，或者，如果你已经在学习 Spark 的旅途中，你将发现 Spark 让人惊喜连连，兴奋不已。接下来的三章将回答各种问题，在丰富知识的同时激励你思考更多的问题，引导你走向知识的源泉。这也是你开始融合所学知识并进行实践的时刻，例如构建一个完整的管道(流程)。

毋庸置疑：Apache Spark 快如闪电。但是，性能不仅取决于引擎，还取决于使用引擎的方式。第 16 章主要关注两种优化技术，分别被称为缓存和检查点。在明白了使用理论数据解释缓存的示例之后，我们可深入研究实际数据并进行分析。该章的结尾将给出更多的提示和资源，以便进一步优化 Spark。

到目前为止，除了第 2 章，我们一直在提取、处理数据，然后在屏幕上简单显示数据转换和操作的结果。现在，我们是否应该花一些时间对数据执行一些操作，如将其导出到文件？第 17 章将重点介绍这些操作，并解释分区对项目的影响。注意，该章将粗略地谈及 *Hitchhiker's Guide to the Galaxy*(《银河系漫游指南》)，这对任何一本计算机书籍而言都是必须需的，不是吗？该章还将探讨如何组合使用云服务与 Spark。

最后，第 18 章将重点介绍部署所需的参考架构，并以此结束本书的学习之旅，但你的 Spark 学习之旅并未结束。在部署时，需要处理集群和其他类型的资源(如网络和基于云的资源)，因此必须深入理解大数据上下文中所需的资源。该章还将介绍如何轻松地共享数据和文件。虽然该章无意让你成为 Spark 安全专家，但如果你愿意，该章可为你提供一把入门的钥匙。

第16章

缓存和检查点：增强 Spark 的性能

本章内容涵盖

- 增强 Spark 性能的缓存和检查点
- 选择正确的方法来增强性能
- 收集性能信息
- 选择正确的位置，使用缓存或检查点
- 聪明地使用 collect()和 collectAsList()

Spark 快如闪电，可轻松地在集群的多个节点上处理数据，而且可在笔记本计算机上运行。Spark 也喜欢记忆，这是提高 Spark 性能的关键设计。但是，随着数据集从用于开发应用程序的样本集提升为生产用数据集，我们可能会发现 Spark 的性能有所下降。

本章将介绍有关 Spark 如何使用记忆的基础知识。这些知识有助于我们优化应用程序。

首先，本章将教你将缓存和检查点技术应用在采用了伪数据的应用程序中。这个步骤有助于你更好地了解可用于优化应用程序的各种模式。

然后，本章将切换到使用真实数据的现实示例。第二个实验将对包含经济信息(来自巴西)的数据集进行分析性的操作。

最后，本章将阐明优化工作负载时的其他注意事项。本章还将讨论如何提高性能，以及如何进一步探索。

实验：本章的示例可在 GitHub 上找到，网址为 https://github.com/jgperrin/net.jgp.books.spark.ch16。

16.1　使用缓存和检查点可提高性能

本节将探讨 Apache Spark 上下文中的缓存和检查点技术。我们将在虚拟数据上进行实验，在不使用缓存、使用缓存、同时使用即时检查点和非即时检查点等情况下，执行数据处理流程。在此流程中，我们也将学习如何收集性能数据，并以可视化的方式查看所收集的数据。

Apache Spark 提供了两种不同的技术来提高性能：

- 通过 cache()或 persist()进行缓存，保存数据，进行数据沿袭。
- 通过 checkpoint()，使用检查点技术，保存数据，不需要数据沿袭。

数据沿袭是数据的时间线

在小学历史课上，老师让每个学生在时间线上记录历史事件，制作历史时间线。

在使用数据的上下文中，情况完全相同：我们希望能跟踪数据的历史记录和出处。如果数据有问题，我们希望能查明问题的根源。同样，如果我们需要将应用程序添加到现有架构中，数据沿袭有助于我们选择最恰当的位置，插入新应用程序。

在组织机构中，数据沿袭表明数据的来源、去向以及在此过程中受到的修改。数据沿袭可确保系统中的数据是可信的，因此，在现代相对复杂的企业应用程序中，数据沿袭至关重要。

在图 16.a 的理论示例中，销售点终端生成数据，该数据通过 Perl 应用程序传到本地 Informix 数据库，然后，本地数据被复制到总部(HQ)主数据库。在此处，如果多个客户端使用了微服务，若干应用程序将会消费聚合数据(包括 Node.js 微服务)。

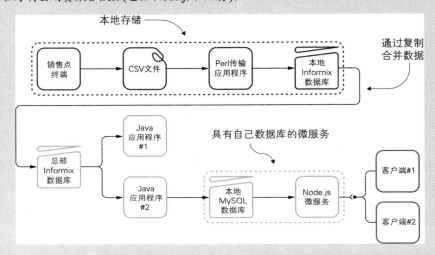

图16.a　数据沿袭示例：数据源自销售点终端，在本地 Informix 数据库中整合，然后复制到总部主数据库。从主数据库中提取部分数据，存储在 MySQL 数据库，供 Node.js 微服务使用

在 Spark 上下文中，数据沿袭使用有向无环图(DAG)表示。第 4 章介绍了 DAG。图 16.b 展示了第 4 章中使用的 DAG。

第 4 章介绍了实验#200，在此实验中，我们加载了初始数据集，将其复制了 60 次，基于计算平均值的表达式创建了 1 列，复制了 2 列，删除了 3 列。

如果不使用数据帧的 explain()方法，用户将无法直接访问 DAG。它类似于 MySQL 或 SQL 服务器的 SQL EXPLAIN(关键字)、Oracle 上的 EXPLAIN PLAN 或 IBM Informix 上的 SET EXPLAIN，显示了 RDBMS 上 SQL 语句的执行计划。

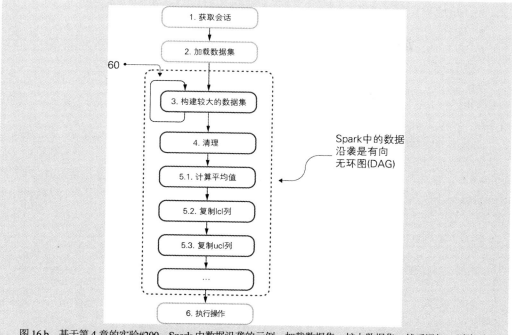

图 16.b　基于第 4 章的实验#200，Spark 中数据沿袭的示例：加载数据集，扩大数据集，然后添加、删除列。
DAG 存储数据转换的每个步骤(在 Catalyst 优化有效转换之前)

16.1.1　Spark 缓存的用途

在 Apache Spark 上下文中，我们首先需要了解缓存的作用及其工作方式。我们也将学习缓存的
多种存储级别，以便微调缓存。

缓存可用于提高性能。缓存会将数据帧保留在内存、磁盘，或内存和磁盘的组合中。缓存还将
保存数据沿袭。如果集群中的一个节点发生了故障，你就需要从头开始重建数据集，此时，保存数
据沿袭的缓存就派上了用场。

Spark 提供了两种缓存的方法：cache()和 persist()。它们的工作原理相同，不同之处在于 persist()
允许我们指定要使用的存储级别。使用参数时，cache()是 persist(StorageLevel.MEMORY_ONLY)的
同义词，我们不必将二者进行比较。persist()方法的可用存储级别如下：

- MEMORY_ONLY——这是默认的存储级别。它将构成数据帧的 RDD 存储为 JVM 中去序
  列化的 Java 对象。如果内存容纳不下 RDD，那么 Spark 将不缓存分区；如果需要，Spark
  将在不通知我们的情况下重新进行计算。
- MEMORY_AND_DISK——与 MEMORY_ONLY 类似，区别在于，当 Spark 内存不足时，
  它将序列化磁盘上的 RDD。较慢的磁盘速度总体上拖累了存储速度，但由于节点上可能具
  有不同的存储类(如 NVMe 驱动与机械驱动)，性能也有所不同。
- MEMORY_ONLY_SER——与 MEMORY_ONLY 类似，但是 Java 对象是序列化的。虽然
  它占用了较少的空间，但是读取会消耗更多的 CPU 资源。

- MEMORY_AND_DISK_SER——类似于序列化的 MEMORY_AND_DISK。
- DISK_ONLY——将组成数据帧的 RDD 分区存储到磁盘。
- OFF_HEAP——与 MEMORY_ONLY_SER 具有相似的行为，但它使用堆外内存，因此需要激活堆外内存的使用(有关内存管理的更多相关信息，请参见第 16.1.3 节)。

MEMORY_AND_DISK_2、MEMORY_AND_DISK_SER_2、MEMORY_ONLY_2 和 MEMORY_ONLY_SER_2 与不带_2 的参数设置一样，不同点在于这些设置将把每个分区复制到两个集群节点上。如果你需要复制数据，提高可用性，则可使用这些设置。

可使用 unpersist()释放缓存，也可使用 storageLevel()查询数据帧当前的存储级别。无论是通过 cache()还是 persist()创建缓存，都可使用 unpersist()方法清除缓存。当你不再需要一些数据帧时，可清除缓存，释放内存，以便处理其他数据集。当数据帧不再被缓存时，storageLevel()将返回 StorageLevel.NONE。如果你不手动释放缓存，那么在会话结束时，系统会清除缓存，以释放出内存空间，供你进行更多的数据处理。

可在 http://mng.bz/MOEE 和 http://mng.bz/adnx 上找到有关存储级别的详细信息。

16.1.2 Spark 检查点的妙用

检查点是提高 Spark 性能的另一种方法。本节将讨论什么是检查点，可执行哪种检查点，以及它与缓存有何区别。

checkpoint()方法会截断 DAG(或逻辑规划)，将数据帧的内容保存到磁盘。数据帧保存在检查点目录中。检查点目录没有默认值：必须使用 SparkContext 的 setCheckpointDir()进行设置，如代码清单 16.1 所示。如果未设置检查点目录，那么检查点将失效，应用程序会停止。

检查点可以是即时的，也可以是惰性的。在即时的情况下(默认设置)，Spark 将立即创建检查点。如果将 checkpoint()方法设置为惰性的(false)，那么只有当你调用动作时，Spark 才创建检查点。目标决定用法：如要即时构建检查点，需要在前期花费时间，但是此后，可更有效率地使用设置过检查点的数据帧。如果你可以等待，则可在动作需要时才构建检查点；检查点的可用性可能无法预测。

如要了解有关逻辑规划和优化器的更多信息，请参阅 Michael Armbrust 等人所写的《深入研究 Spark SQL 的 Catalyst 优化器》"Deep Dive into Spark SQL's Catalyst Optimizer"(http://mng.bz/gVMZ)。

16.1.3 使用缓存和检查点

本节将通过一个简单的应用程序将缓存和检查点知识付诸实践。在本场景中，我们将收集性能度量的数据，并查看性能之间的差异。

实验#100 比较了缓存数据和建立数据检查点之间的性能差异。为了获得相对精确的度量，我们需要使用相似的数据集。最好的方法是使用记录生成器：它将消除文件中可能存在的差异，可相对精确地定义关键属性，如记录数、字段和数据类型。加载数据后，数据帧将包含书籍、作者、评级、出版年份(最近 25 年内)和撰写语言。表 16.1 显示了记录的结构和数据生成器生成的一些随机值。

表 16.1　带有作者姓名、书名、评级、出版年份和撰写语言的书籍记录

姓名	书名	评级	出版年份	撰写语言
Rob Tutt	My Worse Trip	3	2005	es
Jean-Georges Perrin	Spark in Action, 2e	5	2020	en
Ken Sanders	A Better Work	3	2018	fr

首先，我们仅保留(或过滤)评级为 5 星的图书(读者可在 Manning 网站和 Amazon 上给本书一个 5 星评级)。根据"畅销书籍"的数据帧，我们将按照年份和语种统计书籍。图 16.1 说明了该操作的流程。

如果你希望了解法国作家获得的 5 星评级是否比巴西作家多(或少)，你可能要失望了，这是生成的数据，因此分布非常均匀。如果你要执行更复杂的书籍分析，请查看存储库中实验#900 和 Goodreads 数据集。

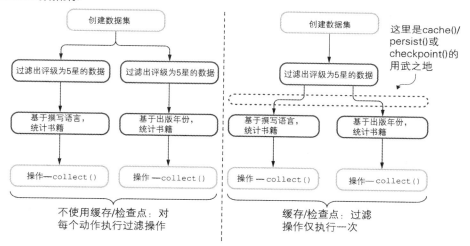

图 16.1　数据转换的可视化表示：如果在过滤器后不设置缓存或检查点，那么 Spark 每次都会重新计算过滤器

应用程序的结果如下所示：

```
...
1995 ... 1337

Processing times
Without cache .............. 3618 ms
With cache ................ 2559 ms
With checkpoint ........... 1860 ms
With non-eager checkpoint ... 1420 ms
```

代码从 net.jgp.books.spark.ch16.lab100_cache_checkpoint 程序包中的 CacheCheckpointApp 开始。请记住，这是实验#100。

为了枚举各种执行方案，此处将使用枚举(enum)来指定应用程序所使用的各种模式。这些模式为：不使用缓存、使用缓存、使用检查点。

与此前的所有实验一样,本实验需要先启动一个 SparkSession。但在本实验中,你将学习当 Spark 以集群的模式运行应用程序时(详见第 6 章),如何指定一些参数,并传给执行器和驱动器。一些高级设置可在 SparkContext 层面上完成(Spark v2 引入了 SparkSession,提供了更好的抽象)。Spark 通过 SparkContext 的 setCheckpointDir()设置路径,指示检查点文件存放的文件夹。注意,执行器(非驱动器)应可看到此路径:执行器(不是驱动器)在工作器节点上执行检查点操作。

然后,基于所创建的记录数目和缓存模式(根据模式的枚举),我们可创建一个函数来处理所有流程。

接下来看一下代码清单 16.1。请记住,我喜欢将导入部分保留在代码清单中,以便你轻松地引用这些软件包。

代码清单 16.1　CacheCheckpointApp:设置环境,运行工作负载

```java
package net.jgp.books.spark.ch16.lab100_cache_checkpoint;

import static org.apache.spark.sql.functions.col;
import java.util.List;
import org.apache.spark.SparkContext;
import org.apache.spark.sql.Dataset;
import org.apache.spark.sql.Row;
import org.apache.spark.sql.SparkSession;

public class CacheCheckpointApp {
  enum Mode {
    NO_CACHE_NO_CHECKPOINT, CACHE, CHECKPOINT, CHECKPOINT_NON_EAGER
  }

  private SparkSession spark;

  public static void main(String[] args) {
    CacheCheckpointApp app = new CacheCheckpointApp();
    app.start();
  }

  private void start() {
    this.spark = SparkSession.builder()
        .appName("Lab around cache and checkpoint")
        .master("local[*]")
        .config("spark.executor.memory", "70g")
        .config("spark.driver.memory", "50g")
        .config("spark.memory.offHeap.enabled", true)
        .config("spark.memory.offHeap.size", "16g")
        .getOrCreate();
    SparkContext sc = spark.sparkContext();
    sc.setCheckpointDir("/tmp");

    int recordCount = 10000;
    long t0 = processDataframe(recordCount, Mode.NO_CACHE_NO_CHECKPOINT);
    long t1 = processDataframe(recordCount, Mode.CACHE);
    long t2 = processDataframe(recordCount, Mode.CHECKPOINT);
    long t3 = processDataframe(recordCount, Mode.CHECKPOINT_NON_EAGER);
```

创建会话(与往常一样)

指定执行器内存为 70 GB(可在内存不大的计算机上运行它)

指定驱动器内存为 50 GB;如果在本地模式运行应用程序,那么我们已经在运行驱动器了,这样就不能改变内存了

告诉 Spark 使用堆外内存

指定堆外内存的大小

从会话中获取 SparkContext 实例

设置检查点的路径(在执行器上)

指定要生成的记录数

不使用缓存或检查点,创建和处理记录

使用缓存,创建和处理记录

使用即时检查点,创建和处理记录

使用惰性检查点,创建和处理记录

```
    System.out.println("\nProcessing times");
    System.out.println("Without cache .............. " + t0 + " ms");
    System.out.println("With cache ................. " + t1 + " ms");
    System.out.println("With checkpoint ............ " + t2 + " ms");
    System.out.println("With non-eager checkpoint ... " + t3 + " ms");
}
```

需要记住的几件事情如下：

● 即使你设置的内存值高于可用内存，JVM 也无法使用它。

● 当你在本地模式下运行时，运行的是驱动器。启动驱动器后，你不能改变分配给驱动器的
内存。这就是 JVM 的工作方式。但是，当 Spark 提交作业给集群时，Spark 会生成 JVM，
并使用所提供的参数。

堆空间问题？我们回到了 MS DOS 640 KB 吗？

堆空间是 Java 虚拟机(JVM)动态分配给应用程序对象的内存区域。一些 JVM 实现了一个堆外
空间，也称为永久代(或 permgen)。永久代空间用于元数据和 JVM 内部的其他需求。

默认值因实现而异。可在 JVM 命令行上使用-Xmx 参数来指定堆空间，使用-XX: MaxPermSize
参数来设置 permgen 的大小。

Java 是在 JVM 上使用的语言之一，Scala 也依赖具有相同约束的 JVM。图 16.2 说明了内存
模型。

Wikipedia 关于 JVM 的文章详细描述了虚拟机的约束和架构(https://en.wikipedia.org/wiki/
Java_virtual_machine)。

回顾一下，在 20 世纪 80 年代，英特尔 8088 被用于第一台 IBM PC。处理器可寻址 2^{20} 个字节(或
1 MB)。IBM 和 Microsoft 在设计该架构和 MS DOS 时，规定前 10 个 64 KB 段是用户可分配的，而
后 6 个将供系统使用。这个 640 KB 的限制使许多开发人员感到苦恼。后来这个问题在 OS/2、Windows
NT 和 Linux 等系统中得以解决，直到 32 位系统达到 3 GB 的限制……

总而言之，看似不断自我创新的行业，总是一再面对同样的问题——内存就是其中一个问题。

要了解有关常规内存和 MS DOS 的更多信息，请从 Wikipedia(https://en.wikipedia.org/
wiki/Conventional_memory)开始。

在实现实验时，可发现 Spark 有对内存进行配置的重要条目。图 16.2 说明了 JVM 如何使用内
存，以及它与 Apache Spark 的联系。

如要配置 Apache Spark(包括内存)，可参考网页 https://spark.apache.org/docs/latest/configuration.html。
要进一步了解 Spark 的内存管理，可阅读《深入理解 Spark 内存管理模型》"Deep Understanding of
Spark Memory Management Model" (https://www.tutorialdocs.com/article/spark-memory-management.html)。

简单认识了内存管理之后，让我们继续探讨应用程序，重点讨论创建记录、过滤、缓存和检查
点以及评估性能等问题。

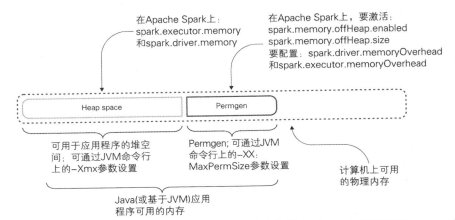

图 16.2 带有堆空间和永久生成空间(或 permgen)的 JVM 内存模型。注意:JVM 可能未实现 permgen 或 nonheap 内存区域

processDataframe()方法首先使用实用程序方法(我们编写的)创建一个大型数据帧。实用程序方法使用模式(schema)构建数据帧,但每条记录使用的是随机值。这样做的好处是,每个实验都有新的数据帧,但这些数据帧非常相似。可调整实用程序工具来构建我们想要的任何记录。这是第 10 章中用于结构化流数据传输的记录生成器的简化版本。此处将生成模仿书籍的记录,包括名称、标题、评级、年份和撰写语言。

第一步操作是过滤出所有评级为 5 星的图书。然后,基于 lang 列执行聚合操作,统计每种语言的书籍数目。最后,基于出版年份执行相同的操作。

在此前的每个示例和实验中,我们通常让执行器负责处理过程的结果:在大多数实验中,我只是简单地显示数据帧,或将数据转储到数据库,如第 2 章和第 17 章所述。如果我们需要在驱动器层面而不是在执行器层面处理一些数据,那么要怎么操作呢?一个示例是,使用 Spark 进行一些繁重的数据操作,并将处理结果和本地资源一起给驱动器(例如,发送附带所有数据的电子邮件,或将数据显示在界面上)。看到这些场景,我经常想起 *Hitchhiker's Guide to the Galaxy*:你将所有数据发送给 Deep Thought(或 Spark),然后得到一个非常非常简短的答案:42。[1]

这就是我们设想的使用 collect()和 collectAsList()的方式。

图 16.3 详细说明在执行器上 collect()数据时,发生了什么。

collect()方法返回一个数组,该数组包含此数据帧中的每一行(作为 Java 对象),而 collectAsList() 返回 Java 对象列表,在数据帧(如 List<Row>所示)的情况下,这些对象为 Row。

1　Deep Thought 是一台虚构的计算机,出现在 *Hitchhiker's Guide to the Galaxy* (1979 年的小说,2005 年同名电影发布)。该计算机的设计宗旨是 "解答关于生命、宇宙和一切事情的终极问题"。经过 750 万年的计算(显然他们没有使用 Spark),答案为 42。

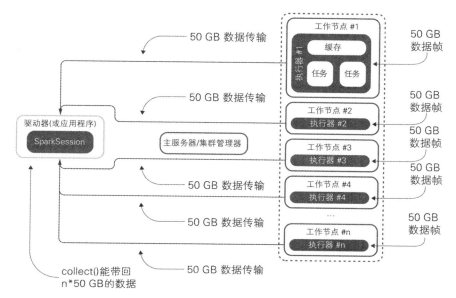

图 16.3　在此阶段，数据驻留在工作节点上。collect()方法将数据帧的内容从各个执行器带回驱动器。如果我们有 100 个执行器(在 100 个工作节点上)，数据帧包含 50 GB 数据，网络能承受 100 次 50 GB 的数据传输操作，收集(collect)操作将把一串对象带到驱动器 JVM 的堆内存上，因此驱动器需要 5 TB 的内存

接下来看看下面的代码清单 16.2。

代码清单 16.2　CacheCheckpointApp：过滤数据和聚合数据

```
private long processDataframe(int recordCount, Mode mode) {
  Dataset<Row> df =
      RecordGeneratorUtils.createDataframe(this.spark, recordCount);

  long t0 = System.currentTimeMillis();            ← 启动计时器
  Dataset<Row> topDf = df.filter(col("rating").equalTo(5));   ← 过滤器
  switch (mode) {
   case CACHE:
      topDf = topDf.cache();    ← 处于"缓存"模式时，
      break;                       缓存数据帧
   case CHECKPOINT:
      topDf = topDf.checkpoint();  ← 处于"检查点"模式时，
      break;                          为数据帧设置检查点
  }

  List<Row> langDf =                                         按照撰写语言统计
      topDf.groupBy("lang").count().orderBy("lang").collectAsList();  ← 书籍，并收集数据
  List<Row> yearDf =
      topDf.groupBy("year").count().orderBy(col("year").desc())  ←
          .collectAsList();                                   按照出版年份统计
  long t1 = System.currentTimeMillis();                      书籍，并收集数据

  System.out.println("Processing took " + (t1 - t0) + " ms.");
```

使用指定数目的记录创建数据帧

停止计时器

```
System.out.println("Five-star publications per language");
for (Row r : langDf) {
  System.out.println(r.getString(0) + " ... " + r.getLong(1));
} #I

System.out.println("\nFive-star publications per year");
for (Row r : yearDf) {
  System.out.println(r.getInt(0) + " ... " + r.getLong(1));
}

      return t1 - t0;    ◄────── 返回消耗的时间
  }
}
```

打印语言
聚合的内容

打印出版年份
聚合的内容

不留痕迹　缓存使用内存，检查点保存在文件中。在会话结束时(或更早)，Spark 会清除缓存。但是，检查点永远不会被清除，且将作为 Java 的可序列化文件保存在磁盘上，这意味着它们可被轻松打开。请确保没有留下痕迹：删除文件。

显然，此处使用了 *Hitchhiker's Guide to the Galaxy*(或 HG2G)的效果，处理了 2000 万本书(见图 16.4)，但是仅返回一小部分原始数据集。

- 语言聚合数据始终至多包含 6 条记录，数据类型为短字符串和长整型(因为此处从 6 种不同的语言中，随机生成书籍的撰写语言)。
- 因为发布年份统计的是最近 25 年的数据，所以聚合数据至多包含 25 条记录，数据类型为整型和长整型。

此实验在若干计算机上，使用 1~2000 万条记录运行此应用程序。原始结果如表 16.2 所示，图 16.4 和图 16.5 使用图形表示结果。在此实验的存储库中，还可找到 Excel 表格，可将其用作基准。

如表 16.2 所示，只要处理多于 1 条的记录，使用缓存就有优势，这确实是使用 Spark 时的一种边缘效应。最有趣的是，在大于 50 万条记录的情况下，性能不变。

表 16.2　在各种模式(缓存与检查点)下处理单条记录的时间，以μs(微秒，除非另有说明)为单位

模式	记录								
	1	100	1 万	10 万	100 万	500 万	1000 万	1500 万	2000 万
无缓存，无检查点	260 ms	21 ms	267.05	28.74	18.60	19.74	16.46	16.04	16.65
缓存	2158 ms	13 ms	118.33	19.80	12.95	12.87	10.62	10.74	10.84
即时检查点	1352 ms	11 ms	109.78	14.41	9.69	8.82	7.86	9.85	9.02
无即时检查点，或惰性检查点	795 ms	10 ms	120.50	14.13	10.43	8.10	7.20	9.18	11.85

虽然没有哪条规则禁止结合使用缓存和检查点，但是我没有找到任何与此相关的用例。

图 16.4 说明了在不同模式下，即在无缓存/无检查点、使用缓存、使用即时检查点、使用惰性检查点的情况下，处理数据所花费时间的比例。

我们可得出结论：无论选择何种优化技术，无论处理记录的数量(除了 1~10 的边缘情况)为多少，优化方法的性能几乎都是一致的。但是，凡事没有绝对(例如，惰性检查点总是优于缓存)：这

取决于数据集、数据量和环境。

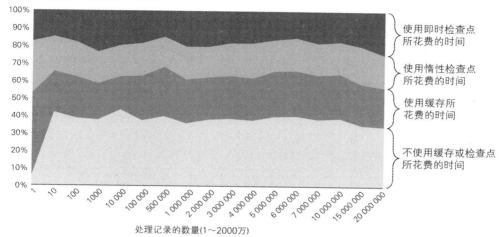

图 16.4　在各种模式下，处理记录所花费的时间：除了边缘情况，在此数据集的类型、基础架构和硬件条件下，每种优化方法的性能都一致

　　图 16.5 详细说明了随着记录数量的增长，处理 1 条记录所需的时间。我们也可得出结论：无论处理的是 100 000 条记录还是 10 000 000 条记录，所选择的技术都能提供相同的性能。

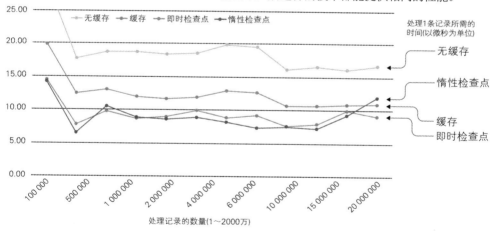

图 16.5　在此配置下，数据帧在不使用缓存、使用缓存、使用即时检查点和使用惰性检查点情况下，处理 1 条记录所花费的时间(以微秒为单位)

　　在这种模拟环境中，两种检查点技术都比缓存快，也明显比无缓存技术快。应该如何解释这个结果呢？请思考以下几点：

- 由于有了缓存/检查点，过滤操作只需要完成一次。当没有缓存/检查点时，过滤动作要为基于语言的数据聚合和基于发布年份的数据聚合各执行一次。
- 缓存和检查点之间的差别主要是由是否保留数据沿袭引起的。基础架构决定了性能。检查点要将数据读取到磁盘，因此我们必须检查一下硬件。在这种情况下，无论是使用笔记本计算机(具有 16 GB RAM,NVMe 驱动器的 MacBook Pro 2015)还是台式机(具有 32 GB RAM 和 Fusion 驱动器的 iMac 2014),数据都是在本地的驱动器上(快速)设置检查点,即使是 2000 万条记录,也依然算是少量数据。

下一节将教你把"缓存技术"应用到一个比较接近真实生活的示例中。

16.2 缓存实战

上一节介绍了可执行的优化类型,以及如何使用这些优化。本节将教你将知识应用于实践,在真正的数据集上,完成一些数据操作的目标。

巴西是世界第五大国家(美洲第三大国家)。它分为 26 个州、1 个联邦区(合并为 27 个联邦单位)和 5570 个城市。我们将要使用的 Kaggle 数据集描述了来自 5570 个城市的统计信息,这些数据由 Cristiana Parada 维护,网址为 www.kaggle.com/crisparada/brazilian-cities。此数据集相对广泛,存储了 81 列,包含人口、面积、各种经济标准(包括旅馆数量、旅馆床位、农业收入等)。

数据集的经济指标属于市政一级。这个级别的数据相当详细、繁复,我们很难理解如此庞大的一个国家的宏观经济。因此,我们首先要聚合数据,然后进行缓存,执行细微操作,以更好地理解巴西的 27 个联邦单位的经济状况。

我们将从此数据集中提取具有以下特征的 5 个联邦单位:

- 人口最多
- 面积最大
- 人均麦当劳餐厅数量最多
- 人均沃尔玛超市数量最多
- 人均国内生产总值(GDP)最高
- 人均以及每区的邮局数量
- 人均车辆数
- 整个联邦单位中农业用地的百分比

在此实验中,这些被称为"experiments"。

实验:这是实验#200。源代码位于 net.jgp.books.spark.ch16.lab200_brazil_stats 程序包中。该应用程序名为 BrazilStatisticsApp。

注意,此处不为数据集中提到的任何品牌或公司做宣传:在面向经济的数据集中,我们通常将这些品牌或公司用作经济增长的指标。在巴西这样的新兴而有活力的经济体中,尤其如此。

代码清单 16.3 中显示了产出数据:由于此输出数据过于冗长,本书对其进行了缩减。可在 http://mng.bz/eD2w 上找到完整的产出内容。

代码清单 16.3　巴西经济：输出数据

```
***** Raw dataset and schema
+-------------------+-----+-------+-------------+-----------------+...
|               CITY|STATE|CAPITAL|IBGE_RES_POP|IBGE_RES_POP_BRAS|...
+-------------------+-----+-------+-------------+-----------------+...
|          São Paulo|   SP|      1|     11253503|         11133776|...
|             Osasco|   SP|      0|       666740|           664447|...
|      Rio De Janeiro|   RJ|      1|      6320446|          6264915|...
|             Jundiaí|   SP|      0|       370126|           368648|...
...
root
 |-- CITY: string (nullable = true)
 |-- STATE: string (nullable = true)
 |-- CAPITAL: integer (nullable = true)
...
 |-- LONG: string (nullable = true)
 |-- LAT: string (nullable = true)
...
 |-- HOTELS: integer (nullable = true)
 |-- BEDS: integer (nullable = true)
...
 |-- Cars: integer (nullable = true)
 |-- Motorcycles: integer (nullable = true)
 |-- Wheeled_tractor: integer (nullable = true)
 |-- UBER: integer (nullable = true)
 |-- MAC: integer (nullable = true)
 |-- WAL-MART: integer (nullable = true)
 |-- POST_OFFICES: integer (nullable = true)
```

这是原始数据集及其模式。下一步是净化(或清理)数据，以便获得高质量的数据。在此步骤中，我们还将执行数据聚合：

```
***** Pure data
+-----+----------+----------+-----------+--------+-------------------+...
|STATE|      city|pop_brazil|pop_foreign|pop_2016|           gdp_2016|...
+-----+----------+----------+-----------+--------+-------------------+...
|   AC|Rio Branco|    732629|        930|  816687|    4757012.914863586|...
|   AL|    Maceió|   3119722|        772| 3358963|4.5452747180238724E7|...
...
Aggregation (ms) .................. 2368
```

此处，我们可看到执行分析的结果：

```
***** Population
+-----+---------------+---------+
|STATE|           city| pop_2016|
+-----+---------------+---------+
|   SP|      São Paulo| 44749699|
|   MG| Belo Horizonte| 20997560|
|   RJ| Rio De Janeiro| 16635996|
...
Population (ms) .................. 613
***** Area (squared kilometers)
```

```
+-----+-------------+----------+
|STATE|         city|      area|
+-----+-------------+----------+
|   AM|       Manaus|1503340.96|
|   PA|        Belém|1245759.35|
|   MT|       Cuiabá| 903207.13|
...
|   DF|     Brasília|   5760.78|
...
Area (ms) ....................... 615
```

现在，让我们看一下零售行业：

```
***** McDonald's restaurants per 1m inhabitants
+-----+-------------+--------+------------+---------+
|STATE|         city|pop_2016|mc_donalds_ct|mcd_1m_inh|
+-----+-------------+--------+------------+---------+
|   DF|     Brasília| 2977216|          28|      9.4|
|   SP|    São Paulo|44749699|         315|     7.03|
|   RJ|Rio De Janeiro|16635996|        103|     6.19|
...
Mc Donald's (ms) ................. 589
***** Walmart supermarket per 1m inhabitants
+-----+-------------+--------+-----------+-------------+
|STATE|         city|pop_2016|wal_mart_ct|walmart_1m_inh|
+-----+-------------+--------+-----------+-------------+
|   RS|Porto Alegre|11286500|         52|          4.6|
|   PE|       Recife| 9410336|         22|         2.33|
|   SE|      Aracaju| 2265779|          5|          2.2|
...
Walmart (ms) ..................... 577
```

此处是一些其他的经济指标，如 GDP、邮局数量和车辆数量：

```
***** GDP per capita
+-----+-------------+--------+-------------------+----------+
|STATE|         city|pop_2016|            gdp_2016|gdp_capita|
+-----+-------------+--------+-------------------+----------+
|   DF|     Brasília| 2977216|        2.35497104E8|     79099|
|   SP|    São Paulo|44749699|1.7657257060075645E9|     39457|
|   RJ|Rio De Janeiro|16635996| 6.148317895841064E8|     36957|
...
GDP per capita (ms) .............. 617
**** Per 1 million inhabitants
+-----+-------------+--------+---------------+-----------------+
|STATE|      capital|pop_2016|post_offices_ct|post_office_1m_inh|
+-----+-------------+--------+---------------+-----------------+
|   TO|       Palmas| 1532902|            151|             98.5|
|   MG|Belo Horizonte|20997560|           1925|            91.67|
|   RS| Porto Alegre|11286500|            972|            86.12|
...
**** per 100000 km2
+-----+-------------+---------------+-----------------+--------------------
                  +
|STATE|      capital|post_offices_ct|
   area|post_office_100k_km2|
```

```
+-----+-------------+----------------+-------------------+--------------------
+
| RJ|Rio De Janeiro| 544| 43750.46017074585|
   1243.41|
| DF| Brasília| 60| 5760.77978515625|
   1041.52|
| ES| Vitória| 308| 46074.50023651123|
   668.48|
...
Post offices (ms) ................ 1404 / Mode: NO_CACHE_NO_CHECKPOINT
***** Vehicles
+-----+-------------+--------+--------+-------+---------+
|STATE|         city|pop_2016| cars_ct|moto_ct|veh_1k_inh|
+-----+-------------+--------+--------+-------+---------+
|   SC|Florianópolis| 6910553| 2942198|1151969|   592.45|
|   SP|    São Paulo|44749699|18274046|5617982|    533.9|
|   PR|     Curitiba|11242720| 4435871|1471749|   525.46|
|   DF|     Brasília| 2977216| 1288107| 211392|   503.65|
...
Vehicles (ms) .................... 547
```

最后，让我们看看农业，主要关注土地使用：

```
***** Agriculture - usage of land for agriculture
+-----+-----------+------+---------+------------+
|STATE|    capital|  area| agr_area|agr_area_pct|
+-----+-----------+------+---------+------------+
|   PR|   Curitiba|199305|105806.85|        53.0|
|   SP|  São Paulo|248219| 88242.08|        35.5|
|   RS|Porto Alegre|278848| 90721.48|       32.5|
...
Agriculture revenue (ms) ......... 569
```

现在，让我们在不使用缓存或检查点、使用缓存、使用检查点和使用惰性检查点的情况下，对比系统的性能：

```
***** Processing times (excluding purification)
Without cache ............... 5460 ms
With cache .................. 1074 ms
With checkpoint ............. 2114 ms
With non-eager checkpoint ... 742 ms
```

有趣的是，由于巴西利亚是首都，它集中了最高人均 GDP、最多人均麦当劳店。同样，圣保罗州是拥有较高 GDP 和较多餐馆的经济重镇。巴西南部的巴拉那州(其省会为库里蒂巴)的经济更倾向于农业。我们可得出相当多的洞见。

让我们看一下应用程序，再看一下性能。

代码清单 16.4～16.6 显示了完整的应用程序。

首先，我们从经典的操作开始：

(1) 导入软件包和所有转换函数。

(2) 定义各种执行模式。

(3) 打开一个会话。

(4) 读取 CSV 文件。

(5) 在每种模式下，调用方法，执行数据聚合和分析。

(6) 显示结果。

在加载数据前查看一下文件，这往往是个好做法。现在快速浏览一下数据集(CSV 格式)的前几行：

```
CITY;STATE;CAPITAL;IBGE_RES_POP;IBGE_RES_POP_BRAS;IBGE_RES_POP_ESTR;
➡ IBGE_DU;IBGE_DU_URBAN;IBGE_DU_RURAL;IBGE_POP;IBGE_1;IBGE_1-4;
➡ IBGE_5-9;IBGE_10-14;…
Abadia De Goiás;GO;0;6876;6876;0;2137;1546;591;5300;69;318;438;517;
➡ 3542;416; 319;1843;1689;0.708;0.687;0.83;0.622;-49.44054783;
➡ -16.75881189;893.6;360;842;…
```

可见分隔符是分号(;)，十进制分隔符是点(.)，等等。

代码清单 16.4 简化了导入操作，使用：

```
import static org.apache.spark.sql.functions.*;
```

替换：

```
import static org.apache.spark.sql.functions.col;
import static org.apache.spark.sql.functions.expr;
import static org.apache.spark.sql.functions.first;
import static org.apache.spark.sql.functions.regexp_replace;
import static org.apache.spark.sql.functions.round;
import static org.apache.spark.sql.functions.sum;
import static org.apache.spark.sql.functions.when;
```

因为此处仅需要使用以下函数：col()、expr()、first()、regexp_replace()、round()、sum()和 when()。

代码清单 16.4　数据初始化和数据提取

```
package net.jgp.books.spark.ch16.lab200_brazil_stats;

import static org.apache.spark.sql.functions.*;

import org.apache.spark.SparkContext;
import org.apache.spark.sql.Dataset;
import org.apache.spark.sql.Row;
import org.apache.spark.sql.SparkSession;

public class BrazilStatisticsApp {
  enum Mode {
    NO_CACHE_NO_CHECKPOINT, CACHE, CHECKPOINT, CHECKPOINT_NON_EAGER
  }
  …
  private void start() {                              在本地主机上
    SparkSession spark = SparkSession.builder()   ◄── 创建会话
      .appName("Brazil economy")
      .master("local[*]")
      .getOrCreate();
    SparkContext sc = spark.sparkContext();
    sc.setCheckpointDir("/tmp");

    Dataset<Row> df = spark.read().format("csv")  ◄── 读取带标题的 CSV 文件；
                                                      将其存储在数据帧中
```

```
                .option("header", true)
                .option("sep", ";")
                .option("enforceSchema", true)
                .option("nullValue", "null")
                .option("inferSchema", true)
                .load("data/brazil/BRAZIL_CITIES.csv");
        System.out.println("***** Raw dataset and schema");
        df.show(100);
        df.printSchema();

        long t0 = process(df, Mode.NO_CACHE_NO_CHECKPOINT);
        long t1 = process(df, Mode.CACHE);
        long t2 = process(df, Mode.CHECKPOINT);
        long t3 = process(df, Mode.CHECKPOINT_NON_EAGER);

        System.out.println("\n***** Processing times (excluding purification)");
        System.out.println("Without cache .............. " + t0 + " ms");
        System.out.println("With cache ................. " + t1 + " ms");
        System.out.println("With checkpoint ............ " + t2 + " ms");
        System.out.println("With non-eager checkpoint ... " + t3 + " ms");
    }
```

在不使用缓存或检查点的情况下，创建和处理记录

使用缓存，创建和处理记录

使用即时检查点，创建和处理记录

使用非即时检查点，创建和处理记录

下一步是净化(准备)数据，以便使用数据帧。为了得到合适的数据帧以进行分析，我们将执行大约 25 项操作，详细信息如代码清单 16.5 所示。在生产环境中，建议对字段名称使用常量。

此数据集的早期版本使用欧洲语言习惯对 GDP 进行格式化：将句点(.)用作千位分隔符，并以逗号(,)作为十进制分隔符。下面的代码清单 16.5 将展示如何将这样的值转化为 Spark 可理解的浮点数。

代码清单 16.5　使用各种方式处理数据集

```
    long process(Dataset<Row> df, Mode mode) {
        long t0 = System.currentTimeMillis();

        df = df
            .orderBy(col("CAPITAL").desc())
            .withColumn("WAL-MART",
                when(col("WAL-MART").isNull(), 0).otherwise(col("WAL-MART")))
            .withColumn("MAC",
                when(col("MAC").isNull(), 0).otherwise(col("MAC")))
            .withColumn("GDP", regexp_replace(col("GDP"), ",", "."))
            .withColumn("GDP", col("GDP").cast("float"))
            .withColumn("area", regexp_replace(col("area"), ",", ""))
            .withColumn("area", col("area").cast("float"))
            .groupBy("STATE")
            .agg(
                first("CITY").alias("capital"),
                sum("IBGE_RES_POP_BRAS").alias("pop_brazil"),
                sum("IBGE_RES_POP_ESTR").alias("pop_foreign"),
                sum("POP_GDP").alias("pop_2016"),
                sum("GDP").alias("gdp_2016"),
                sum("POST_OFFICES").alias("post_offices_ct"),
```

将空值替换为 0

在字符串中，使用句点替换逗号，这样该字段就可转换为浮点数

按州分组

```
                sum("WAL-MART").alias("wal_mart_ct"),
                sum("MAC").alias("mc_donalds_ct"),
                sum("Cars").alias("cars_ct"),
                sum("Motorcycles").alias("moto_ct"),
                sum("AREA").alias("area"),
                sum("IBGE_PLANTED_AREA").alias("agr_area"),
                sum("IBGE_CROP_PRODUCTION_$").alias("agr_prod"),
                sum("HOTELS").alias("hotels_ct"),
                sum("BEDS").alias("beds_ct"))
          .withColumn("agr_area", expr("agr_area / 100"))  ◄────  将公顷转换为
          .orderBy(col("STATE"))                                  平方千米
          .withColumn("gdp_capita", expr("gdp_2016 / pop_2016 * 1000"));  ◄──  计算人均
      switch (mode) {                                                            GDP
          case CACHE:  ◄──────────┐
              df = df.cache();     │   在缓存的数据帧上
              break;                   完成进一步的操作

          case CHECKPOINT:  ◄────────┐
              df = df.checkpoint();   │   在即时检查点数据帧上
              break;                      完成进一步的操作

          case CHECKPOINT_NON_EAGER:  ◄───┐
              df = df.checkpoint(false);   │   在非即时检查点数据帧
              break;                           上执行进一步的操作
      }
  System.out.println("***** Pure data");
  df.show(5);
  long t1 = System.currentTimeMillis();
  System.out.println("Aggregation (ms) ................. " + (t1 - t0));
```

转换
模式 (标注，指向 switch (mode))

现在可对数据集执行分析了。由于操作较多，此处移除了一些操作，让下面的代码清单 16.6
看起来简洁一些。完整的代码清单位于 http://mng.bz/py4E。此代码清单主要关注以下信息：

- 每个州的人口
- 每百万居民所拥有的沃尔玛商店的数量
- 每百万居民以及每区的邮局数量

在代码清单 16.6 的第一个分析中，我们将简单地使用主数据帧，删除一些不需要的列，然后
按人口进行排序。

代码清单 16.6　分析：查找人口

```
System.out.println("***** Population");
Dataset<Row> popDf = df
    .drop(
        "area", "pop_brazil", "pop_foreign", "post_offices_ct",
        "cars_ct", "moto_ct", "mc_donalds_ct", "agr_area", "agr_prod",
        "wal_mart_ct", "hotels_ct", "beds_ct", "gdp_capita", "agr_area",
        "gdp_2016")
    .orderBy(col("pop_2016").desc());
popDf.show(30);
long t2 = System.currentTimeMillis();
System.out.println("Population (ms) ................. " + (t2 - t1));
```

在第二个分析实验中，如代码清单 16.7 所示，我们将确定每百万居民所拥有的沃尔玛超市的数量。注意，为了达到两个小数点的精度，可使用函数 round()，或乘以 100，获得整数值，再除以 100。

代码清单 16.7　分析：统计沃尔玛商店

```
System.out.println("***** Walmart supermarket per 1m inhabitants");
Dataset<Row> walmartPopDf = df
  .withColumn("walmart_1m_inh",
      expr("int(wal_mart_ct / pop_2016 * 100000000) / 100"))
  .drop(
      "pop_brazil", "pop_foreign", "post_offices_ct", "cars_ct",
      "moto_ct", "area", "agr_area", "agr_prod", "mc_donalds_ct",
      "hotels_ct", "beds_ct", "gdp_capita", "agr_area", "gdp_2016")
  .orderBy(col("walmart_1m_inh").desc());
walmartPopDf.show(5);
long t5 = System.currentTimeMillis();
System.out.println("Walmart (ms) ..................... " + (t5 - t4));
```

下面的代码清单 16.8 显示了最后一个实验。我们将计算每百万居民拥有的邮局数量，以及每 100 000 平方千米内的邮局数量。然后，我们可对结果进行提纯。

代码清单 16.8　分析：邮局在哪里？

```
System.out.println("***** Post offices");
Dataset<Row> postOfficeDf = df
  .withColumn("post_office_1m_inh",
      expr("int(post_offices_ct / pop_2016 * 100000000) / 100"))
  .withColumn("post_office_100k_km2",
      expr("int(post_offices_ct / area * 10000000) / 100"))
  .drop(
      "gdp_capita", "pop_foreign", "gdp_2016", "gdp_capita",
      "cars_ct", "moto_ct", "agr_area", "agr_prod", "mc_donalds_ct",
      "hotels_ct", "beds_ct", "wal_mart_ct", "agr_area", "pop_brazil")
  .orderBy(col("post_office_1m_inh").desc());
switch (mode) {                                      ┐
  case CACHE:                                        │
    postOfficeDf = postOfficeDf.cache();             │
    break;                                           │
  case CHECKPOINT:                                   │
    postOfficeDf = postOfficeDf.checkpoint();        ├ 对中间数据帧使用
    break;                                           │ 缓存或检查点
  case CHECKPOINT_NON_EAGER:                         │
    postOfficeDf = postOfficeDf.checkpoint(false);   │
    break;                                           │
}                                                    ┘
System.out.println("**** Per 1 million inhabitants");
Dataset<Row> postOfficePopDf = postOfficeDf          ◄── 计算每百万居民所
  .drop("post_office_100k_km2", "area")                   拥有的邮局数量
  .orderBy(col("post_office_1m_inh").desc());
postOfficePopDf.show(5);
System.out.println("**** per 100000 km2");
Dataset<Row> postOfficeArea = postOfficeDf           ◄── 计算每 100 000 平方千
  .drop("post_office_1m_inh", "pop_2016")                 米内的邮局数量
```

```
    .orderBy(col("post_office_100k_km2").desc());
postOfficeArea.show(5);
long t7 = System.currentTimeMillis();
System.out.println(
    "Post offices (ms) ................ " + (t7 - t6) +
    " / Mode: " + mode);
…
```

有趣的是，如对中间结果进行缓存或使用检查点，再计算邮局数量，可提高性能：

```
Post offices (ms) ................ 1301 / Mode: NO_CACHE_NO_CHECKPOINT
Post offices (ms) ................ 351 / Mode: CACHE
Post offices (ms) ................ 1580 / Mode: CHECKPOINT
Post offices (ms) ................ 361 / Mode: CHECKPOINT_NON_EAGER
```

图 16.6 直观表示了在每个分析实验中 Spark 要进行的操作数。无论其复杂性或持续时间如何，每个操作都用一个小方块来表示。较暗的方块表示数据准备(提供较少的价值)，而浅色方块是本实验的特定操作，提供较高的表观值。

最后，整体性能在 742~5460 ms 波动。对比此实验与第 16.1 节中的实验#100 可知，使用缓存比使用即时检查点快。此处不必遵循特定的规则。但是，分析工作就是不停地自我重复，因此，在找到较好的优化后，这可能会变得比较一致。

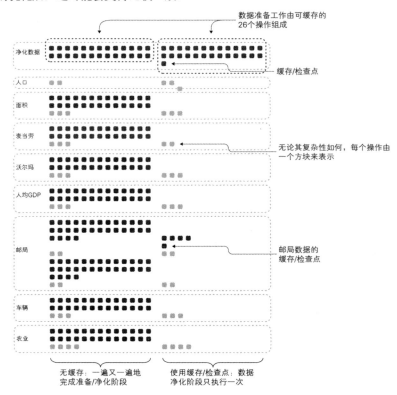

图 16.6　本实验中 Spark 进行所有分析实验所必须执行的操作数。每个方块代表一个操作。在此上下文中，我们可快速观察到缓存和检查点所带来的好处

16.3　有关性能优化的知识拓展

在结束本章之前，我想介绍更多关于提高 Spark 应用程序性能的知识。

很多问题可能来自键偏移(或数据偏移)：在分区之间，数据非常分散，以至于要花很长的时间进行连接操作。此种情况下，我们希望研究如何通过 coalesce()、repartition()或 repartitionByRange()对数据进行重新分区。重分区操作可能耗时耗力，但它有助于提高此后的连接操作的性能。数据偏移不是 Spark 的特定问题；它普遍存在于所有分布式数据集中。

本书重点介绍作为 API 和存储容器的数据帧。众所周知，RDD 比数据帧慢，由于 Catalyst(Spark 优化器)将与数据帧一同蓬勃发展，如果我们接收了现有的 Spark 应用程序，那么可能希望将 RDD 替换为数据帧。

如果你要进行基准测试和性能评估，你可能会发现本章中使用的方法不够精确。因此，建议你看一下 CODAIT 的开源工具 Spark-Bench。Spark-Bench 是一个非常灵活的系统，用于基准测试和模拟 Spark 作业。可在 https://codait.github.io/spark-bench/找到并下载 Spark-Bench 的文档。

下面是一些有趣的资源，可帮助你进一步了解 Spark 的性能优化。

- 有关微调(tune)的 Spark 文档：https://spark.apache.org/docs/latest/tuning.html。
- 由 Holden Karau 和 Rachel Warren 共同撰写的 *High Performance Spark: Best Practices for Scaling and Optimizing Apache Spark*(O'Reilly，2017 年)。
- 由 Jacek Laskowski 维护的一本 GitBook，即 *The Internals of Apache Spark*。此书中关于性能调优的章节可在此网页中找到：https://books.japila.pl/apache-spark-internals/apache-spark-internals/2.4.4/spark- tuning.html。

16.4　小结

- 为了提高性能，Spark 提供了缓存、即时检查点和非即时(或惰性)检查点等方式。
- 缓存将保留沿袭的数据。可使用 cache()或 persist()来触发缓存。缓存技术可组合使用内存和磁盘，以提供不同的存储级别。
- 检查点不会保留沿袭数据，而是将数据帧的内容保存到磁盘。
- 对于大型数据集，堆内存的缺乏可能会成为一个问题。Spark 可使用 off-heap/permgen 空间。
- 在使用 collect()时，请记住 *Hitchhiker's Guide to the Galaxy*(或 HG2G)的效果，因为我们正在把数据从执行器带回到驱动器中。
- 数据沿袭是数据转换的时间线；它标识了数据源、目的地和其间的所有步骤。这是数据管理基本概念的一部分。
- 缓存技术可结合使用内存和磁盘。
- 检查点将数据帧中包含的数据保存到磁盘上，有助于提供性能。即时检查点立刻执行操作，而非即时检查点或惰性检查点将等待操作。

- 必须在 SparkContext 中设置检查点目录，可从 SparkSession 获取该目录。检查点目录没有默认值。
- 性能取决于多种因素，没有一种万能的解决方案。
- 巴西有 27 个联邦单位：26 个州和 1 个联邦区。

第*17*章

导出数据，构建完整数据管道

本章内容涵盖
- 从 Spark 中导出数据
- 构建从数据提取到导出的完整数据管道
- 了解分区的影响
- 以 Delta Lake(三角洲湖)作为数据库
- 将 Spark 和云存储结合起来使用

在本书内容进入尾声之际，是时候介绍如何导出数据了。毕竟，如果仅希望将数据保存在 Spark 中，那么我们又为何要学习所有这些内容呢？我也知道，一些人将学习视为一种业余爱好，但是当学习可实际地为我们带来一些业务价值时，这何乐而不为呢？

本章分为三个部分。第一部分介绍导出数据。与往常一样，我们将使用真实的数据集进行提取和导出操作。我们可扮演 NASA 科学家的角色，使用卫星发送回来的数据。

这些数据可用来防止野火的发生。这永远是使用代码的第一步！在这一节中，我们还将看到分区对导出数据的影响。

在本章的第二部分，我们将使用位于 Spark 核心的数据库 Delta Lake(三角洲湖)进行实验。Delta Lake 可从根本上简化数据管道，让我们拭目以待，看看它为什么可做到这一点，以及如何做到这一点。

最后，我将共享将 Apache Spark 与 AWS、Microsoft Azure、IBM Cloud、OVH 和 Google Cloud Platform 等云存储结合起来使用的资源。这些资源旨在帮助读者在这些日新月异的云产品中摸索出正确的方法和通道。附录 Q 是本章的随附内容。虽然本章着重于介绍如何导出数据，然而在你运行实验，实现 Spark 应用程序时，附录可作为一个很有用的参考。

实验：本章中的示例可在 GitHub 上找到，网址为 https://github.com/jgperrin/net.jgp.books. spark.ch17。可参阅附录 Q，了解如何导出数据。

17.1 导出数据的主要概念

本节将引导我们学习关于导出(在 Spark 的术语中，导出即写入)包含在数据帧中的数据的一些主要概念。我们将构建工作流,执行数据转换,然后将数据导出到文件。在本节结束之时,我们将深入了解幕后发生的情况。

在第 2 章中,我们已经学习如何把数据帧导出到数据库,现在,我们的技术变得游刃有余了,可导出执行数据转换后数据帧的内容了。

实验:本节的实验为第 17 章的实验#100(名为 ExportWildfiresApp),包含在 net.jgp.books. spark.ch17.lab100_export 的软件包中。此数据集来自 NASA,可通过 IBM 的 Call for Code 找到。

17.1.1　使用 NASA 数据集构建管道

本节将介绍本章第一个实验的场景。然后,我们将执行传统常规的数据观察和数据映射步骤(在本书的上下文中,我们已经多次完成这个操作)。在此过程中,我们将学习如何自动下载数据集以及如何使用常量(在使用 Java 编码时,这是我最喜欢的一种做法)。

想象一下这种场景:我们是 IBM "代码征集" (https://callforcode.org)的参与者,这是一场国际竞赛,邀请编码人员使用其技能为这个星球做一些好事。我们主要关注野火(http://mng.bz/ O9O2),希望使用多个数据源来确定野火发生风险较高的区域。

首先要分析 NASA 的野火数据(可从 http://mng.bz/YeEe 下载)。在此上下文中,我们希望创建数据管道:从两个系统下载文件,提取数据,创建统一的数据文件,保存结果。图 17.1 详细解释了需要构建的数据管道。

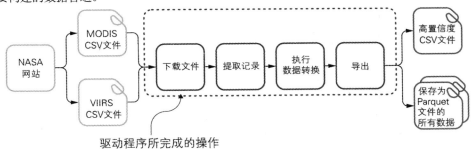

图 17.1　将 NASA 网站的原始数据移到本地存储的数据管道

我们将这些记录(高可信度)保存在 CSV 文件中,并将聚合和清理的所有数据保存在 Parquet 文件中。第 7 章曾指出,导出数据和从文件提取数据的操作之间有诸多相似之处。如果你不熟悉 Parquet,可在该章中找到关于 Parquet 和其他文件格式的更多信息。

输出为/tmp 中的文件,如代码清单 17.1 所示。如果使用的是 Windows,则需要修改导出路径,以匹配文件系统。输出可能与此处显示的略有不同。

代码清单 17.1　导出数据应用程序的输出

```
$ ls -l /tmp/fires_parquet
total 9592
…       0 … _SUCCESS
…   3321231 … part-00000-364a9bfd-c976-4a99-b1e4-f11b37e40…-c000.snappy.parquet
…    649907 … part-00001-364a9bfd-c976-4a99-b1e4-f11b37e40…-c000.snappy.parquet
$ ls -l /tmp/high_confidence_fires_csv
```

```
total 2256
…        0 …  _SUCCESS
…  1154373 …  part-00000-59d63211-5088-4cf9-8357-11a8c7621246-c000.csv
```

下面首先介绍数据发现。NASA 基于不同设备和不同解决方案提供两种文件：

- 中分辨率成像光谱仪(MODIS)的分辨率为 1000 米，我们可在 http://mng.bz/G4QV 上找到 MODIS 数据目录。
- 可见光红外成像辐射计套件(VIIRS)数据来自 NASA/NOAA Suomi(芬兰)国家极轨合作伙伴 (Suomi-NPP)卫星上的传感器。它的分辨率为 375 米，VIIRS 数据目录位于 http://mng.bz/zlYr。

NASA 收到数据后，主管部门将数据发布在 http://mng.bz/YeEe 上，以便人们获取该数据。在此网站上，我们可下载最近 24 小时、48 小时或 7 天的滚动数据集(卫星数据)。我们可从这两个数据源下载最近 24 小时的数据。

代码清单 17.2 包含带有常量的 K 类。常量不能改变，比较严格，因此我喜欢使用常量。我通常将常量保存在名为 K 的类中。你也许会问：为什么称之为 K 呢？K 是"常量"的德文单词 Konstante 的第一个字母。谁最有可能是最严格的人？德国人。因此，将所有常量保存在名为 K 的类中比较有意义，是吧？

代码清单 17.2　常量

```java
package net.jgp.books.spark.ch17.lab100_export;

public class K {
  public static final String MODIS_FILE = "MODIS_C6_Global_24h.csv";
  public static final String VIIRS_FILE = "VNP14IMGTDL_NRT_Global_24h.csv";
  public static final String TMP_STORAGE = "/tmp";
}
```

VIIRS 文件的名称

临时存放位置

MODIS 文件的名称

整个下载机制如下面的代码清单 17.3 所示。

代码清单 17.3　使用 Java NIO 下载文件：开始数据管道

```java
private boolean downloadWildfiresDatafiles() {
  String fromFile =
    "https://firms.modaps.eosdis.nasa.gov/data/active_fire/c6/csv/"
      + K.MODIS_FILE;
  String toFile = K.TMP_STORAGE + "/" + K.MODIS_FILE;
  if (!download(fromFile, toFile)) {        下载 MODIS 数据文件
    return false;
  }

  fromFile =
    "https://firms.modaps.eosdis.nasa.gov/data/active_fire/viirs/csv/"
      + K.VIIRS_FILE;
  toFile = K.TMP_STORAGE + "/" + K.VIIRS_FILE;
  if (!download(fromFile, toFile)) {        下载 VIIRS 数据文件
    return false;
  }

  return true;
```

```
}

private boolean download(String fromFile, String toFile) {
  try {
    URL website = new URL(fromFile);
    ReadableByteChannel rbc = Channels.newChannel(website.openStream());
    FileOutputStream fos = new FileOutputStream(toFile);
    fos.getChannel().transferFrom(rbc, 0, Long.MAX_VALUE);
    fos.close();
    rbc.close();
  } catch (IOException e) {
…
    return false;
  }
…
  return true;
}
```

使用 Java NIO
(非阻塞 I/O)
下载代码

下载文件后，需要修改模式，以便合并数据，如图 17.2 所示。

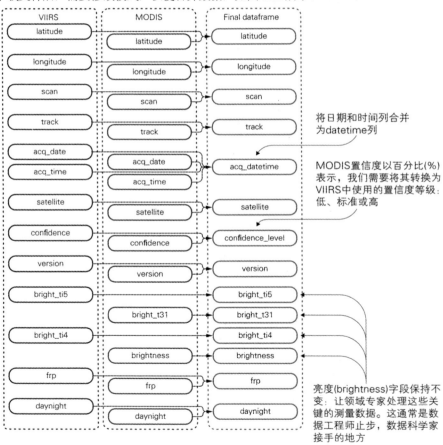

图 17.2　VIIRS、MODIS 和最终数据集之间的数据映射

这些映射和转换操作类似于任何数据转换操作，因此，我们要在下一节认真研究它们。

17.1.2　将列转换为日期时间(datetime)

虽然使用真实数据集可为学习带来好处，但是我们也需要付出代价：我们必须解决数据之间的不一致性。在本节，我们需要处理日期和时间戳，并在最终数据集中获得正确的格式。

这些文件包括日期字段，格式为 **YYYY-MM-DD**(ISO 标准)，时间格式为整数，包括小时和分钟(无秒)。时区基于 UTC，这是所有空间相关数据的标准。为了执行此操作，我选择的方式如下。

(1) 将数据集的时间除以 100，保留整数部分，从时间字段中提取小时部分：

```
.withColumn("acq_time_hr", expr("int(acq_time / 100)"))
```

(2) 将数据集的时间除以 100，获得模的部分，提取出分钟：

```
.withColumn("acq_time_min", expr("acq_time % 100"))
```

(3) 将数据集的日期转换为 UNIX 的时间戳：

```
.withColumn("acq_time2", unix_timestamp(col("acq_date")))
```

(4) 将秒添加到时间戳中：

```
.withColumn(
    "acq_time3",
    expr("acq_time2 + acq_time_min * 60 + acq_time_hr * 3600"))
```

(5) 将时间戳转换为日期：

```
.withColumn("acq_datetime", from_unixtime(col("acq_time3")))
```

(6) 删除临时列和不需要的列：

```
.drop("acq_date")
.drop("acq_time")
.drop("acq_time_min")
.drop("acq_time_hr")
.drop("acq_time2")
.drop("acq_time3")
```

这两个数据集都完成了此操作。

17.1.3　将置信度百分比转换为置信度等级

现在，我们要执行另一种数据转换：将整数值转换为文字说明。在此操作中，我们会较多地使用到 Spark 的静态函数。

MODIS 数据集上的另一种转换是将置信度(使用百分比表示)转化为 VIIRS 数据集中所表示的置信度等级。我选择了以下值：

● 如果置信度小于或等于 40%，则等级为低。

● 如果置信度大于 40%但小于 100%，则该等级为标准。

● 其他任何值(100%)的等级都为高。

完成此操作的方法是使用条件函数，如 when()和 otherwise()。如果置信度小于或等于 40，则置信度等级为低(low)。否则，置信度等级为空(null)：

```
int low = 40;
int high = 100;
…
        .withColumn(
            "confidence_level",
            when(col("confidence").$less$eq(low), "low"))
```

如果置信度大于 40 小于 100，则置信度等级为标准。否则，置信度等级将保持为当前值(在此阶段，置信度等级为低或空)：

```
        .withColumn(
            "confidence_level",
            when(
                col("confidence").$greater(low)
                    .and(col("confidence").$less(high)),
                "nominal")
                    .otherwise(col("confidence_level")))
```

如果置信度等级为空，则将其设置为高：

```
        .withColumn(
            "confidence_level",
            when(isnull(col("confidence_level")), "high")
                .otherwise(col("confidence_level")))
        .drop("confidence")
```

17.1.4 导出数据

本节将教你写入(导出)数据。首先，我们要习惯于导出数据的关键方法：write()。然后，我们将遍历代码，将包含在数据帧中的数据导出到两个文件集中，即 Parquet 和 CSV。write()是 load()的对应方法，本书广泛使用了该方法。write()方法返回 DataFrameWriter，请参考 http://mng.bz/07Nm 上的信息，图 17.3 详细解释了 write()语法。

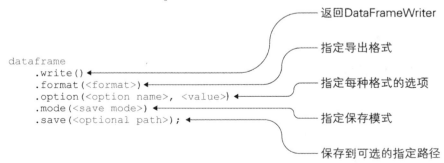

图 17.3 write()方法的语法，可指定格式、选项、保存模式和保存位置

附录 Q 列出了从 Spark 导出数据的可用格式，以及各种写入选项。这些是内置格式，但是，如你所料，我们也可自定义写入程序(与第 9 章中的自定义读取程序一样)。

首先，我们将整个数据帧保存为 Parquet 文件，覆盖所有现有文件。然后，过滤所有数据，获得具有最高置信度的记录。为了确保将所得到的数据保存在一个文件中，需要重新划分数据以获得一个分区，然后保存文件。在代码清单 17.4 末尾，可看到 write()的调用和过程。

save()方法可获得目录路径，文件将会写入此路径。此处，我使用了/tmp/fires_parquet 和/tmp/high_confidence_fires_csv。导出的文件将会存放在这些目录中。在下一节，我们将比较详细地回顾所发生的事情。

现在我们可聚焦于整个管道代码，如下面的代码清单 17.4 所示。与往常一样，此处将显示所有的导入语句，因此你可看到所使用的软件包和函数。

代码清单 17.4　构建数据管道

```java
package net.jgp.books.spark.ch17.lab100_export;

import static org.apache.spark.sql.functions.col;
import static org.apache.spark.sql.functions.expr;
import static org.apache.spark.sql.functions.from_unixtime;
import static org.apache.spark.sql.functions.isnull;
import static org.apache.spark.sql.functions.lit;
import static org.apache.spark.sql.functions.round;
import static org.apache.spark.sql.functions.unix_timestamp;
import static org.apache.spark.sql.functions.when;
import java.io.FileOutputStream;
import java.io.IOException;
import java.net.URL;
import java.nio.channels.Channels;
import java.nio.channels.ReadableByteChannel;

import org.apache.spark.sql.Dataset;
import org.apache.spark.sql.Row;
import org.apache.spark.sql.SaveMode;
import org.apache.spark.sql.SparkSession;
…

public class ExportWildfiresApp {
…
  private boolean start() {
    if (!downloadWildfiresDatafiles()) {     ◄──── 下载文件
      return false;
    }

    SparkSession spark = SparkSession.builder()     ◄──── 获取会话
      .appName("Wildfire data pipeline")
      .master("local[*]")
      .getOrCreate();
                                                        加载并格式化
                                                        VIIRS 数据集
    Dataset<Row> viirsDf = spark.read().format("csv")  ◄────
      .option("header", true)
      .option("inferSchema", true)
      .load(K.TMP_STORAGE + "/" + K.VIIRS_FILE)
```

```
...
         .withColumnRenamed("confidence", "confidence_level")
         .withColumn("brightness", lit(null))
         .withColumn("bright_t31", lit(null));

    int low = 40;
    int high = 100;
    Dataset<Row> modisDf = spark.read().format("csv")
         .option("header", true)
         .option("inferSchema", true)
         .load(K.TMP_STORAGE + "/" + K.MODIS_FILE)
...
...
         .withColumn("bright_ti4", lit(null))
         .withColumn("bright_ti5", lit(null));

    Dataset<Row> wildfireDf = viirsDf.unionByName(modisDf);

    log.info("# of partitions: {}", wildfireDf.rdd().getNumPartitions());

    wildfireDf
         .write()
         .format("parquet")
         .mode(SaveMode.Overwrite)
         .save("/tmp/fires_parquet");

    Dataset<Row> outputDf = wildfireDf
         .filter("confidence_level = 'high'")
         .repartition(1);
    outputDf
         .write()
         .format("csv")
         .option("header", true)
         .mode(SaveMode.Overwrite)
         .save("/tmp/high_confidence_fires_csv");
    return true;
}
```

加载并格式化 MODIS 数据集

将日期和时间列转换为 datetime 列(请参见第 17.1.2 节)

将置信度值转换为置信度等级(请参见 17.1.3)

合并两个数据集

显示合并数据集内的分区数

将数据帧写入 Parquet 文件

过滤出高置信度等级

将数据重新划分到单一分区中

将数据写入单个 CSV 文件

在成功导出文件后,Spark 将会把_SUCCESS 文件添加到目录中,允许我们查看操作(运行的时间可能很长)是否已按预期完成。

17.1.5 导出数据:实际发生了什么

上一节构建并运行了应用程序。现在,数据已导出。让我们来看看到底发生了什么。理解所得到的原始结果并不是一件容易的事情。下面首先看看输出,然后深入 Spark 实现,学习更多关于分区的知识。

当我们仔细查看所收集的结果(http://mng.bz/zlYr)时,可在 Parquet 目录看到两个文件,在 CSV 目录看到一个文件,如代码清单 17.5 所示。我们还有一个_SUCCESS 文件,指示过程已成功结束。

代码清单 17.5　输出文件

```
$ ls -l /tmp/fires_parquet
total 9592
…        0 … _SUCCESS
…  3321231 … part-00000-364a9bfd-c976-4a99-b1e4-f11b37e40…-c000.snappy.parquet
…   649907 … part-00001-364a9bfd-c976-4a99-b1e4-f11b37e40…-c000.snappy.parquet
$ ls -l /tmp/high_confidence_fires_csv
total 2256
…        0 … _SUCCESS
…  1154373 … part-00000-59d63211-5088-4cf9-8357-11a8c7621246-c000.csv
```

当我们加载两个数据集时，它们将存储在两个数据帧中。每个数据帧至少有一个分区。虽然在这些数据帧上执行合并操作，可得到一个数据帧，但是现在我们有两个分区。图 17.4 详细说明了该机制。

过滤操作(移除标准置信度和低置信度等级)仅保留具有高置信度等级的记录，但不会改变分区的结构：我们依然有两个分区。但当我们重新分区，获得单一分区时，Spark 会把数据移到单个分区中。

这个过程解释了我们最终获得两个 Parquet 文件和一个 CSV 文件的原因。

分区不是直接与数据帧连接的；它们与 RDD 连接。因此，要访问分区，必须使用数据帧的 rdd() 或 javaRDD() 方法。此处，可调用 getNumPartitions() 之类的方法来获取分区数，甚至可调用 getPartitions() 来访问该分区。

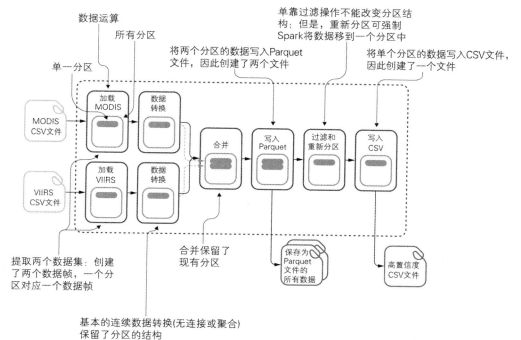

图 17.4　跟踪数据：在提取和转换数据时，物理上，数据存储在分区中；在执行合并操作时，分区会被保留，直到执行重新分区操作

实验#100 使用 repartition()方法，但是你可能会在文档和源代码中看到 coalesce()方法，这两种方法具有相同的作用。repartition()方法的其他签名允许我们使用列表达式、范围等来微调重新分区操作。详情请访问 http://mng.bz/9wZa。

17.2 Delta Lake：使用系统核心的数据库

Delta Lake 是 Spark 基础架构的核心数据库。我们首先将学习什么是 Delta Lake，我们为什么需要它，以及在什么情况下使用它。然后，我们将构建第一个应用程序，并将数据输入 Delta Lake。本节将带你完成两个较小的应用程序，并用它们消费存储在数据库中的数据。

Delta Lake 最初被称为 Databricks Delta，可在 Databricks 云产品中使用。在 2019 年 5 月的 Spark峰会上，Databricks 在 Apache 的许可下开源了 Delta，由此它变成了 Delta Lake(https://delta.io/)。我们不必下载任何软件包，Delta Lake 只是作为 Maven 依赖库进行安装的，如 17.2.2 节所述。

17.2.1 理解需要数据库的原因

在前几章中，为了在 Spark 与更多传统概念之间找出异同点，我多次将 Spark 与数据库进行比较。但是，Spark 不是数据库，而是功能强大的分布式分析操作系统。因此，它缺乏数据库来暂存数据，不能在应用程序之间共享数据，也不能赋予数据较长的持久性。本节将说明数据库如何有助于 Spark，以及为什么 Delta Lake(几乎)是完成此工作的理想数据库。

Spark 的一种安全模型需要完全隔离每个会话的数据，如图 17.5 所示。可在第 18 章以及网页 https://spark.apache.org/docs/latest/security.html 上找到更多关于安全性的信息。

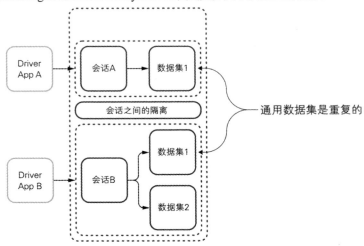

图 17.5 Spark 的一种安全模型：在会话级别隔离数据

基于此模型，我们如何在两个应用程序之间共享信息呢？在 Delta Lake 出现之前，我们可将数据帧存在文件或数据库中，如第 17.1 节中的做法。但就算我们能这样做，如果应用程序要同步更新且需要这些数据，又该如何处理呢？Delta Lake 是位于应用程序中间的永久数据库，有助于我们共享数据。图 17.6 详细阐述了如何使用 Delta Lake 在两个应用程序之间共享数据集。

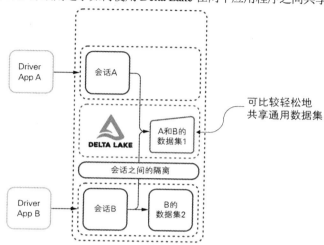

图 17.6　位于 Spark 中的 Delta Lake 允许会话访问数据集

17.2.2　在数据管道中使用 Delta Lake

本节将介绍如何在管道中实现 Delta Lake。我们将学习使用数据集，提取数据，应用基本的数据质量规则，然后将结果保存在数据库中(将数据写入数据库)。

在 2019 年 1—3 月，为了平息法国社会的动荡，伊曼纽尔·马克龙(Emmanuel Macron)总统组织了大辩论(Le GrandDébat)。其用意是在人民和政府之间建立一个开放的讨论渠道。他在全国上下(以及国际上，针对居住在国外的法国公民)组织了这些讨论。可以想象，人们收集了大量的数据，在 21 世纪，这些数据成了公开可用的数据。

要深入了解该举措，我们可在官方网站上找到更多信息(在该网站上可看到，法语的"开放数据"被翻译成了 open data)。在 google 上搜索"法国大辩论"，我们可搜到很多文章。但是，我们也可想象，这些文章通常有其政治目的，我们的工作是避开这些政治因素的干扰，对数据进行分析。

图 17.7 显示了我们要构建的数据管道。此外，我们可构建两个应用程序来消费 Delta Lake 的数据并执行分析：计算各个部门(类似于美国各县的行政分区)的会议次数，并对组织者类型进行基本的分析。

数据加载器的输出非常简单：它将显示数据帧、模式、在 Delta Lake 数据库中插入的行数的快照，如代码清单 17.6 所示。

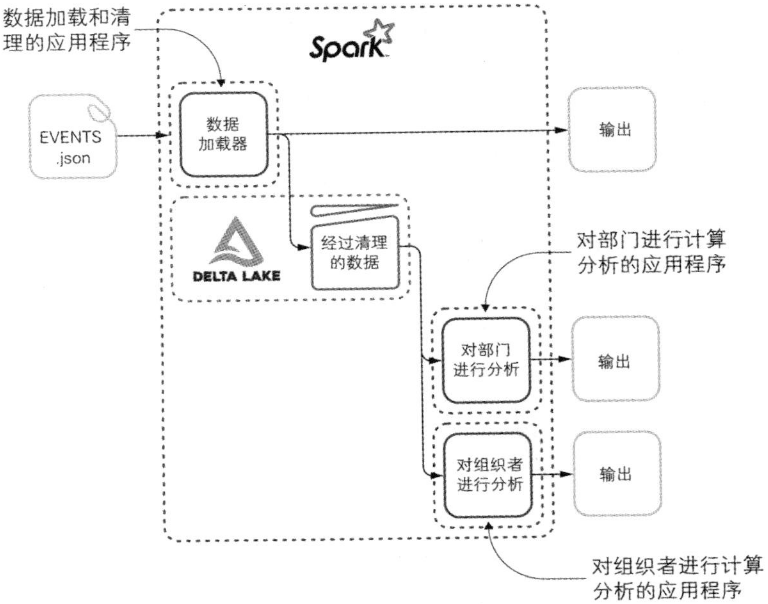

图 17.7　数据加载器应用程序接收 JSON 文件(包含事件)，清理数据，将数据存储在 Delta Lake 中。这两个分析应用程序现在可接收来自 Delta Lake 的数据了

代码清单 17.6　数据加载器的输出

```
+--------------------+...+--------------------+...+----------+
|      authorId|...|  title|...|          authorDept|                  数据帧的内容
+--------------------+...+--------------------+...+----------+
|VXNlcjplYWE1OTUzM...|...| Grand débat citoyen|...|          25|
|VXNlcjowODM3NGZjjN...|...|Fiscalité et dépe...|...|          64|
...
root #B
 |-- authorId: string (nullable = true)
 |-- authorType: string (nullable = true)
 |-- authorZipCode: integer (nullable = true)
 |-- body: string (nullable = true)
 |-- createdAt: timestamp (nullable = true)
 |-- enabled: boolean (nullable = true)
 |-- endAt: timestamp (nullable = true)
 |-- fullAddress: string (nullable = true)
 |-- id: string (nullable = true)                            模式
 |-- lat: double (nullable = true)
 |-- link: string (nullable = true)
 |-- lng: double (nullable = true)
 |-- startAt: timestamp (nullable = true)
 |-- title: string (nullable = true)
 |-- updatedAt: timestamp (nullable = true)
 |-- url: string (nullable = true)
 |-- authorDept: integer (nullable = true)

9501 rows updated.    ◄──── 存储在 Delta Lake 中的数据行的数目
```

我们在前面的章节中已经历了许多类似的情况：提取文件，处理数据。本实验的第一部分与之前的做法类似，需要通过模式将合适的数据类型与列相关联。在将数据存储在 Delta Lake 之前，我们要确保应用了数据质量规则。

本实验只需要对邮政编码应用数据质量规则。与许多西方国家一样，法国在 20 世纪 60 年代引入了邮政编码，在 20 世纪 70 年代对其进行了一些更新，使系统达到准最终状态。法国的邮政编码类似于德国和美国的邮政编码，包含 5 个数字。

> **关于邮政编码的一些冷知识**
>
> 开发人员对邮政编码似乎总是充满了热情，并为此争论不休。我不希望加入这种辩论，因此，我仅在此阐述一些事实信息。
>
> 美国的邮政编码是由美国邮政服务(USPS)创建的，最初使用 5 个数字，但是在 1983 年，ZIP+4 扩展编码将美国邮政编码变为了 9 个数字(虽然最后 4 位数字是非必要的，而且用得也比较少)。
>
> 法国邮政编码存在着一个有趣的事实：其前 2 位数字代表部门编号。虽然它们也包含一些奇怪之处(例如，用于管理邮政信箱、邮购或竞赛)，但是现在我们不需要这些信息。如果你想了解更多信息，请访问 https://en.wikipedia.org/wiki/Postal_codes_in_France。除了特定的商业操作外，邮政编码的值不可能超过 98000。

在清理邮政编码后，我们将用部门号创建一个新列。请记住，此步骤仅要求提取出邮政编码的前 2 个数字。可在 https://en.wikipedia.org/wiki/Departments_of_France 中找到更多相关信息。

最后，覆盖现有数据，将数据保存到 Delta Lake。当然，起初 Delta Lake 中没有数据，但如果多次运行实验，则需要保持数据的一致性。

为了添加对 Delta Lake 的支持，只需要在 pom.xml 中添加对它的引用，如下面的代码清单 17.7 所示。

代码清单 17.7　在 pom.xml 添加 Delta Lake

```
<properties>
  <scala.version>2.11</scala.version>
  <delta.version>0.3.0</delta.version>
…
</properties>

<dependencies>
  <dependency>
    <groupId>io.delta</groupId>
    <artifactId>delta-core_${scala.version}</artifactId>
    <version>${delta.version}</version>
  </dependency>
…
</dependencies>
```

代码清单 17.8 显示了数据加载器应用程序。尽管在我撰写本书时，Delta Lake 的早期版本号为 0.5.0，但是 Databricks 用户已经使用 Delta Lake 存储 PB 级数据了。

实验：这是实验#200。此应用程序名为 FeedDeltaLakeApp，来自 net.jgp.books.spark.ch17. lab200_feed_delta 软件包。

代码清单 17.8　数据加载器

```java
package net.jgp.books.spark.ch17.lab200_feed_delta;

import static org.apache.spark.sql.functions.col;
import static org.apache.spark.sql.functions.expr;
import static org.apache.spark.sql.functions.when;

import org.apache.spark.sql.Dataset;
import org.apache.spark.sql.Row;
import org.apache.spark.sql.SparkSession;
import org.apache.spark.sql.types.DataTypes;
import org.apache.spark.sql.types.StructField;
import org.apache.spark.sql.types.StructType;

public class FeedDeltaLakeApp {

...

  private void start() {
    SparkSession spark = SparkSession.builder()
        .appName("Ingestion the 'Grand Débat' files to Delta Lake")
        .master("local[*]")
        .getOrCreate();
```

在本地主机上创建会话

```java
    StructType schema = DataTypes.createStructType(new StructField[] {
        DataTypes.createStructField(
            "authorId",
            DataTypes.StringType,
            false),
```

专门为此文件构建一个模式

```java
...

        DataTypes.createStructField(
            "createdAt",
            DataTypes.TimestampType,
            false),
```

注意所使用的时间戳类型

```java
...

    Dataset<Row> df = spark.read().format("json")
        .schema(schema)
        .option("timestampFormat", "yyyy-MM-dd HH:mm:ss")
        .load("data/france_grand_debat/20190302 EVENTS.json");
```

读取名为 20190302 EVENTS.json 的 JSON 文件

指定时间戳格式

```java
    df = df
        .withColumn("authorZipCode",
            col("authorZipCode").cast(DataTypes.IntegerType))
        .withColumn("authorZipCode",
            when(col("authorZipCode").$less(1000), null)
                .otherwise(col("authorZipCode")))
        .withColumn("authorZipCode",
            when(col("authorZipCode").$greater$eq(99999), null)
                .otherwise(col("authorZipCode")))
        .withColumn("authorDept", expr("int(authorZipCode / 1000)"));
```

应用数据质量规则——清理邮政编码

从邮政编码中提取部门号

```java
    df.show(25);
    df.printSchema();
```

最多显示 25 条记录

打印模式

```java
    df.write().format("delta")
        .mode("overwrite")
        .save("/tmp/delta_grand_debat_events");
```

将数据帧的内容写入 Delta

覆盖所有现有数据

在工作节点上，指定 Delta 存储其文件的路径

```java
    System.out.println(df.count() + " rows updated.");
  }
}
```

显示数据帧中的行数

如你所见，用于写入数据的格式是 delta，但是当存储数据到磁盘中时，则使用有效的 Apache Parquet 文件格式写入数据，这是第 7 章中使用的方法。既然数据已存储在工作节点上，下一步就是消费 Delta Lake 中的数据了。

17.2.3 消费来自 Delta Lake 的数据

如前所述，本节将介绍如何通过两个小型应用程序从 Delta Lake 提取(或加载)数据。这些小型的分析应用程序将使用第 17.2.2 节中通过 Delta Lake 创建的数据库。这些应用程序执行以下操作：

- 计算各个部门的会议次数。
- 计算每种组织者组织的会议次数。

图 17.8 说明了该过程。

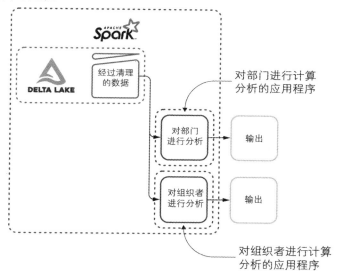

图 17.8 两个应用程序消费 Delta Lake 的数据以生成分析

1. 每个部门的会议次数

这是实验#210，主要计算在法国大辩论期间，每个部门举行会议的次数。应用程序的输出如代码清单 17.9 所示：一个简单的列表按降序的方式显示了各个部门的会议次数。

代码清单 17.9 每个部门的会议次数

```
+----------+-----+
|authorDept|count|
+----------+-----+
|        75|  489|
|        59|  323|
|        69|  242|
|        33|  218|
...
```

此应用程序相当简单:

(1) 打开一个会话。

(2) 加载数据。

(3) 执行数据聚合。

(4) 显示结果。

下面的代码清单 17.10 显示了执行该操作的代码。

代码清单 17.10 计算每个部门的会议次数

```
package net.jgp.books.spark.ch17.lab210_analytics_dept;

import static org.apache.spark.sql.functions.col;

import org.apache.spark.sql.Dataset;
import org.apache.spark.sql.Row;
import org.apache.spark.sql.SparkSession;

public class MeetingsPerDepartmentApp {
…
  private void start() {
    SparkSession spark = SparkSession.builder()
      .appName("Counting the number of meetings per department")
      .master("local[*]")
      .getOrCreate();

    Dataset<Row> df = spark.read().format("delta")     从指定路径读取
      .load("/tmp/delta_grand_debat_events");          Delta Lake 数据集

    df = df.groupBy(col("authorDept")).count()
      .orderBy(col("count").desc_nulls_first());
…
```

我们可从这个简短的应用程序中观察到,从 Delta Lake 读取数据的操作相当简单:将 read()方法和 delta 格式结合起来使用。此处不需要指定模式或选项。Spark 将直接从数据库中找到所有信息。

2. 每种组织者组织的会议次数

这是实验#220,描述了在法国大辩论期间,如何计算每种组织者组织的会议次数。我们可以想象,输出(参见代码清单 17.11)和代码(参见代码清单 17.12)与前一示例(计算每个部门的会议次数)类似。

代码清单 17.11 各种组织者组织的会议次数

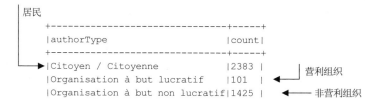

```
居民
    +-------------------------------+-----+
    |authorType                     |count|
    +-------------------------------+-----+
    |Citoyen / Citoyenne            |2383 |        营利组织
    |Organisation à but lucratif    |101  | ◄
    |Organisation à but non lucratif|1425 | ◄——— 非营利组织
```

```
|Élu / élue et Institution          |4104 |  ◀──  民选代表和
...                                                政府机构
```

```
...
Dataset<Row> df = spark.read().format("delta")
    .load("/tmp/delta_grand_debat_events");
df = df.groupBy(col("authorType")).count()
    .orderBy(col("authorType").asc_nulls_last());
...
```

如你所见，操作都是类似的，主要区别在于请求本身。

17.3　从 Spark 访问云存储服务

本节将介绍主要云提供商提供的云存储产品(通常意义上)，并引导你找到更多的资源。本节将提供示例、教程和参考资料的链接，以便你更深入地研究这些知识。本节将简单介绍以下几种云存储产品：

- Amazon 简单存储服务(S3)
- Google 云存储
- IBM 云对象存储(COS)
- Microsoft Azure Blob 存储
- OVH 对象存储

我们很可能会在云中部署应用程序，这丝毫不奇怪。我们必须从云存储解决方案中读取数据，最后，还要将处理后的数据写回云中。一个典型的用例是：从本地数据库中提取数据，然后将数据写回云存储(如 Amazon S3)。我们也可想象进行多云聚合等操作。

Apache Spark 完全适用于这些场景。我们需要连接到每个云供应商，以访问数据。每个云供应商都会提供解决方案，但是，毫无意外，这些解决方案的名称各不相同。我们可通过 https://spark.apache.org/docs/latest/cloud-integration.html 上的文章进一步了解大多数云服务。

1. Amazon S3

凭借其 Amazon Web Services(AWS)，在云计算领域，Amazon 是当之无愧的领导者和开拓者。S3 是 AWS 提供的云存储服务。这可能是最有名的服务了。与其他供应商一样，Amazon 在其产品中结合了 Spark 和 Hadoop。

我们需要使用 Hadoop AWS 模块(Apache Hadoop 的一部分)访问 Amazon S3 上的数据。这需要很多依赖库，在部署环境中，需要确保这些依赖库都已安装。如果使用 AWS 库，那么根据我的经验，你们将很快陷入 JAR 地狱。如想进一步了解将 Apache Hadoop 与 AWS 集成的相关操作，请访问 http://mng.bz/j5qy。

2. Google 云存储

Google 的产品被称为 Google 云平台(GCP)。GCP 提供了若干存储组件，云存储是可与 Spark 一起使用的文件和在线存储产品。云存储的优点之一是其 API 允许我们访问若干类存储：从高可用性的最新数据到要归档的旧数据。

3. IBM COS

2015 年，IBM 收购了 Cleversafe，使用它的分散式存储网络(dsNet)产品将数据存储在云中。云对象存储(COS)是 IBM 收购此产品后，在产品组合中使用的名称，我们可使用 S3 API 对此产品进行访问。

关于 IBM COS 的文档比较少，以下是一些提示。

- 我们可从 Spark 服务访问 IBM COS(http://mng.bz/WOWx)。请注意：此处在 IBM COS 使用了 Spark 服务，但它可轻松地转移到本地环境中。
- 使用 IBM Watson Studio，可有效地连接 COS，请参阅 http://mng.bz/E1vl。

4. MICROSOFT AZURE BLOB 存储

Microsoft Azure 也在云中提供名为 Azure Blob Storage 的存储服务。相关的更多信息，请参见 http://mng.bz/Nep2。

5. OVH 对象存储

OVH 可能不如其他提供商那么有名，但在托管服务方面，它可是欧洲的领先者，现在已经拥有了一个强大的云产品(OVHcloud)。关于它的云存储解决方案(OVH Object Storage)，请参阅 https://www.ovh.com/world/public-cloud/object-storage/。OVH 使用 OpenStack Swift API。如想了解如何将 Apache Spark 和 OpenStack Swift 结合起来使用，请参阅 http://mng.bz/DNn9，获得更多信息。

17.4 小结

- Apache Spark 可提取多种格式的数据，同样，它也可导出多种格式的数据。
- 将数据帧中的数据写入文件或数据库的关键方法是 write()。
- write()方法的行为类似于 read()方法：可通过 format()指定格式，使用 option()指定若干选项。
- 与数据帧 write()方法链接的 save()方法对应的是与数据帧 load()方法链接的 read()方法。
- 可使用 mode()函数指定写入模式。
- 导出数据的操作是从每个分区导出数据，可能会创建多个文件。
- Delta Lake 是一个存在于 Spark 环境中的数据库。可将数据帧保存在 Delta Lake 中。可在 https://delta.io/中获得更多关于 Delta Lake 的信息。
- 可使用 coalesce()方法或 repartition()方法减少分区数。
- Apache Spark 可使用 S3 和 OpenStack Swift API 访问存储在云中的数据，这些云存储产品包括 Amazon S3、Google 云存储、IBM COS、Microsoft Azure Blob 存储和 OVH 对象存储。
- 附录 Q 包含有关导出数据的参考资料。
- Spark 的静态函数提供了几种方法来操作日期和时间。
- 可使用 Java NIO 下载文件，并使用 Spark 提取数据。
- 我通常将常量存储在名为 K 的类中，K 代表 Konstante，在德语中它表示常量。

第*18*章

探索部署约束：了解生态系统

本章内容涵盖

- 部署大数据应用程序背后的关键概念
- 资源管理器和集群管理器的作用
- 如何与 Spark 工作器共享数据和文件
- 如何保护网络通信和磁盘 I/O

本章是本书的最后一章，将探讨一些关键概念，帮助你理解部署大数据应用程序的基础架构约束。我们要学习的是部署的约束，而不是部署过程本身，也不是如何在生产环境中安装 Apache Spark。第 5 章、第 6 章以及附录 K 介绍了这些基本内容。

Apache Spark 存在于一个生态系统中，在此系统中，它与其他应用程序和组件共享资源、数据、安全等。Spark 身处一个开放的世界，本章将探索成为世界好公民的约束条件。

根据我使用 Spark 的经验，我遇到过两种人：具有 Apache Hadoop 背景的人和其他人。直到最近，Apache Hadoop 还是最受欢迎的大数据存储和处理的软件。你不需要具备 Hadoop 知识就可理解本章，只需要学习 Hadoop 用户、架构师和工程师所熟悉的一些关键概念。本章也将介绍可与 Apache Spark 结合使用的一些 Hadoop 技术。这些知识有助于我们设计参考架构，或将 Spark 集成到现有组织的大数据项目中。

本章重点在于资源的管理。此处所谈的资源就是你所知的资源：CPU、内存、磁盘和网络。因此，我们将首先学习资源管理器的作用。到目前为止，我们一直在使用 Spark 的内置资源管理器，但是，若在相对复杂的架构中设计和集成 Spark，我们将接触到其他资源管理器，包括 YARN、Mesos、Kubernetes 等。

纵观全书，你会发现在各种实验中，Spark 都需要访问数据。第 18.2 节将帮助我们确定正确策略，与 Spark 共享文件。

最后，第 18.3 节将重点介绍一些关键的安全概念，以帮助我们理解网络或磁盘上的任何数据是否受到威胁。本节仅对安全问题进行概述，如果你希望成为安全专家，则需要阅读和学习更多的相关知识！

尽管本章不包含示例，但是包含许多参考架构图，有助于我们设计集群，安全部署 Spark 应用程序。

18.1 使用 YARN、Mesos 和 Kubernetes 管理资源

本节将介绍 Spark 资源并解释资源需要管理的原因。然后,我们将查看在 Spark 的上下文中,各种可用的资源管理器。这样,在本节结束时,我们将明白在构建集群的过程中,应如何选择适合的资源管理器。

下面详细地列出了主要资源管理器:

- 内置的 Spark 资源管理器
- YARN
- Mesos
- Kubernetes

在传统的笔记本计算机或台式机(单个机箱)环境中,操作系统管理着资源,这些资源就是一些硬件组件(从 CPU 到网络)的组合。集群环境中有很多这样的盒子(机箱),我们希望它们能统一工作。资源管理器位于单个机箱的操作系统之上,执行管理操作。一般情况下,我们会有一个资源管理器来管理集群。不同类型的资源管理器有不同的特定实现。我们可使用虚拟机或容器替换这些物理机箱(裸机)。虽然虚拟机和容器技术是有效的解决方案,但是这些技术本身也需要管理。

可通过若干种方法来管理 Spark 资源。下面简要介绍一下这几种方法。

18.1.1 使用内置的独立模式管理资源

最容易学习和使用的资源管理器是 Spark 内置的独立集群管理器。如第 5 章所述,Spark 的独立模式是最容易部署的系统。必须在每个节点上安装 Spark,手动选择一个主服务器,并在每个节点上启动工作器。图 18.1 详细说明了这种架构。

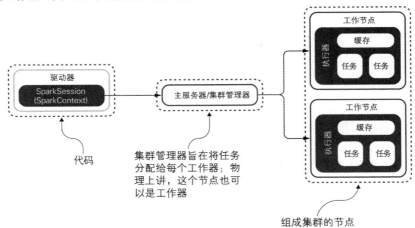

图 18.1 将 Spark 和其自带的集群管理器一起使用:主服务器管理工作节点,主服务器将任务发送给各个执行器;共享应用程序的二进制代码

Spark 提供了基本的 Web 界面来监视正在发生的事情。在此界面中，我们可看到资源分配、各种任务等。默认情况下，可在主服务器的端口 8080 上访问 Web 界面，如图 18.2 所示。

在生产环境中，为了获得高可用性(High Availability，HA)，需要构建相对稳固的系统。可使用 Apache ZooKeeper(旨在将配置保存在中央区域)获得高可用性。

第 5 章比较详细地介绍了独立模式。可参考附录 K 了解如何在生产环境中使用 Spark。如想了解在独立模式下，如何使用 Apache Spark 设置集群，请访问 http://mng.bz/lomM，获得完整文档。

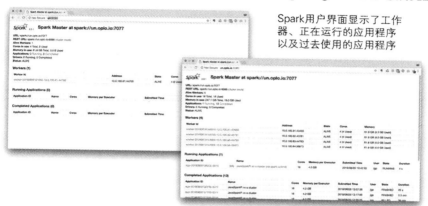

Spark用户界面显示了工作器、正在运行的应用程序以及过去使用的应用程序

图 18.2 连接到 Apache Spark 时所呈现的监视屏幕示例

将 Spark 用作资源管理器的一些优点如下：

- 由 Spark 附带，开箱即用。
- 易于安装，不需要任何额外组件。

将 Spark 用作资源管理器的一些缺点如下：

- 仅适用于 Spark。
- 仅限于监视 Spark 资源。

18.1.2 在 Hadoop 环境中，使用 YARN 管理资源

Apache Hadoop YARN(另一种资源协调器，Yet Another Resource Negotiator)是一种资源管理器，自 Hadoop 第 2 版发布以来，它完全集成到了 Apache Hadoop 中。YARN 是 Hadoop 部署的关键组件(不是独立的组件)。如果你所在的组织已经运行了 Hadoop 集群，则该组织很可能会通过 YARN 在同一(或相邻)集群上运行 Apache Spark。

阿里云 Elastic MapReduce(或 E-MapReduce)、Amazon EMR、Google 云平台的 Dataproc、IBM Analytics Engine、Microsoft Azure HDInsight 和 OVH Data Analytics Platform 是大型云计算公司提供的托管产品。它们全都基于 Hadoop，并将 YARN 纳入它们提供的便捷集群(cluster-to-go)的服务中，从而使部署变得更加容易。图 18.3 展示了将 Spark 和 YARN 组合在一起的架构。

2019 年 9 月，Google 宣布，Dataproc 要将 Kubernetes 与 Spark 结合起来使用。Google 率先在生产中使用基于云的 Spark 托管，不太依赖于 YARN。其他公司很可能会跟随这种做法。

与在独立模式下运行的 Spark 相比，就进程隔离和优先级而言，YARN 提供了更多的功能，带

来了比较好的安全性和性能。

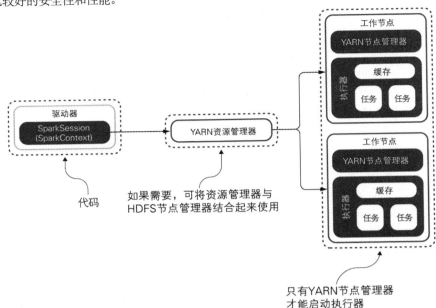

图 18.3　结合了 Hadoop YARN 和 Spark 的架构。YARN 资源管理器与 YARN 节点管理器一起管理执行器。
每个基于 YARN 的架构都共享相似的模式

关于如何将 YARN 和 Spark 结合起来使用，可在 http://mng.bz/BY6g 和 http://mng.bz/dxRX 上找到更多相关信息。

将 Hadoop YARN 用作资源管理器的优点如下：

- 从第 2 版开始就集成到了 Hadoop 中，立即可用；如果你所在的组织使用了 Hadoop，则很可能使用 YARN。
- 具有更多功能，包括进程的优先级管理和进程隔离操作。

将 Hadoop YARN 用作资源管理器的缺点如下：

- 高度依赖 Hadoop，这是我们不希望看到的。
- 对 Spark shell 的支持有限。在边缘节点上安装 YARN 时，可能需要通过 Spark shell 连接 Spark。至少在 AWS 或 GCP 的一些版本中，我们不能通过 shell(命令解释程序)从远程主机连接到集群。

18.1.3　Mesos 是独立的资源管理器

Mesos 是 Apache 项目，提供了独立、通用的集群管理器，其设计独立于其使用者。Mesos 确实可被任何希望访问集群资源的应用程序使用。Mesos 支持 Spark，也支持 Hadoop、Jenkins、Marathon 等。

除了提供进程隔离，Mesos 还提供其他功能，包括在粗粒度模式下动态分配 CPU 的功能(可使用细粒度模式，但从 v2.0 开始，Spark 不建议使用此模式)。

　　提醒一下，Docker 容器映像是独立、可执行的软件包，非常轻巧，其中包含运行应用程序所需的一切：代码、运行时间、系统工具、系统库和设置。

　　Mesos 还支持 Docker 容器，这使 Mesos 成为一种比较灵活的解决方案，可管理大多数类型的工作负载，但是这并不直接影响 Spark 应用程序。图 18.4 说明了将 Apache Spark 和 Apache Mesos 结合在一起的架构。

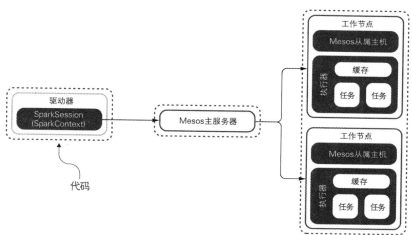

图 18.4　应用程序可将 Mesos 用作主服务器，管理 Mesos 工作器和 Spark 执行器

　　如想进一步了解如何为 Spark 实现 Mesos，请参阅在线文档 http://mng.bz/rPXZ。在 Roger Ignazio 的 *Mesos in Action*(Manning，2016，https://livebook.manning.com/book/mesos-in-action)中，可找到更多关于 Mesos 的信息。Manning 还提供了有关 Docker 的大量资源，包括 Jeff Nickoloff 和 Stephen Kuenzli 的 *Docker in Action*(Manning，2019，https://livebook.manning.com/book/docker-in-action-second-edition)。

　　将 Mesos 用作集群管理器的优点包括：

* Mesos 是一个独立的资源和集群管理器，具有自己的生命周期和依赖库。与 YARN 不同，Mesos 未与 Hadoop 连接。Mesos 具有更多功能，包括动态分配资源和对 Docker 容器的支持。

　　将 Mesos 用作集群管理器的缺点包括：

* 这是我们必须学习和维护的另一种产品。

Matei Zaharia 为 Spark 和 Mesos 做出了贡献

Matei Zaharia 是 Spark 背后的设计者之一。他于 2009 年在著名的加利福尼亚大学伯克利分校的 AMPLab 开始了 Spark 项目。此后，他于 2014 年与他人共同创立了 Databricks，经营和销售可通过笔记本计算机访问的 Spark 托管版本。在 Spark 之前，Zaharia 与他人共同创建了 Mesos，当时它被称为 Nexus。

传说 Spark 最初是测试 Mesos 的一个项目。这应该可激励人们进行更多的测试驱动的开发 (Test-Driven Development，TDD)。这也解释了为什么我们能在 Spark 和 Mesos 的架构和词汇表之间找到一些相似之处。

18.1.4　Kubernetes 编排容器

Kubernetes(通常缩写为 K8s)是 Google 开发的容器平台，于 2014 年开源。虽然 Kubernetes 本身不被用作一般的资源管理器；但是，Apache Spark 团队在 Spark v2.3 中添加了对 Kubernetes 的支持。

对 Kubernetes 的支持一直是 Spark 团队的重中之重，Spark v3 中已移除了其实验状态。Kubernetes 的总体理念是处理 Docker 容器。要将 Kubernetes 与 Spark 一起使用，我们必须使用 Spark 安装方式构建(或重用)Docker 容器，这是使用 Kubernetes 的标准要求。图 18.5 显示了将 Apache Spark 与 Kubernetes 结合起来使用的典型参考架构。

Kubernetes 通过调度器(scheduler)调度操作，通过驱动舱(pod)管理流程。当你使用 spark-submit 工具(如第 5 章所述)时，Spark-on-Kubernetes 调度器将创建包含驱动器应用程序的 Kubernetes 驱动舱。

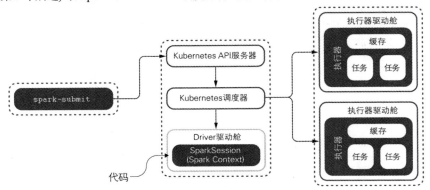

图 18.5　Apache Spark 基础架构中的 Kubernetes：应用程序和执行器在驱动舱中运行，由 Kubernetes 调度器编排

如果想深入了解如何使用 Spark 安装 Kubernetes，请参阅 http://mng.bz/VpjO 上的文档。关于各个步骤方法的更多信息，请参阅 http://mng.bz/xlpY 。可在 Marko Lukša 的 *Kubernetes in Action*(Manning，2017，https://www.manning.com/books/kubernetes-in-action)中找到更多关于 Kubernetes 的信息。

将 Kubernetes 用作 Spark 的资源管理器的优点如下：
- Kubernetes 是一个独立的产品，具有自己的生命周期和依赖包。
- Kubernetes 是用于执行 Docker 容器的完整解决方案。

将 Kubernetes 用作 Spark 的资源管理器的弊端包括：
- 这是我们必须学习和维护的另一种产品。

18.1.5　选择合适的资源管理器

如果在生产环境中使用 Spark，那么在选择资源或集群管理器时，我们有多种选择。具有使用 Hadoop 背景的公司组织可能倾向于继续沿 YARN 的方向发展，但是表 18.1 总结了其他选项。

在表 18.1 中，HA 组件指出了需要注意的元素，列出的所有工具旨在支持修复或避免节点故障。从根本上说，HA 工具应该能处理单点故障(Single Point Of Failure，SPOF)。希望出现故障的是单个点，不是吗？

从表 18.1 中可看到，当我们试图构建 HA 集群时，Apache ZooKeeper 可能是重要的元素。相关的更多信息，请访问 https:// zookeeper.apache.org/。

表 18.1　Spark 的资源/集群管理器的比较

	独立模式的 Spark	YARN	Mesos	Kubernetes
Spark 支持	所有版本	所有版本	所有版本	版本 2.3.0 之后
基本技术	资源管理器	资源管理器	集群和容器管理器	容器管理器
许可	Apache 2.0	Apache 2.0	Apache 2.0	Apache 2.0
亮点	开箱即用	Apach Hadoop 自带	独立产品，非 Spark 专用	独立产品，非 Spark 专用
部署的复杂性	低	高	高	高
高可用性组件	主服务器	资源管理器	主服务器	N/A
高可用性	需要 ZooKeeper 或特定的配置	由 ZooKeeper 管理的活动/备用策略	由 ZooKeeper 管理的领导/后备节点	由 K8s kubeadm 管理
安全性	较低	较高	较高	较高

18.2　与 Spark 共享文件

本节将介绍 Spark 如何从外界获得数据，转换数据，提供见解，并将结果数据保存回文件中。访问文件是 Spark 输入/输出(I/O)操作的基本部分。

图 18.6 详细说明了如何在 Spark 中共享文件：

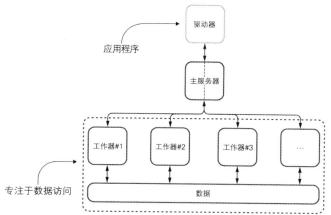

图 18.6　Spark 工作器必须能访问数据。数据可存在于文件、数据库或数据流中。文件在逻辑层面分布在组织中，而在物理层面分布在服务器和集群上，因此有可能出现问题

- 访问来自工作器的文件中包含的数据。
- 使用分布式文件系统。
- 使用共享的驱动器或文件服务器。

- 使用文件共享服务。
- 其他方案以及混合解决方案。

18.2.1　访问文件中包含的数据

为了执行提取操作，Spark 需要访问文件中包含的数据；具体而言，在工作节点上的执行器需要访问数据。通常，数据可以以文件的形式存储在磁盘上，存储在数据库中，或来自数据流，第 7、8 和 10 章详细介绍了这些内容。本节将介绍用于文件访问的架构约束。

每个工作器都需要访问数据，访问相同的文件。记住：工作器很可能运行在不同的节点上，这些节点之间可能不会共享文件系统。下面分析一下将相同文件发送给执行器的各种选项。

相同文件：开始使用 Apache Spark 时，我以为每个节点都会提取文件的一部分，因此，我将 10 MB 左右的文件进行分割。我可以肯定地告诉你，这不是一个好主意：我们做了一些额外的工作，得到的结果却不是我们想要的。确保 Spark 在每个节点上都可访问同一文件，并让 Spark 完成繁重的工作(分割和分发文件)。

可使用分布式文件系统、文件共享服务或共享驱动器，使所有节点都可使用同一文件。

18.2.2　通过分布式文件系统共享文件

分布式文件系统即可在分布式环境中访问文件的文件系统。虽然 Hadoop 分布式文件系统(Hadoop Distributed File System，HDFS)并不是唯一的分布式文件系统，但是在大数据的上下文中，这绝对是最受欢迎的文件系统之一。本节将介绍 Spark 在 HDFS 环境中的工作方式。

分布式文件系统在不同节点上共享文件(或文件的一部分)，以确保各个节点对数据的访问和复制权限。

HDFS 是 Hadoop 生态系统中的一个组件。HDFS 旨在存储具有一次写入、多次读取范式的大型文件。因此，HDFS 写入或更新的速度比较慢，但是对读取访问进行了优化。它的设计宗旨不是优化低延迟的写访问，这与我们对分析系统的期望(快速访问数据)不同。这就是某些实现使用独立磁盘冗余阵列(Redundant Array of Independent Disks，RAID)进行条带化的原因，即冗余是通过 HDFS 集群本身构建的。

HDFS 使用块存储信息，默认大小为 128 MB。多个机架的多台服务器上都布满了存储块，这要求我们了解块的物理实现。128 MB 的大小还意味着，如果我们有一堆 32 KB 的文件，那么性能和物理存储将受到影响：磁盘将使用多个 128 MB 的块存储各份 32 KB 的文件。

Spark 工作节点可与 Hadoop HDFS 数据节点(存储数据的地方)组合起来使用，如果负载允许，可在同一服务器上运行两种服务。

Spark 可成为 HDFS 的读写客户端。记住，在需要更新数据时，HDFS 的性能并不好；它主要是一个面向读取的文件系统。

图 18.7 总结了 Spark 在 HDFS 上的基础架构。

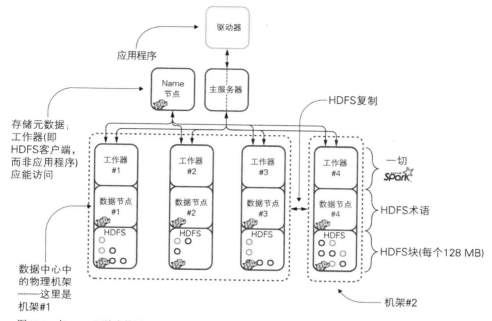

图 18.7　在 Spark 环境中使用 HDFS 的架构。物理基础架构是 HDFS / Hadoop 部署中需要关注的事情。大象
象征着与 Hadoop 相关的软件组件

使用 HDFS 与 Spark 共享文件的优点如下：

● 非常流行，易于查找文档和资源。

● 适用于大型和超大型文件(理想情况下为块大小左右或超过块大小的文件)。

使用 HDFS 与 Spark 共享文件的缺点如下：

● 不容易部署。

● 如果小文件较多，则会降低性能。

18.2.3　访问共享驱动器或文件服务器上的文件

在网络上共享数据的另一种方法是使用文件服务器上的共享驱动器，正如先前的 Windows 网
络(较早出生的人使用的甚至是 NetWare)。

共享驱动器的实现方式各不相同：通用 Internet 文件系统(Common Internet File System，CIFS)、
服务器消息块(Server Message Block，SMB)、Samba、网络文件系统(Network File System，NFS)、
Apple 文件协议(Apple Filing Protocol，AFP，发展自 AppleTalk)等。不过，尽管有不同的实现方式(通
常彼此之间不兼容)，但它们背后的理念是相同的：你拥有一台服务器，当客户端需要文件时，客
户端可连接服务器来获取文件。图 18.8 详细说明了使用 Spark 的共享驱动器方案：每个工作器都可
访问文件服务器(文件存储的地方)。当然，由于主服务器提供给各个工作器的路径是相同的，安装
点应相同，否则工作器将找不到文件。

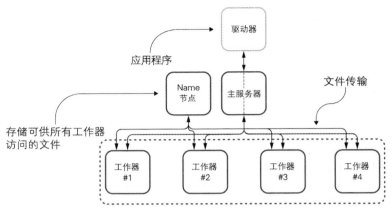

图 18.8 在 Spark 环境中使用文件服务器来访问存储在文件中的数据:每个工作器都需要通过相同的安装点
来访问文件服务器

使用文件服务器在 Spark 中共享文件的优点如下:

- 非常流行,易于查找文档和资源。
- 适用于中小型文件。
- 易于部署,你所在的组织可能已经在使用了。

使用文件服务器在 Spark 中共享文件的缺点如下:

- 会增加网络流量。
- 不适用于超大文件。

18.2.4 使用文件共享服务分发文件

共享文件的第三个选项是使用文件共享服务,如 Box、Dropbox、ownCloud/Nextcloud、Google
云端硬盘等。本节将展示使用此类服务的典型架构和益处。

系统以发布者/订阅者的方式工作:将文件拖放到目录中时,已将文件复制给所有的订阅者。
该系统可方便地将文件分发给多个节点,每个节点都是订阅者。图 18.9 详细说明了 Spark 环境中的
工作机制。

使用文件共享服务的一些优点如下:

- 适用于中小型文件。
- 易于部署。
- 文件只被复制一次,我们不能随机访问文件,因此当文件被复制到每个工作节点的磁盘上
  时,产生的网络流量有限。

使用文件共享服务的缺点如下:

- 不适用于超大文件。

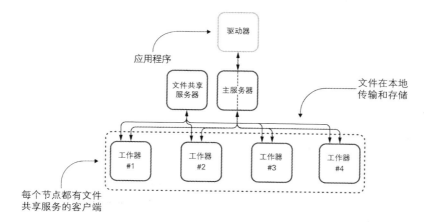

图 18.9　在 Spark 环境中使用 Box 或 Dropbox 之类的文件共享服务：文件自动发布到每个节点，允许轻松共享每个文件

18.2.5　访问 Spark 文件的其他选项

本章介绍了在 Spark 中通过文件访问大数据的多种方法，在此旅程临近终点之际，我们需要牢记以下云选项：

- Amazon S3 是一种流行的 AWS 服务，用于访问存储在云中的文件。文件存储在桶(相当于共享驱动器)和文件夹中。
- 以前被称为 Cleversafe 的 IBM COS 可用作有效的存储选项。

有关云选项和供应商的更多相关信息，请参见第 17 章。

18.2.6　用于与 Spark 共享文件的混合解决方案

前几个小节(第 18.2.1～18.2.5 节)概述了通过 Spark 访问文件时可用的各种解决方案。让我们想一想，在公司组织中更全球化、更集成的方式。

最终，我们可能会用一个组合策略将大数据文件导入 Spark。可以想象，将数据仓库摘录保存到 Amazon S3 云中，而更新频率很慢的参考文件可通过 ownCloud 分发到每个节点。最终，可将聚合后的数据保存到共享驱动中。在此处，业务分析师可使用流行的工具(如 Tableau 或 Qlik 等)或数据科学家工具(如 Jupyter 或 Apache Zeppelin)，抓取数据并进行可视化。根据特定组织和现有的资产，我们必须帮助人们做出正确的选择。

18.3　确保 Spark 应用程序的安全

如今，安全问题越来越受关注。本节将在高级层面上，全面概述在生产环境中保护组件需要注意的事项。

虽然 Spark 具有内置的安全功能，但在默认情况下，该功能是不会被激活的。你有责任基于组织的限制，在集群内开启安全功能。

在你使用 Spark 时，数据帧中的数据会被单独隔离在每个会话中。由于攻击者无法连接到现有会话，数据隔离可保证数据无法被轻松篡改，甚至无法被读取访问。

因此，我们需要注意以下问题：

- 通过网络传输的数据——想象一下监听数据、更改数据、拒绝服务攻击等。
- 数据永久或临时存储在磁盘上——某些人可访问数据。

18.3.1 保护基础架构的网络组件

在本节中，尤其是在使用 Spark 内置的集群管理器时，需要全面了解网络基础架构。下面将逐一介绍如何保护每个组件。

图 18.10 详细说明了在极简的 Spark 实现中，组件之间的各种数据流。

Spark 组件依赖于组件之间的远程过程调用(Remote Procedure Calls，RPC)。为了保护基础架构，需要执行以下操作：

- 使用 spark.authenticate.* 系列配置条目，在组件之间添加身份验证。
- 使用配置文件中的 spark.network.crypto.* 条目，添加加密方法。

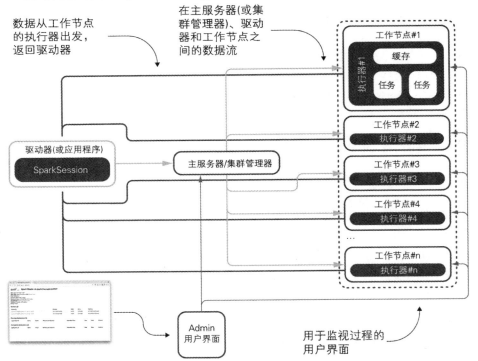

图 18.10 Spark 基础架构组件之间的网络流视图。箭头代表数据传输(可被窃听)

我们可通过身份验证和 SSL 加密来保护用户界面(User Interface，UI)。可通过监视 UI 访问最后一个组件，即 Spark 的历史服务器。Spark 的历史服务器也可通过身份验证和 SSL 加密来独立保护。

有关网络安全的更多信息，例如精确设置和各种设置值，可参考 Apache Spark 关于安全的页面，网址为 https://spark.apache.org/docs/latest/security.html。

如果 Spark 需要从网络服务(如数据库)中获取数据，请检查在线加密[1]和身份验证的数据库参数。

18.3.2　保护 Spark 磁盘的使用

本节将介绍 Apache Spark 如何使用磁盘存储以及我们应如何保护磁盘存储。需要考虑两种磁盘使用情况：

- 正常的 I/O——当应用程序使用 read()/load()、write()/save()，或当我们使用 collect()把数据收集到驱动器，并将结果写入磁盘时。
- 溢出和临时 I/O——当 Spark 需要在未经询问的情况下将某些内容写入磁盘时。

对于正常的 I/O 操作，我们只需要管理保存到磁盘的工件(文件数据等)的生命周期。相关设计人员没有规定 Spark 在执行操作后进行清理。write()方法使用正常的写入器，不需要通过选项来加密数据(如第 16 章和附录 Q 所述)。

现在我们已知道，Apache Spark 在处理数据时使用了大量的内存。但在提取大于可用内存的数据时，Spark 会将这些文件存储在磁盘上。为了激活文件加密操作，可使用 spark.io.encryption.*的配置条目集。

有关磁盘加密的更多信息，可参考 Apache Spark 关于安全的页面，网址为https://spark.apache.org/docs/latest/security.html。

18.4　小结

- 底层操作系统的作用是管理本地资源。但是，在处理集群时，我们需要集群管理器或资源管理器。
- Spark 自带名为独立模式的资源管理器，使我们不必依赖其他软件组件即可构建集群。
- 继承自 Hadoop 的资源管理器 YARN 依然是一个受欢迎的选择，尤其是在托管云环境中。
- Mesos 和 Kubernetes 是独立集群管理器，使我们摆脱了对 Hadoop 的依赖。
- Spark 在 2.3 版本中添加了对 Kubernetes 的支持，Spark 不断改进这种支持。
- 所有集群管理器均支持高可用性。
- 在处理文件时，所有 Spark 工作器都需要访问相同的文件或文件副本。
- HDFS 是处理大文件时的一种选择，我们可使用 HDFS(Hadoop 的一部分)在集群上分发文件。
- 较小的文件可通过文件服务器或文件共享服务(如 Box 或 Dropbox)共享。

1　在线加密即在数据从某个源头通过网络或 Internet 发送到其目的地时，使用加密技术，保护敏感数据的过程。

- 对象存储(如 Amazon S3 或 IBM COS)也可用于存储大文件。
- 默认情况下，Spark 不激活安全模块。
- 对于网络通信而言，可以微调每个组件的安全性。大多数组件都接受特定身份验证和线上加密。
- 可使用 spark.io.encryption.*配置条目集对 Spark 的临时存储进行加密。